含地下洞室的岩石边坡力学响应特性与稳定性研究

江学良　杨　慧　牛家永　祝中林　著

科 学 出 版 社
北　京

内 容 简 介

本书利用振动台模型试验、数值模拟与理论分析等手段，系统介绍含地下洞室岩石边坡在施工过程与地震作用下的力学响应规律与稳定性分析方法。本书共 9 章，主要内容包括含地下洞室岩石边坡施工过程有限元模拟分析、含地下采空区岩石边坡 Surpac-FLAC3D 分析、含隧道岩石边坡振动台模型试验技术、基于振动台模型试验的含单洞隧道岩石边坡和含小净距隧道岩石边坡的地震响应特性、基于 MIDAS GTS/NX 的含单洞隧道岩石边坡和含小净距隧道岩石边坡的地震响应特性与稳定性分析，以及含地下洞室(群)岩石边坡的极限分析法。

本书可供公路、铁路、水利、矿山、国防等领域相关专业的科研人员参考，也可作为高等学校岩土工程、地下工程等相关专业研究生的辅导用书。

图书在版编目（CIP）数据

含地下洞室的岩石边坡力学响应特性与稳定性研究／江学良等著.
—北京：科学出版社，2020.4

ISBN 978-7-03-064215-8

Ⅰ.①含…　Ⅱ.①江…　Ⅲ.①岩石-边坡稳定性-研究　Ⅳ.①TU457

中国版本图书馆 CIP 数据核字（2020）第 017585 号

责任编辑：朱英彪　李　娜／责任校对：王萌萌
责任印制：吴兆东／封面设计：陈　敬

科学出版社 出版
北京东黄城根北街 16 号
邮政编码：100717
http://www.sciencep.com
北京虎彩文化传播有限公司 印刷
科学出版社发行　各地新华书店经销
*
2020 年 4 月第　一　版　开本：720 × 1000　B5
2024 年 1 月第三次印刷　印张：13 1/4
字数：267 000

定价：108.00 元
（如有印装质量问题，我社负责调换）

前　言

地下洞室包括各类天然形成的地下空区(溶洞等)、矿山开采过程中形成的地下采空区和各类人工开挖形成的洞室(如人防洞、隧道等)。地下洞室与边坡的相互影响问题是随着工程建设的开展而出现的。根据地下洞室与边坡存在的先后顺序可将地下洞室与边坡的关系分为两种情况，一种情况是地下洞室先于边坡存在，如地下开采转为露天开采形成的矿山地下采空区与露天开挖的边坡；另一种情况是边坡先于地下洞室存在，如山区隧道开挖形成的洞口边坡与隧道。后施工的边坡或地下洞室对先存在的地下洞室或边坡的力学响应与稳定性具有重要影响，探明其施工过程中的力学响应规律不仅可以为地下洞室和边坡的支护设计提供理论依据，还可以指导地下洞室和边坡的施工与正常运营。

边坡在地震作用下的失稳破坏是地震区主要的地震灾害之一，其地震响应规律与动力稳定性研究已成为岩土工程领域的热点问题。受地形地貌、道路选线和隧道选型等因素的影响，越来越多修建在强震区的高速公路出现了下伏有隧道的岩石边坡。含隧道边坡由于临空面一侧岩土体薄弱，且隧道的存在极大地劣化了边坡的力学环境，增加了边坡内部地震波传播及作用的不确定性，在地震作用下边坡极易坍塌失稳，但含隧道岩石边坡的地震稳定性并没有引起当前工程界的足够关注。本书关于含隧道边坡的地震稳定性评价及破坏模式的分析可以为工程施工和抗震设计方案的制订提供理论支持。

本书以数值模拟、振动台模型试验和理论分析为主要研究手段，探讨含地下洞室(群)岩石边坡在施工过程与地震作用下的响应特性与稳定性等问题。全书共 9 章，第 1 章介绍含地下洞室边坡灾害类型与稳定性分析；第 2 章介绍含地下洞室岩石边坡施工过程的有限元模拟及分析方法；第 3 章介绍含地下采空区岩石边坡的 Surpac-FLAC3D 耦合分析方法；第 4 章介绍含隧道岩石边坡振动台试验模型设计理论及技术；第 5 和 6 章分别介绍基于振动台模型试验的含单洞隧道和含小净距隧道岩石边坡的地震响应特性；第 7 和 8 章分别介绍基于 MIDAS GTS/NX 的含单洞隧道和含小净距隧道岩石边坡的有限元动力分析方法；第 9 章介绍含地下洞室(群)岩石边坡的极限分析上限法。

本书是作者及其团队多年研究成果的总结，相关研究工作得到了国家自然科学基金项目(51204215，51404309)和湖南省教育厅优秀青年基金项目(11B133)的支持。本书的撰写参阅了大量的文献，在此向相关专家和学者表示感谢。硕士研究生张继琪、刘潺、赵富发和石洪涛参加了书稿中部分图片的绘制工作，在此表示感谢。

由于作者水平有限，书中难免存在疏漏或不妥之处，敬请广大读者批评指正。

作　者
2019 年 12 月

目　　录

前言
第1章　绪论 …… 1
1.1　引言 …… 1
1.2　边坡失稳实例、类型与影响因素 …… 2
1.2.1　边坡失稳实例 …… 2
1.2.2　边坡失稳类型与影响因素 …… 3
1.3　含地下洞室的岩石边坡稳定性研究现状与分析 …… 7
1.4　本书主要内容 …… 8
参考文献 …… 9
第2章　含地下洞室岩石边坡施工过程有限元模拟分析 …… 11
2.1　弹塑性基本理论 …… 11
2.1.1　屈服准则 …… 11
2.1.2　加工硬化规律 …… 12
2.1.3　流动法则 …… 12
2.1.4　弹塑性模量矩阵 …… 13
2.2　有限元基本理论 …… 13
2.2.1　有限元法概述 …… 13
2.2.2　四边形等参元 …… 14
2.3　开挖效应的模拟 …… 14
2.4　强度折减法计算边坡安全系数 …… 17
2.4.1　有限元强度折减法 …… 17
2.4.2　边坡安全系数取值标准 …… 18
2.5　含矩形地下采空区岩石边坡施工过程有限元模拟 …… 18
2.5.1　工程概况 …… 18
2.5.2　室内力学试验与试验结果的工程处理 …… 20
2.5.3　有限元程序设计 …… 23
2.5.4　有限元计算模型 …… 24
2.5.5　计算结果分析 …… 27
2.6　本章小结 …… 45
参考文献 …… 46

第 3 章 含地下采空区岩石边坡 Surpac-FLAC3D 分析 …… 48
3.1 FLAC3D 与强度折减原理 …… 48
3.1.1 FLAC3D 原理 …… 48
3.1.2 强度折减原理 …… 51
3.2 地下采空区三维建模技术 …… 51
3.2.1 Surpac 软件介绍 …… 51
3.2.2 地下采空区的三维地质模型 …… 52
3.3 基于 Surpac 建模的采空区与露天开采边坡相互影响的 FLAC3D 分析 …… 54
3.3.1 计算模型 …… 54
3.3.2 计算方案 …… 55
3.3.3 计算结果分析 …… 57
3.4 本章小结 …… 71
参考文献 …… 72
第 4 章 含隧道岩石边坡振动台模型试验技术 …… 73
4.1 试验设备与测试元件 …… 73
4.1.1 振动台系统 …… 73
4.1.2 测试元件 …… 74
4.2 模型试验相似关系 …… 75
4.2.1 相似理论 …… 75
4.2.2 模型相似关系设计 …… 76
4.3 振动台模型试验的设计 …… 77
4.3.1 模型箱设计与边界处理 …… 77
4.3.2 模型设计与传感器布置 …… 78
4.3.3 地震波加载方案 …… 80
4.4 本章小结 …… 83
参考文献 …… 84
第 5 章 基于振动台模型试验的含单洞隧道岩石边坡地震响应特性 …… 85
5.1 高程对含隧道岩石边坡加速度响应规律的影响 …… 85
5.1.1 高程对边坡水平向加速度响应规律的影响 …… 85
5.1.2 高程对边坡竖向加速度响应规律的影响 …… 88
5.2 地震波类型和加载方式对含隧道岩石边坡加速度响应规律的影响 …… 90
5.2.1 地震波类型和加载方式对边坡水平向加速度响应规律的影响 …… 90
5.2.2 地震波类型和加载方式对边坡竖向加速度响应规律的影响 …… 94

5.3 激振强度对含隧道岩石边坡加速度响应规律的影响 ……97
5.3.1 激振强度对边坡水平向加速度响应规律的影响 ……97
5.3.2 激振强度对边坡竖向加速度响应规律的影响 ……99
5.4 含隧道岩石边坡动位移响应特性 ……102
5.5 本章小结 ……104
参考文献 ……105
第 6 章 基于振动台模型试验的含小净距隧道岩石边坡地震响应特性 ……106
6.1 水平向加速度响应基本规律 ……106
6.2 竖向加速度响应基本规律 ……110
6.3 地震波类型对含小净距隧道岩石边坡加速度响应规律的影响 ……114
6.3.1 地震波类型对边坡水平向加速度响应规律的影响 ……114
6.3.2 地震波类型对边坡竖向加速度响应规律的影响 ……117
6.4 激振方向和激振强度对含小净距隧道岩石边坡加速度响应规律的影响 ……120
6.4.1 激振方向对边坡加速度响应规律的影响 ……120
6.4.2 激振强度对边坡加速度响应规律的影响 ……121
6.5 含小净距隧道岩石边坡的动位移响应基本规律 ……122
6.6 本章小结 ……126
参考文献 ……127
第 7 章 基于 MIDAS GTS/NX 的含单洞隧道岩石边坡地震响应特性与稳定性分析 ……128
7.1 有限元动力分析基本原理 ……128
7.1.1 动力响应分析方法 ……128
7.1.2 有限元强度折减法 ……129
7.1.3 动力响应模型边界条件处理 ……130
7.2 下伏隧道层状岩质边坡地震动力数值模拟 ……131
7.2.1 边坡概况 ……131
7.2.2 计算模型 ……131
7.2.3 测点布置和地震波的选取 ……132
7.3 下伏隧道对层状岩质边坡地震响应的影响分析 ……134
7.3.1 振动台模型试验与数值模拟结果对比分析 ……134
7.3.2 有无隧道的层状岩质边坡地震响应数值模拟比较 ……139
7.4 本章小结 ……152
参考文献 ……152

第 8 章 基于 MIDAS GTS/NX 的含小净距隧道岩石边坡地震响应特性与稳定性分析 ······ 153
8.1 数值模拟模型的建立 ······ 153
8.1.1 计算模型与边界条件 ······ 153
8.1.2 计算参数确定与测点布置 ······ 155
8.1.3 地震波输入与加载方案 ······ 155
8.2 振动台模型试验与数值模拟结果对比分析 ······ 156
8.3 地震作用下含小净距隧道边坡的动力响应规律 ······ 160
8.3.1 水平向位移响应 ······ 161
8.3.2 加速度响应 ······ 163
8.3.3 边坡应力场分析 ······ 166
8.3.4 塑性区及安全系数 ······ 169
8.3.5 有无隧道的岩石边坡地震响应比较 ······ 171
8.4 地震动参数对含小净距隧道边坡动力响应的影响 ······ 176
8.4.1 地震波类型的影响 ······ 176
8.4.2 振幅的影响 ······ 176
8.4.3 频谱的影响 ······ 177
8.4.4 持续时间的影响 ······ 179
8.5 本章小结 ······ 180
参考文献 ······ 181
第 9 章 含地下洞室(群)岩石边坡的极限分析法 ······ 182
9.1 塑性极限分析上限定理及拟静力法 ······ 182
9.2 含单洞隧道边坡模型的建立 ······ 183
9.3 塑性极限分析能耗计算 ······ 185
9.3.1 外力功率 ······ 185
9.3.2 内能耗散功率 ······ 191
9.4 地震稳定性影响因素的敏感性分析 ······ 194
9.4.1 计算结果对比 ······ 194
9.4.2 影响因素敏感性分析 ······ 195
9.5 水平屈服加速度系数影响因素的敏感性分析 ······ 198
9.6 本章小结 ······ 202
参考文献 ······ 203

第1章　绪　　论

1.1　引　　言

地下洞室包括各类天然形成的地下空区(溶洞等)、矿山开采过程中形成的地下采空区和人工开挖形成的各类洞室(如人防洞、隧道等)。地下洞室与边坡的相互影响问题是随着工程建设的开展而出现的，例如，矿山由地下开采转为露天开采、以前修筑的大量地下洞室及回采巷道等地下采空区与露天矿边坡开挖之间的相互影响问题；在路桥工程、水利工程等领域的边坡中，地下洞室(如隧道、溶洞等)的存在与开挖会造成边坡地表的塌陷与边坡失稳，而边坡的开挖与扰动又影响地下洞室的稳定等[1,2]。

影响地下洞室与边坡稳定的因素很多，概括地说，主要可分为内在因素和外部因素。其中，内在因素包括地下洞室周围与组成边坡的岩土体的地层岩性、地质构造、岩体结构等。这些因素的影响是长期而缓慢的，是洞室与边坡变形破坏的先决条件。它们决定了洞室与边坡变形的形式和规模，对地下洞室与边坡的稳定性起着控制作用。外部因素则包括风化作用、地震、振动、边坡形态、人类的工程作用以及气象条件、植物生长等[3-8]。这些因素对地下洞室与边坡的变形和破坏的影响比较明显和迅速，它们通过内在因素对洞室与边坡的稳定性起着破坏作用。根据地下洞室与边坡存在的先后顺序，将地下洞室与边坡的关系分为以下两种情况。

(1) 地下洞室先于边坡存在。地下洞室可能是天然形成的溶洞，也可能是人工开挖形成的地下采空区。在边坡开挖前，地下洞室已经形成，经过相当长的一段时间，岩体达到稳定，地下空区的变形也基本趋于稳定。这时，如果进行边坡开挖，工程扰动必将改变地下洞室周围的应力状态，对洞室的稳定性产生影响。反过来，地下洞室的形态、规模及空间位置等因素也对边坡稳定性产生一定的影响。在我国许多露天矿中，大量非法开采所形成的采空塌陷区对露天矿边坡的稳定性造成严重的影响，有的甚至干扰了矿山的正常生产秩序。例如，白银有色金属公司的厂坝铅锌矿为国内罕见的高陡边坡[9]，1997 年 7 月，由于地下采空区的影响发生特大掉铲埋钻事故，造成了巨大的经济损失；1997 年 8 月，中国铝业河南分公司夹沟铝矿[10]的采场西部 300m 水平(采矿阶段)下部矿区突然塌陷，正在作业的一辆剥土车掉进采空区内，1999 年 9 月，局部边坡在 300～320m 处出现滑坡，边坡完整性遭到破坏，给生产带来很大的影响和损失；许多在 20 世纪五六十年代建成的地下矿，如江西铜业集团公司银山铅锌矿[11]、洛阳栾川钼业集团股份有限公司三道庄矿区[12,13]、福建省上杭县紫金山金矿[14-16]、甘肃省玛曲县格尔珂金矿[17]等，由地下开采转为露天开采，原来修筑的大量地下洞室及回采巷道在露天矿边坡开挖过程中产生了局部塌陷。

(2) 边坡先于地下洞室存在。已经存在的边坡由于地下洞室的开挖，开挖区周围岩土体的应力将会重新分布，开挖区的应力释放与变形将对边坡稳定性产生影响；反过来，边坡的形态、特征以及与地下洞室之间的相对位置也将影响地下洞室的稳定性。山区公路浅埋隧道开口段的施工是地下洞室影响边坡稳定性的典型实例。近年来，随着国家基建重心向西部转移，在铁路和公路建设中都出现了较大比重的山区隧道。隧道的增多给铁路和公路工程的施工增加了很多困难，特别是隧道进口段，往往地质条件最为复杂，大都为浅埋，容易塌方，而且仰坡开挖又破坏了山体原有平衡，会造成边坡的不稳定。例如，1999 年 4～6 月，龙岩漳龙高速公路乌石山隧道右线进口在施工中发生了山体滑坡；2003 年 3 月，国家重点工程徽杭高速公路的竹岭隧道西洞口在施工过程中发生滑坡；2004 年 1 月，万开高速公路南山隧道施工中，由于开挖路基的扰动和频繁降水，边坡挖一点塌一点，坡顶也出现了大面积开裂；2004 年 8 月，襄十高速公路徐家湾隧道口突发山体滑坡，造成交通堵塞 5h。

目前，国内外单独对地下洞室稳定性与边坡稳定性的探讨很多，产生了许多新理论、新方法，得到了很多有意义的成果，但对于含地下洞室的边坡，其在静力或动力(地震、爆破、振动等)作用下的力学响应特性与稳定性分析少有涉及。本书针对含地下洞室的岩石边坡力学响应特性与稳定性问题，主要从以下两个方面开展论述：①含地下洞室(群)岩石边坡在边坡施工阶段的响应特性与稳定性；②含地下洞室(群)岩石边坡在地震条件下的响应特性与稳定性。

1.2　边坡失稳实例、类型与影响因素

1.2.1　边坡失稳实例

边坡失稳是指坡体以一定的速度出现较大的位移，边坡岩土体产生整体滑动、滚动或转动。边坡的工作状态受到很多因素的影响和制约，在某些条件下，边坡会出现不同的病害。边坡病害发展到一定程度，常常导致边坡失稳。常见的边坡病害有：①因长期受地表水冲刷、地下水侵入、雨水下渗、湿差、温差、风化等自然因素的强烈作用而发生塌方、冲沟、防护体滑落、路堑边坡塌方等；②因地震、爆破、车辆荷载等动力荷载作用而发生落石、滑坡、砂土液化、震陷等。

图 1-1 为岩土边坡的失稳实例。

(a) 路堑边坡塌方　　(b) 落石

(c) 防护体滑落　　(d) 滑坡

图 1-1　岩土边坡的失稳实例

1.2.2　边坡失稳类型与影响因素

边坡的变形是指坡体只产生局部的位移和微破裂，岩土体只出现微量的角度变化，没有显著的剪切位移或滚动，因而不致引起边坡整体失稳。边坡的变形包括松动(松弛张裂)与蠕动。边坡的失稳是边坡变形发展到一定程度的结果。常见的边坡失稳类型有崩塌、滑坡、倾倒、错落、坍塌等。

1) 崩塌

崩塌是指边坡前缘的部分岩体被陡倾角的破裂面分割，突然脱离母体，翻滚而下，岩块相互撞击破碎，最后堆积于坡脚且形成岩堆，见图 1-2。岩坡的崩塌常发生于高、陡边坡的前缘地段。由于斜坡前缘岩土体的卸荷作用，由基座蠕动造成斜坡解体而形成裂隙。这些裂隙在表层蠕动作用下，进一步加深、加宽，并促使坡脚主应力增强，坡体蠕动进一步加剧，下部支撑力减弱，从而引起崩塌。崩塌形成的岩堆给其后侧坡脚以侧向压力，再次发生崩塌的突坡处将逐渐上移。所以，崩塌具有使斜坡逐次后退、规模逐渐减小的趋势。

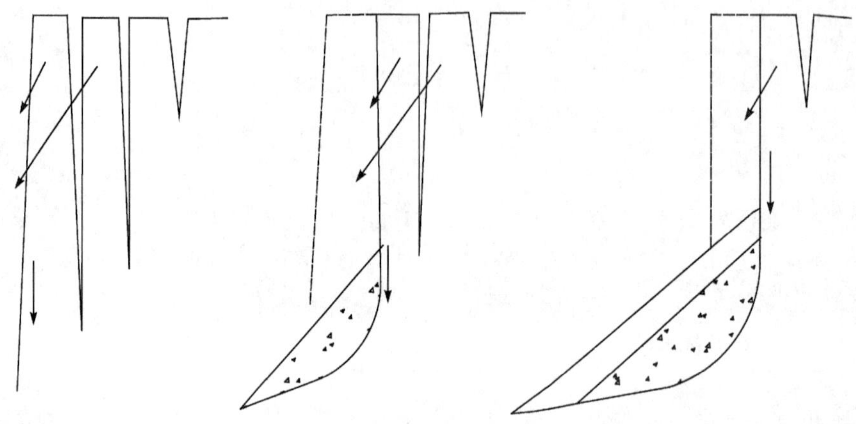

图 1-2 崩塌示意图

影响崩塌的因素包括：①地震，会引起坡体晃动，破坏坡体平衡，从而诱发坡体崩塌，一般烈度大于 7 度的地震都会诱发大量崩塌；②融雪、降雨，特别是大暴雨、暴雨和长时间的连续降雨，会使地表水渗入坡体，软化岩土及其中的软弱面，产生孔隙水压力等，从而诱发崩塌；③地表冲刷、浸泡、河流等地表水体，会不断冲刷边脚，也能诱发崩塌；④不合理的人类活动，如开挖坡脚、地下开采、水库蓄水、水库泄水等，会改变坡体原始平衡状态，从而诱发崩塌；⑤一些其他因素，如冻胀、昼夜温度变化等，也会诱发崩塌。

2) 滑坡

滑坡是指边坡上的岩土体在自然或人为因素的影响下失去稳定，以一定的加速度沿一滑动面发生剪切滑动的现象，是一种常见的地质灾害，见图 1-3。

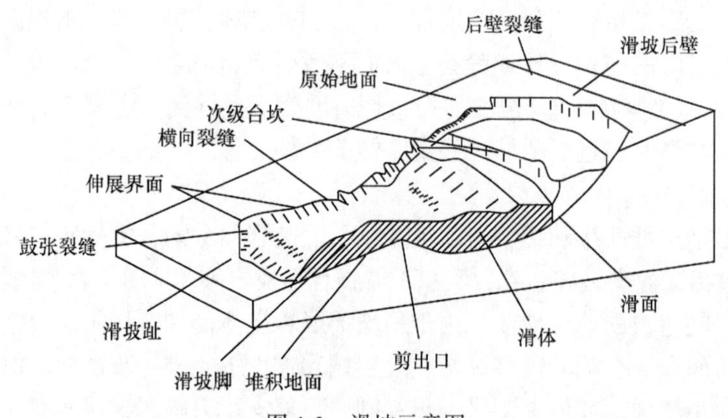

图 1-3 滑坡示意图

产生滑坡的基本条件是斜坡体前有滑动空间，两侧有切割面。例如，我国西南地区，特别是西南丘陵山区，最基本的地形地貌特征是山体众多，山势陡峻，土壤结构疏松，易积水，沟谷河流遍布于山体之中，相互切割，因而形成众多具有足够滑动空间的斜坡体和切割面。这些地区广泛存在滑坡发生的基本条件，滑坡灾害相当频繁。

影响滑坡的因素包括：①降雨。雨水的大量下渗，导致斜坡上的土石层饱和甚至在斜坡下部的隔水层上积水，从而增加了滑体的重量，降低了土石层的抗剪强度，导致滑坡产生。不少滑坡具有“大雨大滑、小雨小滑、无雨不滑”的特点。②地震。地震的强烈作用使斜坡土石层的内部结构发生破坏和变化，原有的结构面张裂、松弛，加上地下水也会有较大变化，特别是地下水水位的突然升高或降低对斜坡稳定非常不利。一次强烈地震的发生往往伴随多次余震，在地震力的反复震动冲击下，斜坡土石体更容易发生变形，最终发展成滑坡。

3) 倾倒

倾倒是陡峻边坡的岩体沿节理等不连续面或软弱面发生向坡面方向成板状或柱状倾倒的破坏，见图 1-4。边坡上被地质断裂面切割成的陡峭棱块会发生转动或滑移，有时产生大的运动冲量。破坏的主要原因是岩体在重力作用下产生倾倒力矩，当倾倒力矩克服抵抗力矩时，岩体失稳而倾倒。此外，位于潜在倾倒体后侧的陡倾斜节理中经常有水和冰的楔入而产生对倾倒体的侧压力,促进倾倒的发生。

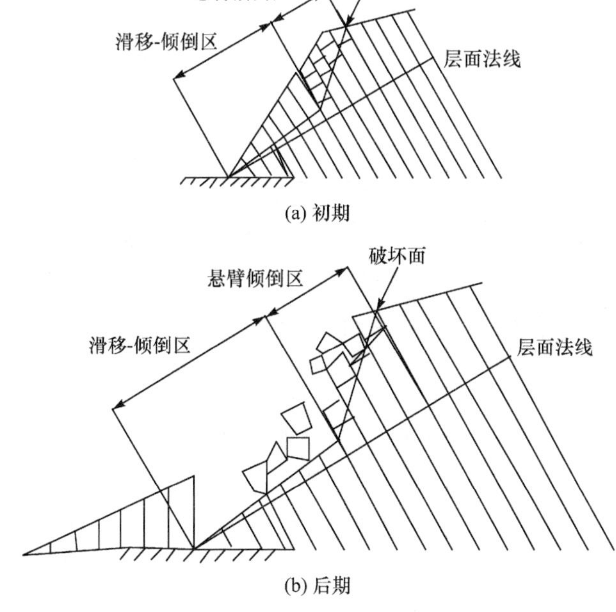

图 1-4　倾倒过程分析示意图

4) 错落

错落是指陡崖、陡坎、陡坡沿一些近似垂直的破裂面发生整体向下的位移，见图 1-5，其典型特征是垂直向位移量大于水平向位移量。错落体比较完整，大体上保持了原来的结构和产状，其底部一般有一层松软破碎且具有一定厚度的软弱垫层。被压缩的软弱垫层称为错落带，错落带以上向下运动的岩土体称为错落体。根据错落带的产状，错落可分为两种：错落带向山缓倾(反倾错落)和错落带向河缓倾(顺倾错落)。

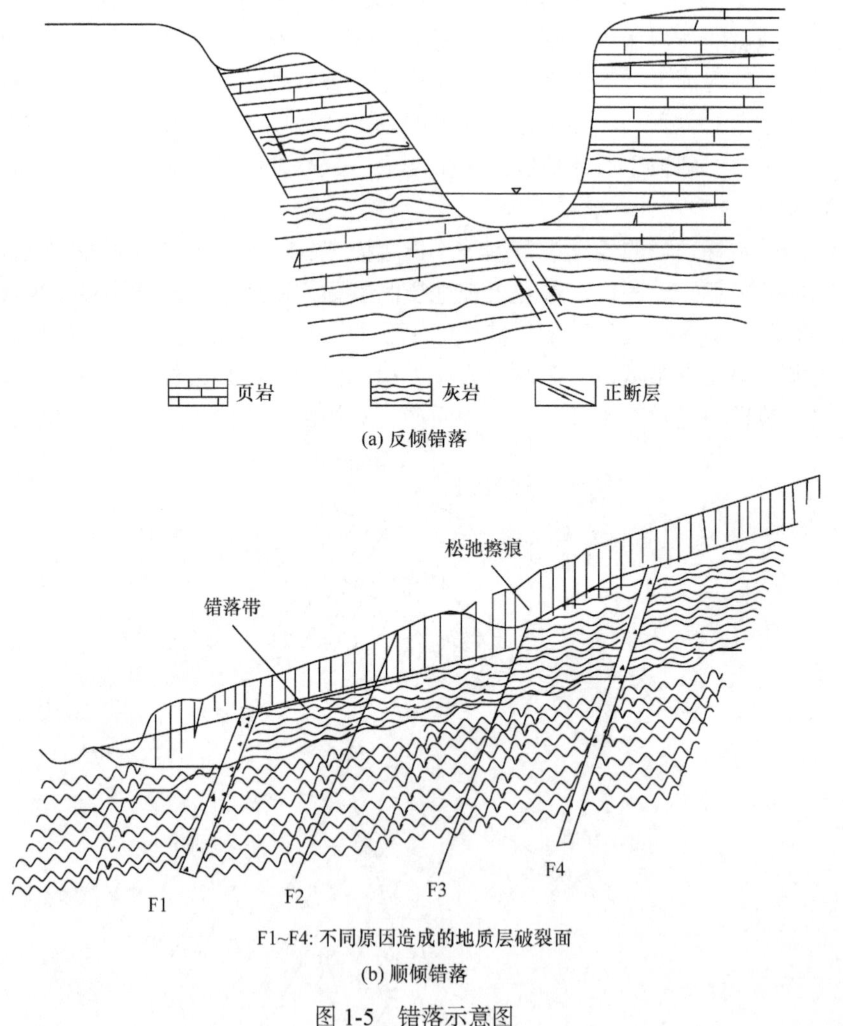

(a) 反倾错落

F1~F4: 不同原因造成的地质层破裂面

(b) 顺倾错落

图 1-5 错落示意图

5) 坍塌

坍塌是指边坡一定范围内的岩土体，由于受库水、降雨和地下水活动的影响，或者受振动、侧向卸荷、坡面加载或四季干湿等因素的影响，特别是雨季中或融雪后受湿的岩土自重增大且强度降低使岩土体的结合密实度变化，坡体强度不能支持旱季中斜坡的陡度而发生塌坡，塌至与之相适应的坡率(受湿时的综合内摩擦角)为止的变形现象，见图 1-6。边坡坍塌可划分为溜塌、堆塌、滑塌。

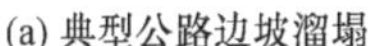

(a) 典型公路边坡溜塌

(b) 典型山体滑塌

图 1-6　典型边坡坍塌现场

边坡坍塌发生的主要原因包括：①土质太软；②坡角太大；③地层中有软弱土层、流砂或地下水；④护壁或支撑不足以支撑土的压力；⑤在坡顶堆放重物，如沟槽土、大型施工机械等。针对以上具体问题，可以采取排水、降水，放缓边坡、加强支护结构等措施，来防治边坡坍塌的发生。

1.3　含地下洞室的岩石边坡稳定性研究现状与分析

含地下洞室(群)的岩石边坡，其破坏机制显然不同于一般的岩石边坡，坡脚地下洞室的存在与开挖必将恶化坡体内的力学环境，在静力或动力作用下其破坏机理将具有自身的特点。含地下洞室岩石边坡的变形行为是一种典型的非线性现象，边坡失稳从孕育、激发到发展的过程中，系统内部各要素之间及其与外部系统的相互作用具有明显的非线性特征。含地下洞室岩石边坡的地震失稳破坏是一个复杂的非线性动力系统在时空演化过程中的灾变行为。

当前在含地下洞室的岩石边坡稳定性研究方面，取得的成果并不多。朱合华等[18]建立了三维弹塑性有限元模型，用强度折减法分析了隧道施工过程中边坡的稳定性情况，得出了坡体的安全系数随施工的进行逐渐减小，最后趋于稳定的结论。王建秀等[19]对隧道边坡变形进行三维监测及洞内变形监测，确定隧道边坡三维变形的基本模式。徐卫亚等[20]研究了边坡岩体内进行地下洞室开挖后边坡力学状态的改变及洞室岩体的稳定性。董慧明和曹平[21]利用极限平衡法与格里菲斯强度理论，讨论并分析了地下洞室对露天矿边坡稳定性的影响。万文[22]就地下空区对边坡的影响进行了较为系统的研究，针对地下老采空区边坡，提出了加速混合遗传算法；采用美国 Itasca 公司的 FLAC3D(Fast Lagrangian of Analysis of Continua 3D)软件分析不同大小、不同位置的地下老采空区对边坡稳定性的影响，并通过边坡应力、位移及安全系数的变化情况，系统分析了各种影响因素的影响程度；采用 FLAC3D 软件建立了三维模型，用于计算浅埋隧道开挖的不同阶段边坡地表的变形，同时得到隧道开挖过程中边坡的应力场、位移场和安全系数。蓝航等[23]采用 FLAC3D 软件对露天煤矿排土场边坡下的采动沉陷规律进行了数值模拟计算，并分析了边坡受力特点及其稳定性。韩放等[24]采用三维数值模拟方法揭示了露天边坡内地下开采场周围和边坡的力学环境，研究表明，在扰动边坡下进行地下开采，坡脚处的局部弧形破坏将进一步恶化，但不会影响边坡的整体稳定性；由于边坡的卸荷作用，采场上覆岩层成拱机制减弱，采空区覆岩存在整体垮落的可能性。江学良[25]采用 FLAC3D 软件与强度折减理论探究了地下洞室的位置与顶板厚度对边坡稳定性的影响，并采用法国达索系统公司的 Surpac(Geovia Surpac)软件建立地下采空区的三维地质模型与 FLAC3D 软件耦合，讨论分析了地下采空区与露天边坡之间的相互影响。陈祖煜等[26]对岩石边坡的破坏模式与失稳机制进行了较为系统的研究与总结。黄润秋[27]对 20 世纪以来我国大型滑坡的发生机制与岩石高边坡发育的动力过程进行了分析，提出了岩石边坡变形破坏演化过程的三阶段理论。

对于含地下洞室的岩石边坡，其破坏模式与失稳机制显然不同于一般的岩石边坡。当有地震时，地震对边坡的破坏模式与失稳机制有决定性的影响，其作用主要表现为累积效应和触发效应[28]。所以，含地下洞室岩石边坡的破坏模式与失稳机制必定具有其自身的特点。当前，含地下洞室岩石边坡在静力或动力作用下的力学响应特性与稳定性分析并不深入，取得的成果很少，有必要进行系统的分析与探究。

1.4　本书主要内容

本书通过理论分析、振动台模型试验与数值模拟等手段，探讨了含地下洞室岩石边坡在静力与地震作用下的力学响应特性及稳定性。本书主要内容如下。

(1) 介绍边坡的失稳类型与影响因素，以及含地下洞室岩石边坡的稳定性分析方法及研究现状。

(2) 采取弹塑性理论与有限元法，利用作者自编的有限元程序对某磷矿地下采空区与露天边坡的相互影响进行探讨，模拟露天边坡开挖过程对边坡与地下采空区的影响，得到各步开挖过程中边坡与采空区的应力、应变和塑性区分布，并采用有限元强度折减法计算得到边坡开挖过程中边坡与地下洞室的安全系数。

(3) 采用Surpac软件建立某磷矿地下采空区的三维地质模型，编制模型与FLAC3D软件的接口程序，将三维模型导入FLAC3D计算程序，在边坡与采空区相应位置设置测点，分析边坡分步开挖过程中地下采空区与露天边坡之间的相互影响。

(4) 开展含隧道岩石边坡物理模型的振动台模型试验技术研究。根据相似理论，研制物理模型的相似材料。根据试验目的和研究内容，确定模型箱类型、模型边界的处理方法、监测内容和测点的布置方案等，完成含隧道岩石边坡模型的设计与制作。根据试验所关注的强震区地震烈度，选定试验加载的地震波及地震动强度，确定试验加载方案。

(5) 整理和分析振动台模型试验结果，重点探讨含单洞隧道岩石边坡和含小净距隧道岩石边坡的加速度和动位移的地震响应规律。探究边坡加速度和坡体动位移在各加载工况下沿坡体高程的分布特性，主要从地震波类型、激振强度、加载方式和测点位置四个要素揭示其对边坡加速度和坡体动位移的动力响应规律的影响。

(6) 采用有限元软件MIDAS GTS/NX分析含单洞隧道岩石边坡和含小净距隧道岩石边坡的加速度响应特性，并与振动台模型试验结果进行对比分析。在此基础上，对模型边坡的位移场、应力场以及有无隧道对边坡动力响应的影响进行分析。通过改变输入地震波的地震动参数，论述边坡在不同类型地震波作用下的加速度响应规律。

(7) 基于拟静力法和塑性极限分析上限定理，考虑隧道位置、隧道埋深、支护结构抗力、地震惯性力系数、岩体的黏聚力和强度折减系数等因素，推导含单洞隧道边坡的地震稳定性系数和水平屈服加速度系数的上限解，并对地震的边坡稳定性系数和水平屈服加速度系数的影响因素进行敏感性分析和影响程度分析。

参考文献

[1] 江学良, 牛家永, 连鹏远, 等. 含小净距隧道岩石边坡地震动力特性的大型振动台试验研究[J]. 工程力学, 2017, 34(5):132-141,147.

[2] 江学良, 王飞飞, 杨慧, 等. 浅埋偏压小净距隧道衬砌地震应变规律研究[J]. 地下空间与工程学报, 2017, 13(2):506-516.

[3] 孙玉科, 牟会宠, 姚宝魁. 边坡岩体稳定性分析[M]. 北京: 科学出版社, 1988.

[4] 许强, 裴向军, 黄润秋. 汶川地震大型滑坡研究[M]. 北京: 科学出版社, 2009.

[5] 崔政权, 李宁. 边坡工程理论与实践最新发展[M]. 北京: 中国水利水电出版社, 1999.

[6] 孙玉科, 杨志法, 丁恩保, 等. 中国露天矿边坡稳定性研究[M]. 北京: 中国科学技术出版社, 1999.

[7] 陈国兴. 岩土地震工程学[M]. 北京: 科学出版社, 2007.

[8] 李华晔. 地下洞室围岩稳定性分析[M]. 北京: 中国水利水电出版社, 1999.

[9] 李庶林. 论我国金属矿山地质灾害与防治对策[J]. 中国地质灾害与防治学报, 2002, 13(4):44-48.
[10] 董慧明, 曹平. 含地下硐室的露天矿边坡稳定性研究[J]. 中国煤田地质, 2004, 16(6):24-26.
[11] 李科. 银山矿露天采区内采空区的爆破处理[J]. 矿冶, 2002, 11(4):12-16.
[12] 陆富龙, 李芬芳. 露天采矿场下部采空区顶板安全厚度的确定[J]. 采矿技术, 2004, 4(3): 34-36.
[13] 秦豫辉, 程秀升, 李春晓, 等. 三道庄矿区不规则空区的处理[J]. 矿业研究与开发, 2004, 24(1):27-29.
[14] 曾宪辉, 林连宝, 邹凯. 紫金山金矿地下采空区顶板上露天台阶失稳的控制[J]. 有色金属, 2002, 54(2):93-97.
[15] 刘荣春. 地下开采转露天开采工程岩体的失稳危害与控制技术[J]. 有色金属(矿山部分), 2005, 57(3):25-28.
[16] 刘献华. 地下转露天开采的主要安全隐患与技术对策[J]. 金属矿山, 2002, (7): 52-54.
[17] 王官宝, 任高玉. 格尔珂金矿采空区稳定性评价及安全开采措施[J]. 露开采矿技术, 2004, 6:13-16.
[18] 朱合华, 李新星, 蔡永昌, 等. 隧道施工中洞口边仰坡稳定性三维有限元分析[J]. 公路交通科技, 2005, 22(6):119-122.
[19] 王建秀, 唐益群, 朱合华, 等. 连拱隧道边坡变形的三维监测分析[J]. 岩石力学与工程学报, 2006, 25(11):2226-2232.
[20] 徐卫亚, 罗先启, 谢守益, 等. 水布娅马崖高边坡岩体地下开挖三维数值模拟研究[J]. 工程地质学报, 1999, 7(1):89-93.
[21] 董慧明, 曹平. 含地下洞室的露天矿边坡稳定性研究[J]. 中国煤田地质, 2005, 16(6):24-26.
[22] 万文. 地下空区对边坡稳定性的影响研究[D]. 长沙: 中南大学, 2006.
[23] 蓝航, 李凤明, 姚建国. 露天煤矿排土场边坡下采动沉陷规律研究[J]. 中国矿业大学学报, 2007, 36(4):482-486.
[24] 韩放, 谢芳, 王金安. 露天转地下开采岩体稳定性三维数值模拟[J]. 北京科技大学学报, 2006, 28(6):509-514.
[25] 江学良. 岩石地下洞室与边坡的相互影响研究[D]. 长沙: 中南大学, 2008.
[26] 陈祖煜, 汪小刚, 杨健. 岩质边坡稳定分析——原理 · 方法 · 程序[M]. 北京: 中国水利水电出版社, 2004.
[27] 黄润秋. 20 世纪以来中国的大型滑坡及其发生机制[J]. 岩石力学与工程学报, 2007, 26(3):433-454.
[28] 胡广韬. 滑坡动力学[M]. 北京: 地质出版社, 1995.

第 2 章　含地下洞室岩石边坡施工过程有限元模拟分析

2.1　弹塑性基本理论

2.1.1　屈服准则

莫尔-库仑模型是岩土工程中应用最广泛的本构模型，符合岩体材料的屈服特性和破坏特性，但是它的屈服面由于受主应力空间中角度性质的影响而具有一个严重的缺陷，即当应力落在主应力空间莫尔-库仑屈服面的棱角附近时，屈服函数沿曲面外法线方向的导数不易确定，所以其黏塑性的应变率不易确定，这就增加了使用上的困难。另外，莫尔-库仑模型在角锥顶点也存在不连续的问题。因此，德鲁克-普拉格屈服准则中采用如下较为方便的公式来代替[1,2]：

$$F = \alpha I_1 + \sqrt{J_2} = k \tag{2-1}$$

式中，I_1、J_2 分别为应力张量的第一不变量和应力偏张量的第二不变量；α、k 分别为

$$\alpha = \frac{\sqrt{3}\sin\varphi}{3\sqrt{3+\sin^2\varphi}},\quad k = \frac{\sqrt{3}\cos\varphi}{\sqrt{3+\sin^2\varphi}} \tag{2-2}$$

当 $\varphi > 0$ 时，在主应力空间，德鲁克-普拉格屈服准则的屈服面是莫尔-库仑六边形锥体的内切圆锥，如图 2-1 所示。德鲁克-普拉格屈服准则在 π 平面上的屈服轨迹如图 2-2 所示。当 $\varphi = 0$ 时，德鲁克-普拉格屈服准则就是米泽斯屈服准则。

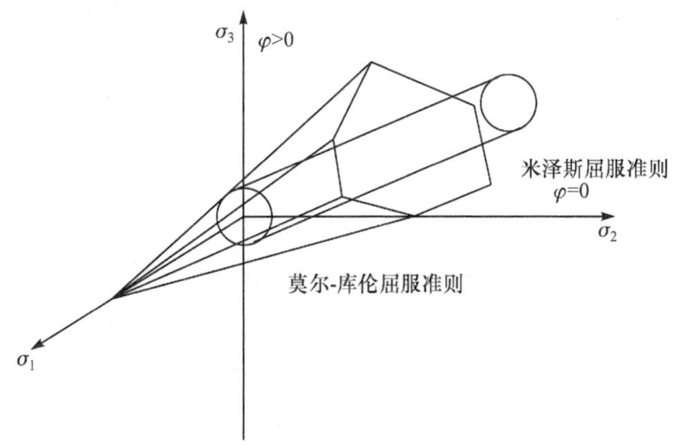

图 2-1　主应力空间德鲁克-普拉格屈服准则与莫尔-库仑屈服准则

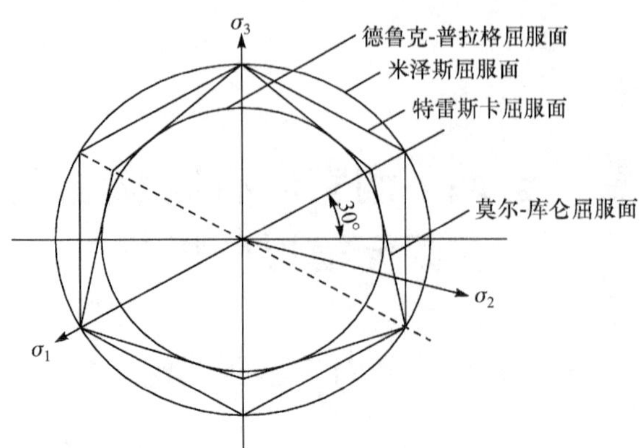

图 2-2　π平面上各类准则的屈服轨迹

2.1.2　加工硬化规律

加工硬化规律[3,4]是决定给定的应力增量引起的塑性应变增量的一条准则。具有加工硬化(或软化)特性的材料，应力状态从一个屈服面(初始屈服面)开始增大，产生塑性变形，塑性能变化，屈服面向外扩张为一个新的面(后继屈服面)。加工硬化程度与应力路径无关，总的塑性能与应力水平具有唯一对应的关系。

加工硬化规律在临界状态土力学中可以直观地表述为描述屈服面随应力增量变化的准则。在各向同性模型中，用前期固结应力的变化来表征屈服面的变化情况，而等向压缩曲线的形式决定了体积硬化定律的形式。在各向异性模型中，土的塑性体积应变增量由两部分组成，第一部分是由体积应力引起的塑性体积应变增量，第二部分是由剪切引起的塑性体积应变增量。

2.1.3　流动法则

流动法则也称正交定律，是确定塑性应变增量各分量与应力间的相互关系，是确定塑性应变增量方向的一条规定。任何加工硬化(或软化)材料在不同的应力状态下，具有不同的塑性应变能。物体内的各点可以根据应力状态在塑性势面上确定其相应的位置。流动法则规定，任意点处塑性应变增量的方向总是与塑性势面正交的，即塑性应变增量与应力存在下列正交关系[5,6]：

$$\mathrm{d}\varepsilon_{ij}^{p}=\mathrm{d}\lambda\frac{\partial Q}{\partial\sigma_{ij}} \tag{2-3}$$

上述塑性位势$Q(\sigma_{ij})$是在主应力空间中形成一个塑性势面。流动法则是为计算所做的一种规定，塑性位势可假定为各种不同形式。在塑性理论中，如果塑性势面与屈服面重合，这时称流动法则为相关联流动法则，可适合于金属材料、软黏土和岩石等；如果塑性势面与屈服面不重合，则称流动法则为非关联流动法则，可适合于无黏性土。在岩石力学的弹塑性分析中，大多采用相关联流动法则来建立相应的本构方程。

2.1.4 弹塑性模量矩阵

弹塑性问题的应力-应变关系的一般表达式为

$$[\delta\sigma]=\boldsymbol{D}[\delta\varepsilon]-\frac{\boldsymbol{D}\left[\frac{\partial Q}{\partial\sigma}\right]\left[\frac{\partial F}{\partial\sigma}\right]^{\mathrm{T}}\boldsymbol{D}}{A+\left[\frac{\partial F}{\partial\sigma}\right]^{\mathrm{T}}\boldsymbol{D}\left[\frac{\partial Q}{\partial\sigma}\right]}[\delta\varepsilon] \tag{2-4a}$$

或者简写为

$$[\delta\sigma]=\boldsymbol{D}_{\mathrm{ep}}[\delta\varepsilon] \tag{2-4b}$$

式中，$[\delta\sigma]$和$[\delta\varepsilon]$分别为三维情况下应力σ和应变ε的矩阵形式表达；$\boldsymbol{D}$为弹性矩阵；$\boldsymbol{D}_{\mathrm{ep}}$为弹塑性模量矩阵，其一般公式为[6]

$$\boldsymbol{D}_{\mathrm{ep}}=\boldsymbol{D}-\frac{\boldsymbol{D}\left[\frac{\partial Q}{\partial\sigma}\right]\left[\frac{\partial F}{\partial\sigma}\right]^{\mathrm{T}}\boldsymbol{D}}{A+\left[\frac{\partial F}{\partial\sigma}\right]^{\mathrm{T}}\boldsymbol{D}\left[\frac{\partial Q}{\partial\sigma}\right]} \tag{2-5}$$

式中，A 为材料的应变硬化参数。$A=0$对应于理想塑性的情况；$A>0$对应于应变硬化的情况；$A<0$对应于应变软化的情况。

因此，式(2-5)既适合于硬化材料、软化材料和理想塑性材料，也适合于非耦合情况下的相关联与非关联流动法则。

2.2 有限元基本理论

2.2.1 有限元法概述

有限元法主要是解决物理场问题，它的网格划分具有很大的几何随意性，且允许各个单元的材料性质可以不同，对于复杂几何边界和复杂材料性质的结构，总可以通过足够细密的单元剖分来逼近其真实情况，具有广泛的适用性。有限元法有一套固定的分析程序，对于不同的工程结构，可以使用同一个程序(只要稍加修改)来解决，使求解过程规范化，有较高的通用性。另外，有限元法可适合不同层次使用者的要求。这些优点使有限元法的应用扩展到几乎所有的工程领域。

有限元法[7]的基本思想是：把整个连续体离散成有限个只在节点连接的单元的集合，全部有限元的集合就近似等价于整个分析体系，有限元内的场函数近似用若干简单的形函数叠加而成。通过求解场函数在节点上的数值，可以近似求得场函数在整个区域内的取值。

2.2.2 四边形等参元

在四节点四边形等参单元中有两套坐标系，一套为整体坐标系 x-y，它适用于所有单元；另一套是局部坐标系ξ-η，它只适用于一个单元。

等参单元的形函数的选取与单元刚度矩阵的计算是在局部坐标系中进行的，对整体坐标系和局部坐标系之间的转换，用同一形函数来实现。

可以求出如下应变表达式：

$$[\varepsilon]=\begin{bmatrix}\varepsilon_x\\ \varepsilon_y\\ \gamma_{xy}\end{bmatrix}=\begin{bmatrix}\dfrac{\partial u}{\partial x}\\ \dfrac{\partial v}{\partial y}\\ \dfrac{\partial u}{\partial y}+\dfrac{\partial v}{\partial x}\end{bmatrix}=\begin{bmatrix}\dfrac{\partial N_1}{\partial x} & 0 & \dfrac{\partial N_2}{\partial x} & 0 & \dfrac{\partial N_3}{\partial x} & 0 & \dfrac{\partial N_4}{\partial x} & 0\\ 0 & \dfrac{\partial N_1}{\partial y} & 0 & \dfrac{\partial N_2}{\partial y} & 0 & \dfrac{\partial N_3}{\partial y} & 0 & \dfrac{\partial N_4}{\partial y}\\ \dfrac{\partial N_1}{\partial y} & \dfrac{\partial N_1}{\partial x} & \dfrac{\partial N_2}{\partial y} & \dfrac{\partial N_2}{\partial x} & \dfrac{\partial N_3}{\partial y} & \dfrac{\partial N_3}{\partial x} & \dfrac{\partial N_4}{\partial y} & \dfrac{\partial N_4}{\partial x}\end{bmatrix}[\delta]$$

$$=\boldsymbol{B}[\delta] \tag{2-6}$$

式中，$\boldsymbol{B}$ 为几何矩阵；N_i (i=1, 2, 3, 4)为形函数；u 为水平形变量；v 为竖直形变量；$[\delta]$ 为单元节点位移。

应力-应变关系为

$$[\sigma]=\begin{bmatrix}\sigma_x\\ \sigma_y\\ \tau_{xy}\end{bmatrix}=\frac{E}{1-\mu^2}\begin{bmatrix}1 & \mu & 0\\ \mu & 1 & 0\\ 0 & 0 & \dfrac{1-\mu}{2}\end{bmatrix}\begin{bmatrix}\varepsilon_x\\ \varepsilon_y\\ \gamma_{xy}\end{bmatrix}=\boldsymbol{D}[\varepsilon] \tag{2-7}$$

式中，$\boldsymbol{D}$ 为弹性矩阵；E 为弹性模量；μ 为泊松比。

由虚功原理可以推出单元矩阵表达式为

$$\boldsymbol{K}=t\int \boldsymbol{B}^{\mathrm{T}}\boldsymbol{D}\boldsymbol{B}\mathrm{d}A \tag{2-8}$$

式中，$\boldsymbol{K}$ 为单元矩阵。

在局部坐标系中，单元的边界为 $\xi=\pm1$ 和 $\eta=\pm1$，所以积分上下限是固定的，于是式(2-8)可以化为

$$\boldsymbol{K}=\int_{-1}^{+1}\int_{-1}^{+1}\boldsymbol{B}^{\mathrm{T}}\boldsymbol{D}\boldsymbol{B}|J|t\mathrm{d}\xi\mathrm{d}\eta \tag{2-9}$$

由于上下限是固定的，通常可以用高斯积分法计算式(2-9)。

2.3 开挖效应的模拟

边坡在施工过程中会开挖形成一系列的边界点，在开挖前这些边界点处于一定的原始应力状态，开挖后这些边界点的应力得以解除，从而引起岩体应力场的

变化。这一开挖效果的模拟是按“等效释放荷载”来进行计算的[7-9]。这种“等效释放荷载”可以由沿预定的开挖边界线上的原始应力来决定。

开挖边界节点释放荷载计算图如图 2-3 所示。在预定的一段开挖边界两侧的单元及边界上的节点，假定这些边界点的应力已知，相邻两边界节点之间的应力近似视为呈线性分布。

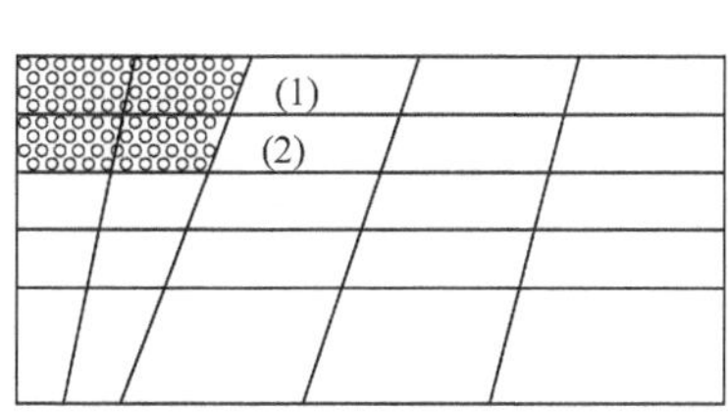

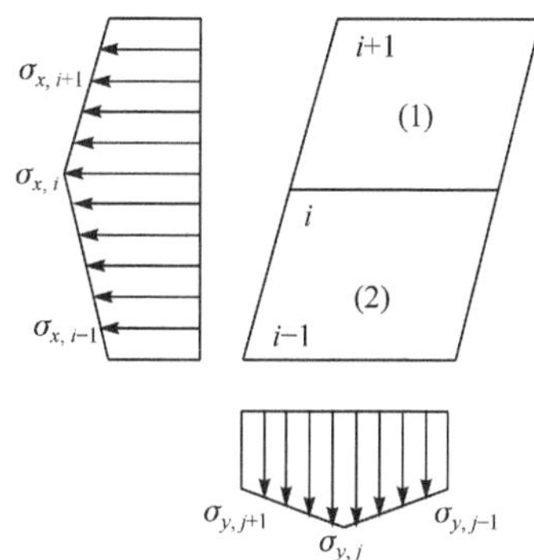

图 2-3 开挖边界节点释放荷载计算图

在 i 点的“等效荷载”的等效节点力为

$$P_{xi}=\frac{1}{6}\left[2\sigma_{x,i}\left(b_1+b_2\right)+\sigma_{x,i-1}b_2+\sigma_{x,i+1}b_1+2\tau_{xy,i}\left(a_1+a_2\right)+\tau_{xy,i+1}a_2+\tau_{xy,i-1}a_1\right] \tag{2-10}$$

$$P_{yi}=\frac{1}{6}\left[2\sigma_{y,i}\left(a_1+a_2\right)+\sigma_{y,i-1}a_1+\sigma_{y,i+1}a_2+2\tau_{xy,i}\left(b_1+b_2\right)+\tau_{xy,i-1}b_1+\tau_{xy,i+1}b_2\right] \tag{2-11}$$

式中，$a_1=x_{i-1}-x_i$；$a_2=x_i-x_{i+1}$；$b_1=y_i-y_{i-1}$；$b_2=y_{i+1}-y_i$。

若原始应力场为均匀应力，则有

$$\sigma_{x,i}=\sigma_{x,i+1}=\sigma_{x,i-1}=\sigma_{x0}$$

$$\sigma_{y,i}=\sigma_{y,i+1}=\sigma_{y,i-1}=\sigma_{y0}$$

$$\tau_{xy,i}=\tau_{xy,i+1}=\tau_{xy,i-1}=\tau_0$$

式中，σ_{x0}、σ_{y0}、τ_0 为原岩体的应力。

于是，式(2-10)、式(2-11)可以简化为

$$P_{xi}=\frac{1}{2}\left[\sigma_x\left(b_1+b_2\right)+\tau_{xy}\left(a_1+a_2\right)\right] \tag{2-12}$$

$$P_{yi}=\frac{1}{2}\left[\sigma_y\left(a_1+a_2\right)+\tau_{xy}\left(b_1+b_2\right)\right] \tag{2-13}$$

若原始地应力的主应力为竖向与水平向，则有

$$\sigma_{yi}=\sigma_{y0},\quad \sigma_{xi}=\lambda\sigma_{y0} \tag{2-14}$$

于是有

$$P_{xi}=\frac{1}{2}\sigma_x\left(b_1+b_2\right),\quad P_{yi}=\frac{1}{2}\sigma_y\left(a_1+a_2\right) \tag{2-15}$$

若原始应力为非均匀应力场，则应力的有限元分析一般分两步进行：第一步计算开挖前的应力场；第二步根据第一步计算所得的开挖边界两侧的应力，用插值法求得边界点的应力。

在一般情况下，有限元分析是计算单元中心点处的应力值。用插值法求边界点应力的方法是：对于某一边界点 i (图 2-4)，由该点四周的四个单元 1、2、3、4 进行线性插值。

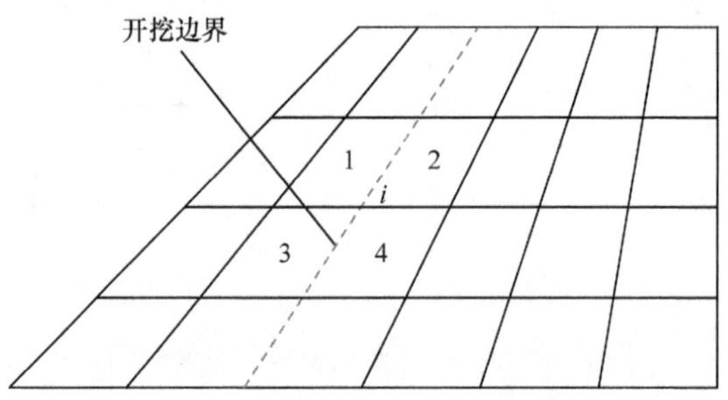

图 2-4　边界点应力计算简图

插值函数为

$$\sigma=a_1+a_2x+a_3y+a_4xy \tag{2-16}$$

要求取边界点 i 的某一应力分量，可先把边界点周围单元中心处的坐标代入式(2-16)，例如，求 σ_{xi}，可得到

$$\begin{aligned}\sigma_{x1}&=a_1+a_2x_1+a_3y_1+a_4x_1y_1\\ \sigma_{x2}&=a_1+a_2x_2+a_3y_2+a_4x_2y_2\\ \sigma_{x3}&=a_1+a_2x_3+a_3y_3+a_4x_3y_3\\ \sigma_{x4}&=a_1+a_2x_4+a_3y_3+a_4x_4y_4\end{aligned}$$

写成矩阵形式为

$$\boldsymbol{\sigma}_x=\boldsymbol{Ma} \tag{2-17}$$

式中，$\sigma_{x1},\cdots,\sigma_{x4}$ 为单元 1～4 中心点处应力；$(x_1,y_1),\cdots,(x_4,y_4)$ 为单元 1～4 中心点处坐标。

由式(2-17)可得出待定系数 $a_1,\cdots,a_4$，简写为

$$\boldsymbol{a}=\boldsymbol{M}^{-1}\boldsymbol{\sigma}_x \tag{2-18}$$

把边界点 i 的坐标代入式(2-16)，由于待定系数 $\boldsymbol{a}$ 为已知，所以可求得点 i 的 $\boldsymbol{\sigma}_{xi}$：

$$\boldsymbol{\sigma}_{xi}=\begin{bmatrix}1 & x_i & y_i & x_iy_i\end{bmatrix}\boldsymbol{a}=\begin{bmatrix}1 & x_i & y_i & x_iy_i\end{bmatrix}\boldsymbol{M}^{-1}\boldsymbol{\sigma}_x \tag{2-19}$$

边界上点 i 的其他应力分量 $\boldsymbol{\sigma}_{yi}$、$\boldsymbol{\tau}_{xyi}$，均按上述方法求得[1]。这种模拟开挖效果、确定释放荷载的方法被称为反转应力释放。采用释放荷载的计算方法，正确模拟开挖效果及施工步骤，以实际的开挖支护工序进行分析并考虑支护时间，可以使计算更接近于真实情况。

在应力分析中，遇到的边界条件通常为边界约束及节点位移已知两种类型。边界条件应根据求解问题的具体条件而定。

从理论上说，岩石边坡问题属于半无限平面问题，开挖对周围应力的影响在距开挖部位无限远处消失，然而，有限元法是在有限的区域内进行，不可能将分析范围划分得无限大。根据理论分析得知，岩体的局部开挖仅对有限范围内的岩体应力有明显影响，在距开挖部位稍远的地方，岩体应力变化是微不足道的。

2.4　强度折减法计算边坡安全系数

随着计算机的发展，近年来在岩土工程计算方面涌现出不少优秀的数值分析计算方法，但是传统的极限平衡法仍然是评价边坡和其他水工建筑物稳定性的首选方法。极限平衡法中最重要的概念是安全系数，其定义有多种[9-12]，有些定义为抗滑力与下滑力之比，有些定义为抗滑力矩与滑动力矩之比。

2.4.1　有限元强度折减法

有限元强度折减法是在有限元法和极限平衡法基础上取长补短，采用弹塑性有限元理论来分析系统的应力和变形，再逐渐降低材料抗剪强度来逼近系统的临界平衡状态[13-15]，并根据岩体屈服区的贯通情况来确定系统达到临界平衡时材料强度应降低的倍数(把这个倍数定义为系统的整体稳定安全系数)，从而避免了最小安全系数的搜索。

采用基于强度储备概念的安全系数 F_{s} 的定义：当材料的抗剪强度参数 c 和 φ 分别用临界强度参数 c_{h} 和 φ_{h} 代替后，系统将处于临界平衡状态，其中

$$\begin{cases}c_{\mathrm{h}}=c/F_{\mathrm{s}}\\ \tan\varphi_{\mathrm{h}}=\tan\varphi/F_{\mathrm{s}}\end{cases} \tag{2-20}$$

弹塑性极限平衡法中需要对材料强度进行一系列折减，某次折减后对应的材料强度参数 c_{i} 和 φ_{i} 表达式如下：

$$\begin{cases}c_{\mathrm{i}}=c/Z_{\mathrm{i}}\\ \tan\varphi_{\mathrm{i}}=\tan\varphi/Z_{\mathrm{i}}\end{cases} \tag{2-21}$$

式中，Z_{i} 为材料强度折减系数。当系统趋近于临界平衡状态时，就将边坡整体的

最小安全系数 F_s 取为对应的 Z_i。

程序计算中采用点安全系数的概念来描述单元屈服，并用已经屈服的单元来标明塑性屈服区。在 2.5 节的分析程序中将采用与德鲁克-普拉格屈服准则一致的点安全系数[16]，即

$$P=(K-\alpha I_1)\Big/\sqrt{J_2} \tag{2-22}$$

对于处于弹性区的单元，有 $P>1$；对于介于弹性与塑性屈服临界状态的单元，有 $P=1$；对于处于塑性屈服区的单元，有 $P<1$。

把程序认为已经进入塑性屈服的单元加以标注，随着强度的折减发现屈服单元连成了贯通的塑性区，就认为找到了系统的临界平衡状态。

2.4.2 边坡安全系数取值标准

对于边坡安全系数的取值，在一些规范和专著中根据不同工程类型、不同规模和等级的岩土工程边坡已有明确的规定和建议，主要的规范如下。

(1)《岩土工程勘察规范》(GB 50021—2001)[17]对边坡稳定性系数规定如下：对新设计的边坡，重要工程宜取 1.30～1.50，一般工程宜取 1.15～1.30，次要工程宜取 1.05～1.15；采用峰值强度时取最大值，采用残余强度时取最小值；验算已有边坡稳定性时，取 1.10～1.25。

(2)《建筑地基基础设计规范》(GB 5007—2011)[18]中规定的安全系数如表 2-1 所示。

表 2-1 滑坡稳定安全系数

建筑物级别	一	二	三
安全系数	1.25	1.15	1.05

(3) 加拿大的《边坡工程手册》[19]第六章中指出，当边坡处在极恶劣的条件时，安全系数取 1.05～1.1 可能是合理的。

2.5 含矩形地下采空区岩石边坡施工过程有限元模拟

2.5.1 工程概况

某磷矿位于贵州省境内。在进行磷矿二期接替工程露天开采境界划分时，经过技术经济指标对比，决定把地下已开采范围纳入露天开采境界，并允许地表越界，但是这样做，前期地下开采留下的大量采空区将对露天开采产生较大影响。该工程地质条件如下。

1. 地下开采转露天开采中的水文地质条件

矿段位于地表水及地下水的分水岭地带，矿产储量近半数位于当地侵蚀基准面之上，在矿段的西北角虽有岩坑河通过，但地表水与地下水联系不密切；地下水补给条件差，矿床的唯一充水岩组(灯影组)中大部分属弱富水，其对矿坑的补给量不大。据矿段 ZK5505 抽水资料可知，灯影组渗透系数为 0.0672m/d，ZK5505 水位下降 30.89m，单位时间涌水量为 2.552L/s；ZK5506 水位下降 0.93m；ZK5502 水位下降 0.11m。可见河水与地下水联系甚微。

2. 地下开采转露天开采中的工程地质条件

矿段地质构造简单，构造破碎带不发育；矿体顶底板岩层较完整、稳固，风化和岩溶作用较弱；不良工程地质问题较单一，对矿床露天开采影响较小。

从地貌上看，灯影组白云岩中的岩溶不发育，呈构造剥蚀景观。首先，在河谷两岸及陡壁上虽有少数裂隙状溶洞，但从公路边坡及现有露天开采场边坡上见到的溶洞多为高而窄的裂隙状溶洞，规模较小，溶洞与溶洞间连通性差，地下水主要沿细微裂隙及孔隙渗透，对矿床的露天开采影响较小。其次，由于本矿段的矿体多为层状、似层状产出，倾角较缓，区内地表水和地下水对整个露天开采边坡的稳定性造成一定的不利影响。因此，在开采过程中应及时疏干露天开采场的积水，同时要对地表水加强拦截。

3. 地下开采转露天开采中的围岩稳定性

矿段内自然坡角中，一般顺向坡为 15°～28°，反向坡为 20°～44°；在冲沟及公路处的坡角达 45°～60°。在上述坡角内，基岩是稳定的。根据现有露天开采场坡角调查，矿层顶板剥离物灯影组白云岩，在剥离开采深度达 40～80m、坡角为 57°～67°的情况下，仍较稳定。矿层间接底板板溪群为中层至薄层状黏土质粉砂岩，岩石柔性大，地表风化层较松散、破碎，在露天开采剥离时应予以注意，但深部岩石稳固，在坡角小于地层倾角时，其边坡稳定性好。第四系堆积物，在坡角大于 45°时，有小规模的垮塌，矿层顶板灯影组白云岩，当坡角度大于 70°时，在地表水的渗透作用下，发生崩塌和滑坡的可能性较大。与主矿层(a、b 矿层)有直接关系的 F19、F28 等断层，破碎带宽一般在 0～2.8m，由胶结良好的糜棱岩组成，有硅化现象，其物理力学性质与围岩基本一致，对开挖影响不大。矿段内共有 11 个钻孔未封孔(ZK1701、ZK1703、ZK1704、ZK1801 四孔位于露天开采范围；ZKS1、ZKS2、ZKS3、ZK1606 四孔留作长期观测；ZK1710、ZK1916、ZK2105 三孔因孔内垮塌无法封孔)，钻孔 ZK1701、ZK1703、ZK1704、ZK1801、ZK1606、ZKS1 对地下开采转露天开采影响不大。

2.5.2　室内力学试验与试验结果的工程处理

随着磷矿露天开采与地下开采的巷道掘进和矿块、矿石回采，地下形成了四通八达、错综复杂的巷道和空区，地表也有多处塌陷，同时在当地多雨湿热气候的影响下，地下矿岩的物理力学性质有了很大的改变，矿岩的稳定性有弱化的趋势。开采到 2006 年时，随着磷矿由地下开采转露天开采方案的提出，为了更好地探明地下采空区与边坡的相互影响，采用试验仪器进行了磷矿矿岩室内物理力学性质试验，以精确地测定矿岩的主要力学性能指标。试验设备指标及试验结果见表 2-2～表 2-7。

1. 试验项目及仪器设备

试验项目及所用仪器设备如表 2-2 所示。

表 2-2　试验项目及所用仪器设备

试验项目	仪器设备
单轴抗压强度试验(弹性模量、泊松比)	RYL-600 微机控制伺服岩石剪切试验机，3mm×15mm 电阻应变片，YD-88 便携式超级应变仪，千分表
抗拉强度试验	RYL-600 微机控制伺服岩石剪切试验机，合金钢丝
抗剪强度试验	RYL-600 微机控制伺服岩石剪切试验机
弱面摩擦试验	剪切模，RYL-600 微机控制伺服岩石剪切试验机

2. 试样规格及加工精度

试样规格及加工精度如表 2-3 所示。

表 2-3　试样规格及加工精度

试验项目	规格	试块数量	试样加工精度
单轴抗压强度试验(弹性模量、泊松比)	ϕ5cm×10cm	每种岩性试件不少于 4 件，累计 30 件	试件端面平整度<0.02mm；轴的垂直度<0.001rad；周边光滑，同轴度<0.3mm
抗拉强度试验	ϕ5cm×5cm	每种岩性试件不少于 4 件，累计 33 件	端面平整度<0.1mm，与轴线垂直度<0.001rad
抗剪强度试验	5cm×5cm×5cm	每种岩性试件不少于 3 件，累计 30 件	试件端面平整，垂直度好
弱面摩擦试验	现场取样	每种岩性试件不少于 3 组，累计 10 组	节理弱面保持与剪切模具边框平行，并高出模具边框 3～5mm

3. 试验结果

岩石拉伸试验结果如表 2-4 所示。

表 2-4　岩石拉伸试验结果

试样种类	抗拉强度 σ_t/MPa	抗压强度 σ_c/MPa	弹性模量 $E/(10^4\text{MPa})$	泊松比 μ	黏聚力 c/MPa	内摩擦角 $\varphi/(°)$
上盘白云岩	2.60	133.38	2.10	0.27	15.50	23.03
下盘白云岩	2.66	58.87	1.38	0.29	15.29	48.17
矿石	2.46	120.53	1.85	0.26	3.60	52.06
砂岩	1.00	46.70	0.46	0.25	3.24	44.90

注：表中抗拉强度、抗压强度、弹性模量、泊松比为平均值。

4. 试验结果的工程处理

在稳定性分析中，力学参数的选取会对计算结果产生重大影响，甚至有可能得出令人不能接受的计算结果。岩体宏观力学参数的研究一直是岩石力学最困难的课题之一。岩体中结构面的存在，以及水、风化等外部因素的影响，使得岩体的力学行为与岩块所表现的力学行为之间存在很大的差异。采用原位试验方法确定岩体力学参数比室内岩样试验合理，但原位试验通常受到各种条件的限制，而且存在一些尚待解决的技术问题。因此，通常采用室内试验的方法得到岩块的力学参数，但是要将岩块力学参数应用于岩体工程，必须考虑岩块与岩体之间的差异，对参数进行工程处理，以使得对岩体工程所做的稳定性分析结果更接近于现场实际情况。一般来讲，室内试验的岩块力学参数比岩体力学参数要大，通常可通过一些经验方法对岩块力学参数进行折减以得到岩体力学参数。不同方法折减后的岩体抗压、抗拉强度如表 2-5 所示，采用的方法有 Singh 法、Kalamaras 法、Hoek-Brown RMR 评分法、Hoek-Brown GSI 评分法，其中 Hoek-Brown RMR 评分法主要采用岩体分类指标值 RMR(relative metabolic rate)进行描述；Hoek-Brown GSI 评分法是在 RMR 评分法的基础上发展起来的，主要采用地质强度指标 GSI (geological strength index)进行描述。

表 2-5　不同方法折减后的岩体抗压、抗拉强度　(单位：MPa)

岩石类别	岩体抗压强度				岩体抗拉强度	
	Singh 法	Kalamaras 法	Hoek-Brown RMR 评分法	Hoek-Brown GSI 评分法	Hoek-Brown RMR 评分法	Hoek-Brown GSI 评分法
上盘白云岩	32.11～44.50	32.95～47.86	3.71～18.05	6.74～21.38	0.078～0.474	0.172～0.720
下盘白云岩	29.22～41.25	13.51～19.39	1.27～5.25	2.33～7.19	0.026～0.130	0.091～0.319
矿石	35.37～49.72	30.49～41.83	3.64～13.81	5.89～19.02	0.081～0.373	0.106～0.514
砂岩	12.62～30.73	4.12～8.52	0.14～0.52	0.487～1.34	0.005～0.021	0.011～0.072

岩体黏结强度与内摩擦角工程折减结果如表 2-6 所示，采用的方法有 Hoek-Brown RMR 评分法、Hoek-Brown GSI 评分法、Georgi 公式法、费辛柯法、GSMR 法，其中 GSMR 法是一种在实际工程研究成果基础上提出的修正 RMR 法，适用于岩石边坡岩体质量评价。

表 2-6　岩体黏结强度与内摩擦角工程折减结果

岩石类别	折减后岩体的黏结强度 C/MPa					折减后岩体内摩擦角 φ/(°)		
	Hoek-Brown RMR 评分法	Hoek-Brown GSI 评分法	Georgi 公式法	费辛柯法 (4m、8m、10m)	建议取值	GSMR 法	经验公式法取值	建议取值
上盘白云岩	0.75	0.97	0.73	1.19 0.98 0.93	0.85	23.25	21.56	22.41
下盘白云岩	0.92	1.12	0.72	1.18 0.97 0.92	0.92	49.34	47.36	38.35
矿石	0.14	0.28	0.17	0.36 0.30 0.28	0.22	52.6	49.64	45.21
砂岩	0.13	0.26	0.15	0.32 0.27 0.26	0.20	45.4	42.81	44.11

岩体变形参数的工程折减结果如表 2-7 所示，采用的方法有 Serafim 和 Pereira 法、Aydan 法。

表 2-7　岩体变形参数的工程折减结果

岩石类别	岩体变形模量 E_m /GPa			岩体泊松比 μ_m	岩体剪切模量 G_m/GPa	岩体体积模量 K_m /GPa
	Serafim 和 Pereira 法	Aydan 法	建议取值			
上盘白云岩	1.59～4.41	0.64～1.25	1.42	0.250～0.252	0.315	0.950
下盘白云岩	1.32～3.47	0.50～1.02	1.17	0.251～0.260	0.258	0.796
矿石	1.70～4.02	0.65～1.16	1.43	0.251～0.256	0.317	0.965
砂岩	0.75～1.64	0.09～0.3	0.53	0.252～0.266	0.116	0.367

通过现场调查与工程钻探等措施对磷矿矿区的工程地质和水文地质情况进行分析，探明在地下开采转为露天开采条件下，水文地质条件和工程地质条件对工程的影响。通过现场取样，对矿区典型岩石的力学性能进行了测试，考虑到岩块强度与岩体强度的差异，采用经验公式对岩块强度进行工程处理，得到可直接用于工程计算的岩体强度值。

2.5.3　有限元程序设计

根据弹塑性基本理论与有限元基本理论，编制一个用于单元网格自动划分的程序“Grid”和一个适用于求解岩石平面问题的非线性程序“Slope and Underground Cavern Analysis”。“Grid” 程序可以用来自动形成单元及节点信息，对于较为复杂的网格，可以采用分块处理，可分块成任意的四边形或具有圆心角的扇形区。“Slope and Underground Cavern Analysis” 程序主要应用于对岩石边坡与地下洞室的分析，程序的弹塑性分析采用德鲁克-普拉格模型，非线性分析采用常刚度初应力法，方程组求解采用常用的变带宽一维存储直接解法，单元主要采用线性应变的四边形等参单元、常应变三角形单元。岩体与混凝土衬砌采用四边形等参单元，三角形单元仅在局部几何形状复杂或改变网格密度时作为过渡单元使用。程序还具有考虑非零已知位移的功能，可以充分利用洞周以及围岩的变形量测资料进行计算，以便使计算与现场量测有效地配合，获得更加接近实际情况的计算结果。程序的基本运算过程如图 2-5 所示。为了加速收敛，对弹塑性分析中的塑性单元

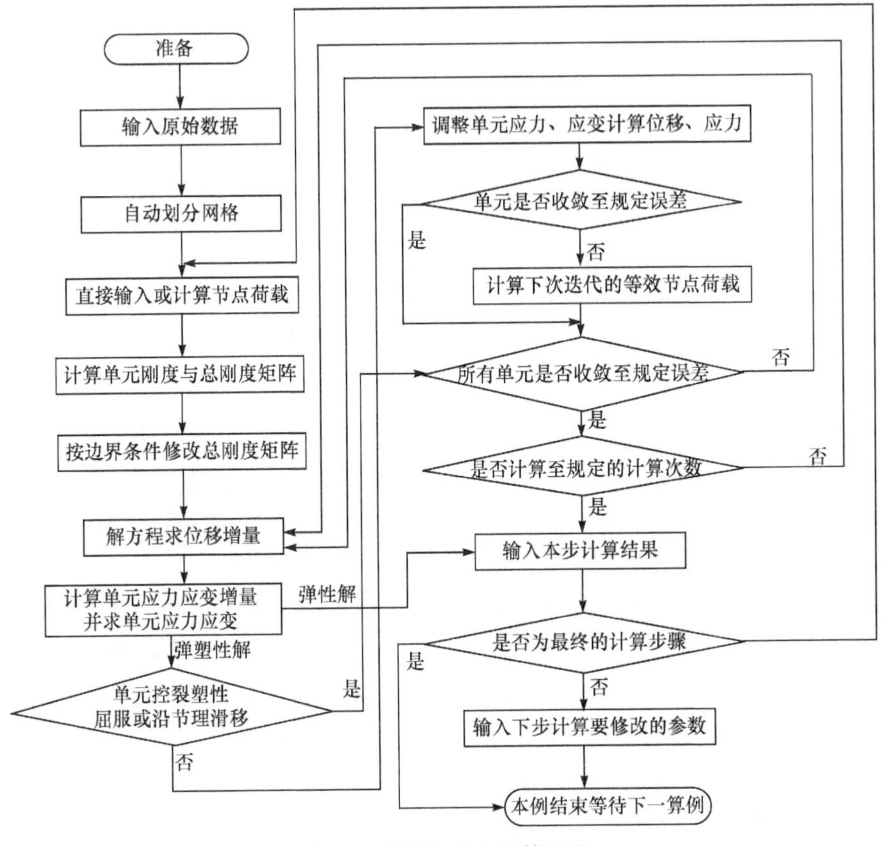

图 2-5　程序的基本运算过程

采取二次修正的方法进行处理，如图 2-6 所示。

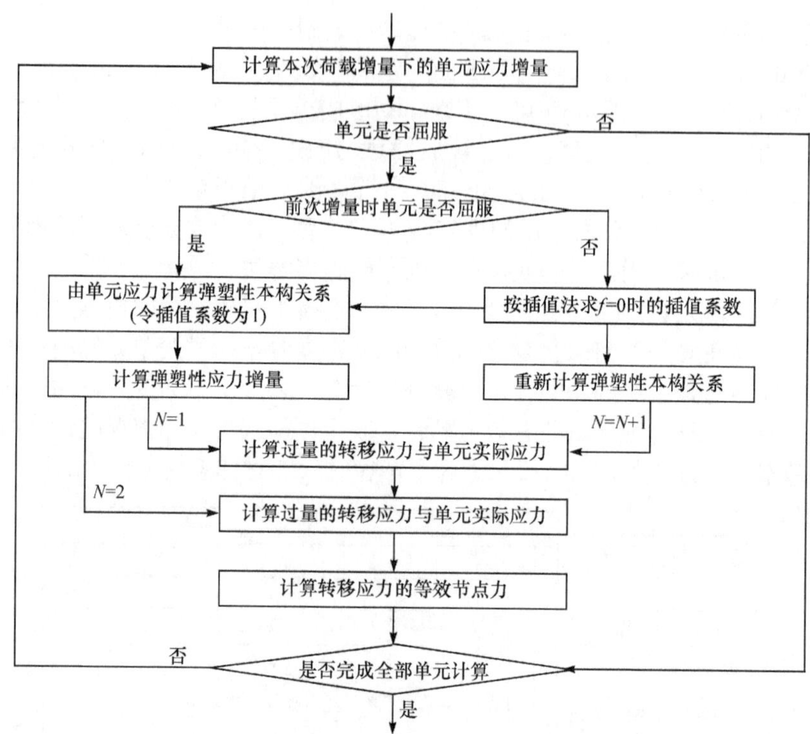

图 2-6 弹塑性应力计算过程

2.5.4 有限元计算模型

1. 计算范围

数值分析处理问题通常在有限的区域进行离散化，为了使这种离散化不产生大的误差，必须取得足够大的计算范围。理论分析和计算实践表明，当工程开挖释放荷载作用于岩体某一部位时，对周围岩体的应力及位移有明显影响的范围大约是开挖与岩体作用面轮廓线尺寸的 2.5 倍，在此范围之外，影响甚微，可忽略不计。为尽可能减少边界条件对结果的影响，计算范围确定选取为 $H=(2\sim3)h$、$L=(1.8\sim3)h$，其中，H 为计算垂直高度，h 为坡高，L 为计算的水平边界宽度[20,21]。选取 $h=37.5\text{m}$、$L=75\text{m}$、$H=82.5\text{m}$，如图 2-7 所示。图中，横坐标为截取剖面的宽度(m)，纵坐标为截取剖面的高度(m)。

2. 模型离散与边界条件

计算模型的离散通过“Grid”程序自动进行，主要采用四边形等参单元，模型共划分 2375 个单元，2481 个节点，如图 2-8 所示。在计算模型的底边界与左端边界时采用位移边界条件，底边界约束竖向位移，左端边界约束水平向位移；计算模型右端边界时采用荷载边界条件，边界上作用由自重应力引起的水平侧向力 P，呈三角形面力分布形式，向下逐渐增大的比率为 $\frac{1-\mu}{\mu}\gamma$（μ 为泊松比，γ 为岩石容重）；计算模型上部边界为自由边界。

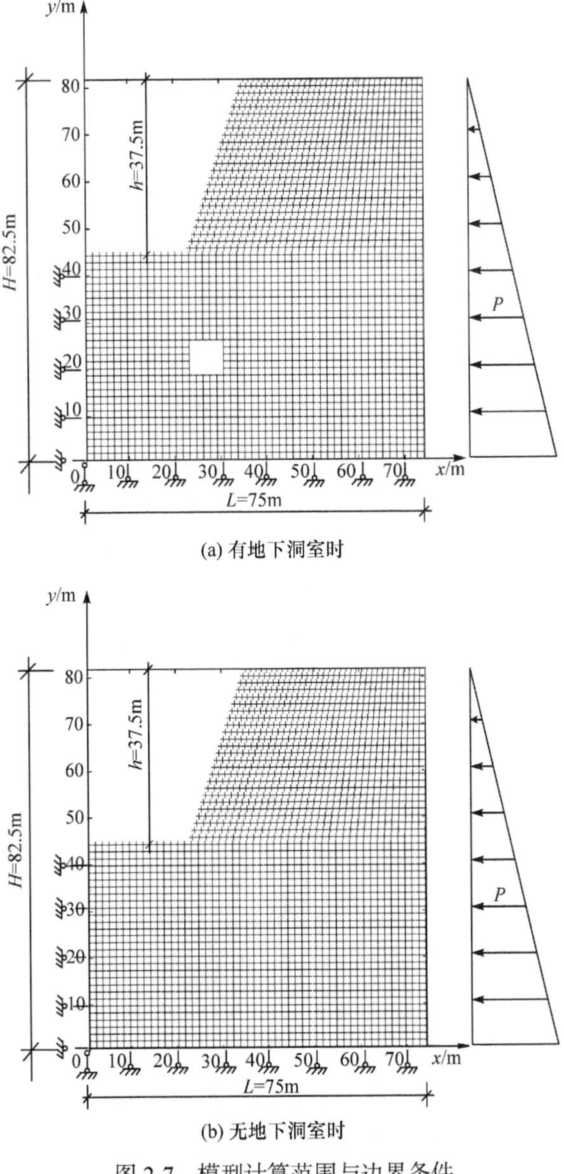

(a) 有地下洞室时

(b) 无地下洞室时

图 2-7　模型计算范围与边界条件

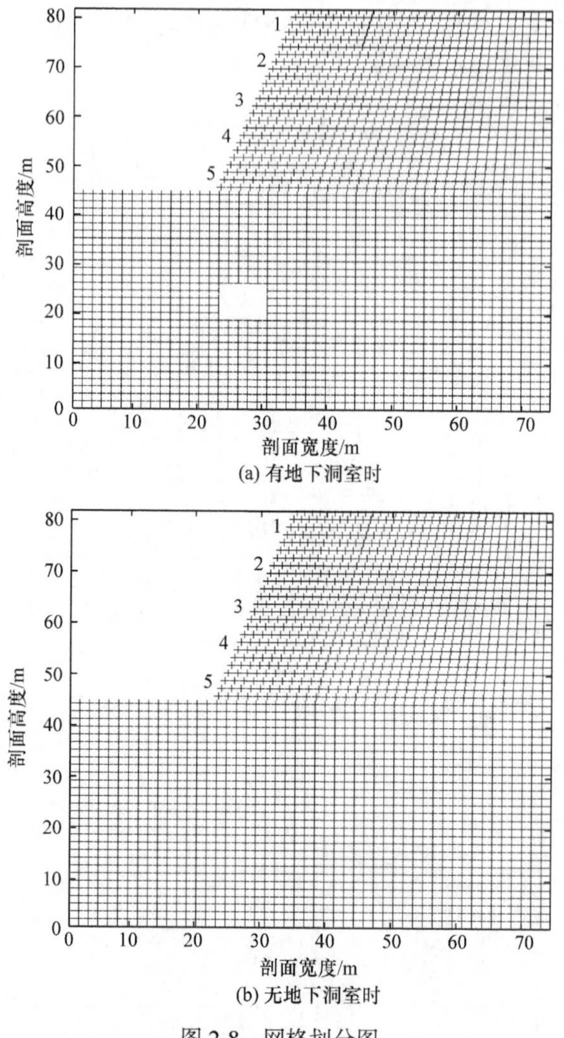

(a) 有地下洞室时

(b) 无地下洞室时

图 2-8　网格划分图

3. 计算方案

为计算边坡开挖过程中下伏地下洞室与边坡之间的相互影响，将边坡分为 5 步开挖，自上而下，每步开挖 50 个单元，如图 2-8 和表 2-8 所示。

表 2-8　每个开挖步开挖的单元号

开挖步数	开挖的单元编号
1	2341～2350，2306～2315，2271～2280，2236～2245，2201～2210
2	2166～2175，2131～2140，2096～2105，2061～2070，2026～2035
3	1991～2000，1956～1965，1921～1930，1886～1895，1851～1860

续表

开挖步数	开挖的单元编号
4	1816～1825，1781～1790，1746～1755，1711～1720，1676～1685
5	1641～1650，1606～1615，1571～1580，1536～1545，1501～1510

为更好地分析地下洞室与边坡之间的互相影响，将计算分为两种方案，一种是有地下洞室的边坡分步开挖方案；另一种是无地下洞室的边坡开挖方案。

4. 计算参数

岩体内没有大的断层及软弱夹层存在，将岩体视为连续介质，根据室内试验结果与工程处理后岩体的强度取值以及现场实际情况，确定岩体的计算参数取值，如表 2-9 所示。

表 2-9　岩体的计算参数取值

弹性模量 E/MPa	泊松比 μ	岩体黏结强度 C/MPa	内摩擦角 φ/(°)	容重 γ/(kN/m^3)	抗压强度 σ_c/MPa
1400	0.25	0.9	35	26.0	5

2.5.5　计算结果分析

应力以拉为正，单位为 MPa；水平向位移以向右为正，竖向位移以向上为正，单位为 m。

1. 应力

1) 初始应力场

图 2-9 和图 2-10 给出无地下洞室和有地下洞室时的岩体初始应力等值线。由图 2-9 和图 2-10 可知，对于无地下洞室的情况，岩体内绝大部分为压应力，在坡体内最大主应力倾向坡面，逐步向坡脚集中，在同一水平位置，主应力逐渐从坡内向坡外减小。在坡脚处产生较大的应力集中现象。最大、最小主应力在坡体中的分布基本相似，但在坡体顶部与深部二者的差值明显大于其他部位，说明这两处的岩体更易受剪破坏。最大剪应力在坡脚处较为集中且数值较大，其对坡脚岩体的屈服起着直接作用。

对于有地下洞室的情况，地下洞室的存在极大地改变了原始应力的分布，应力除在坡脚产生集中现象外，在地下洞室周边也产生集中现象，说明除了在坡脚容易产生破坏以外，地下洞室也容易发生失稳破坏。

2) 开挖后应力场

开挖将引起岩体内部应力场的变化，由于图形太多，这里以最大主应力为例

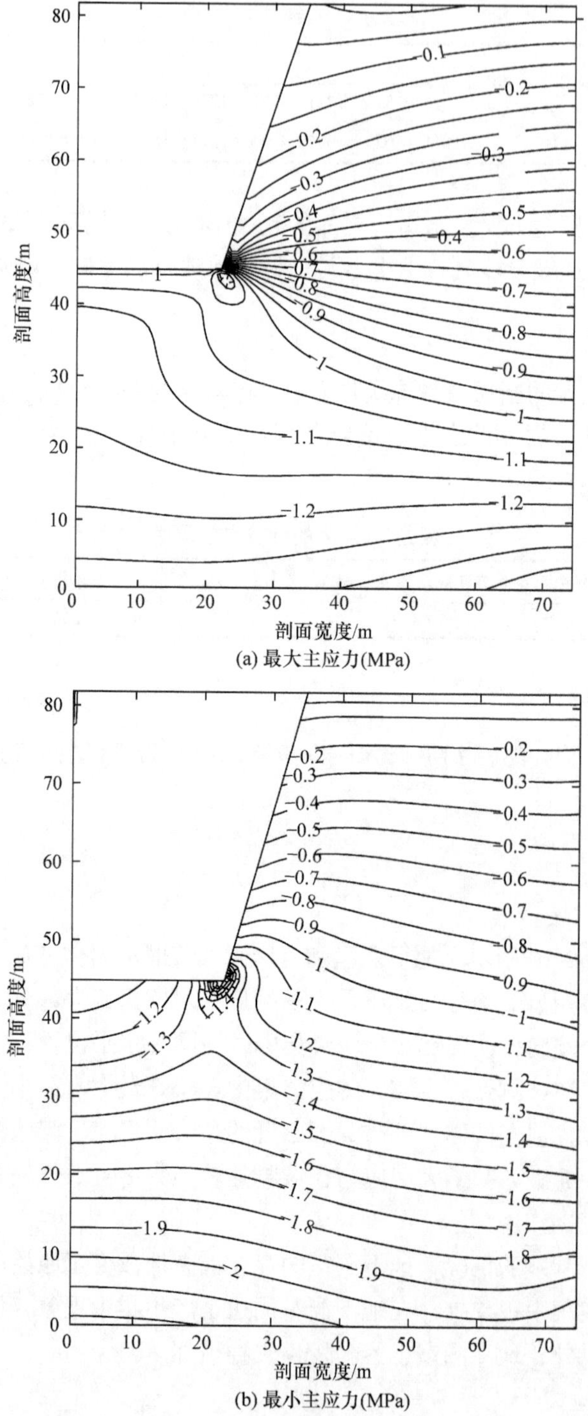

(a) 最大主应力(MPa)

(b) 最小主应力(MPa)

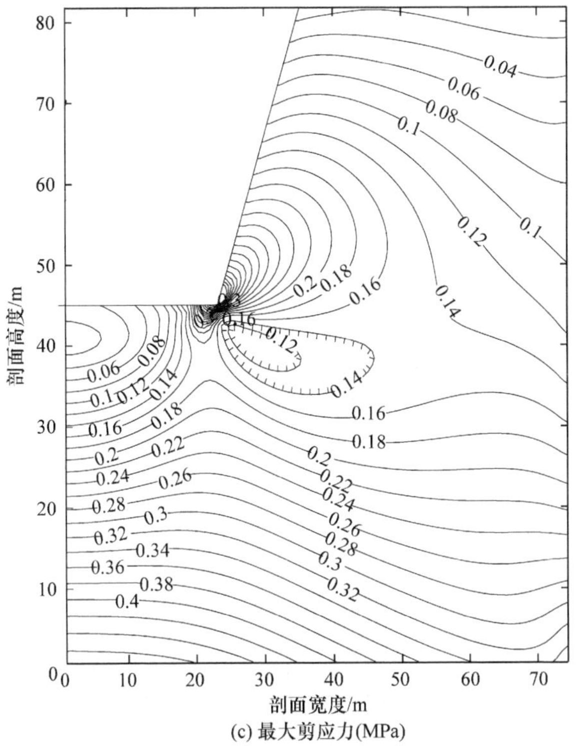

(c) 最大剪应力(MPa)

图 2-9　无地下洞室时的岩体初始应力等值线图

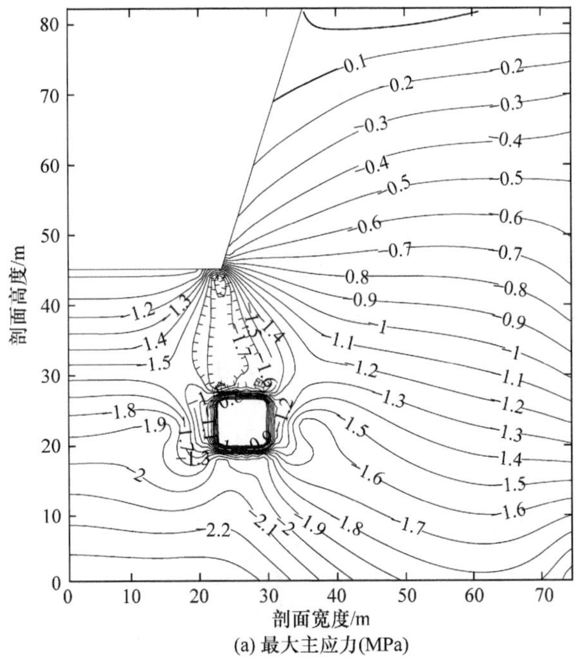

(a) 最大主应力(MPa)

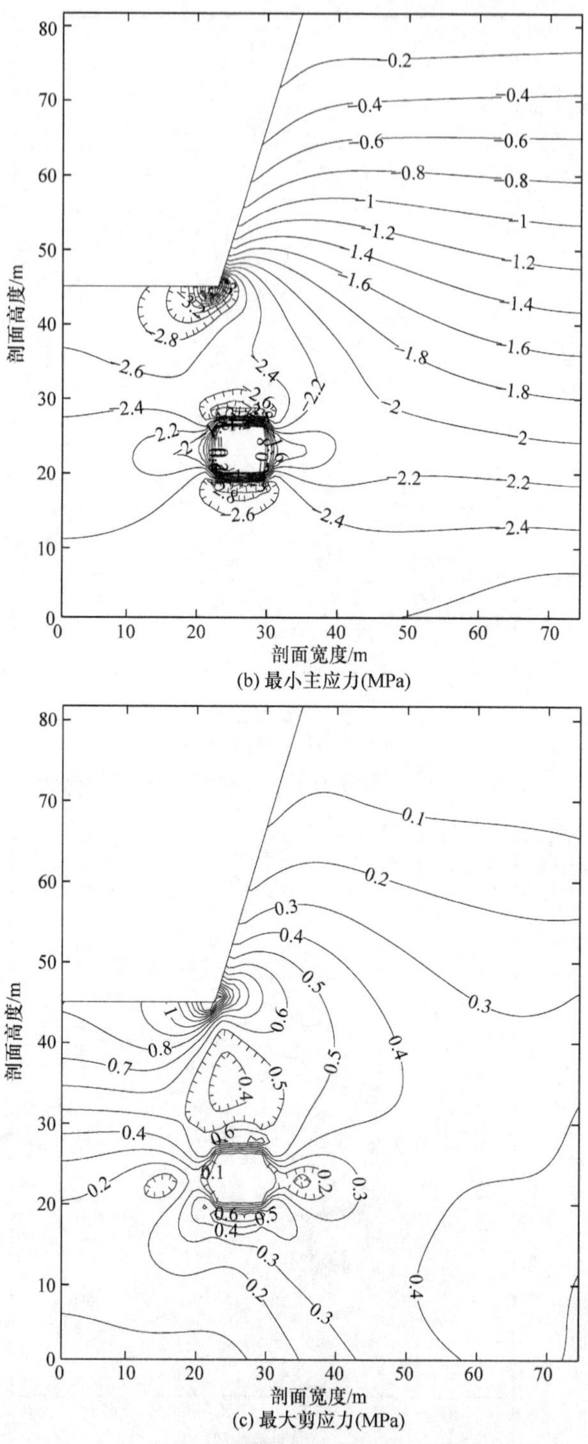

(b) 最小主应力(MPa)

(c) 最大剪应力(MPa)

图 2-10　有地下洞室时的岩体初始应力等值线图

分析开挖对岩体应力场的影响。图 2-11 和图 2-12 给出无地下洞室和有地下洞室时边坡各步开挖后的最大主应力。由图 2-11 和图 2-12 可知，边坡每步开挖完以后，在坡顶位置出现应力减小区，在坡脚与地下洞室周边出现应力增强区，随着开挖的进行，应力减小区与应力增强区的范围逐渐扩大，在坡脚与地下洞室周边应力集中现象越来越明显，在坡顶出现拉应力区且拉应力区越来越大。地下洞室的存在极大地改变了岩体的应力分布，在坡脚与地下洞室周边产生较大的应力集中。对于无地下洞室边坡，当开挖至第 4 步时，在坡脚位置出现较大的塑性区，边坡已处于临近失稳或失稳状态；对于有地下洞室边坡，开挖至第 3 步时，坡脚与地下洞室的应力集中区基本连成一片，边坡与洞室已处于失稳或接近失稳的状态。此处未列出无地下洞室时边坡第 3 步开挖后的最大主应力图。

2. 位移

1) 水平向位移

图 2-13 和图 2-14 给出无地下洞室和有地下洞室时边坡各步开挖后的水平向位移等值线。由图可知，边坡水平向位移自坡顶往下逐渐减小，地下洞室的存在使得边坡水平向位移增加，随着开挖的进行，坡体水平向位移逐步增加；地下洞室处围岩水平向位移也随着上部边坡的开挖逐渐增大。无地下洞室边坡开挖至第 4 步，有地下洞室边坡开挖至第 3 步时，坡顶位移已经很大，边坡处于破坏或临界破坏状态。此处未列出无地下洞室时边坡第 3 步开挖后的水平向位移等值线图。

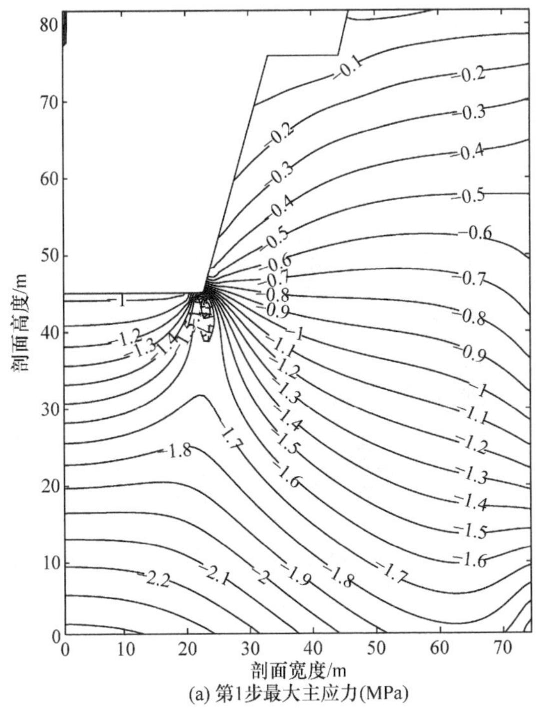

(a) 第1步最大主应力(MPa)

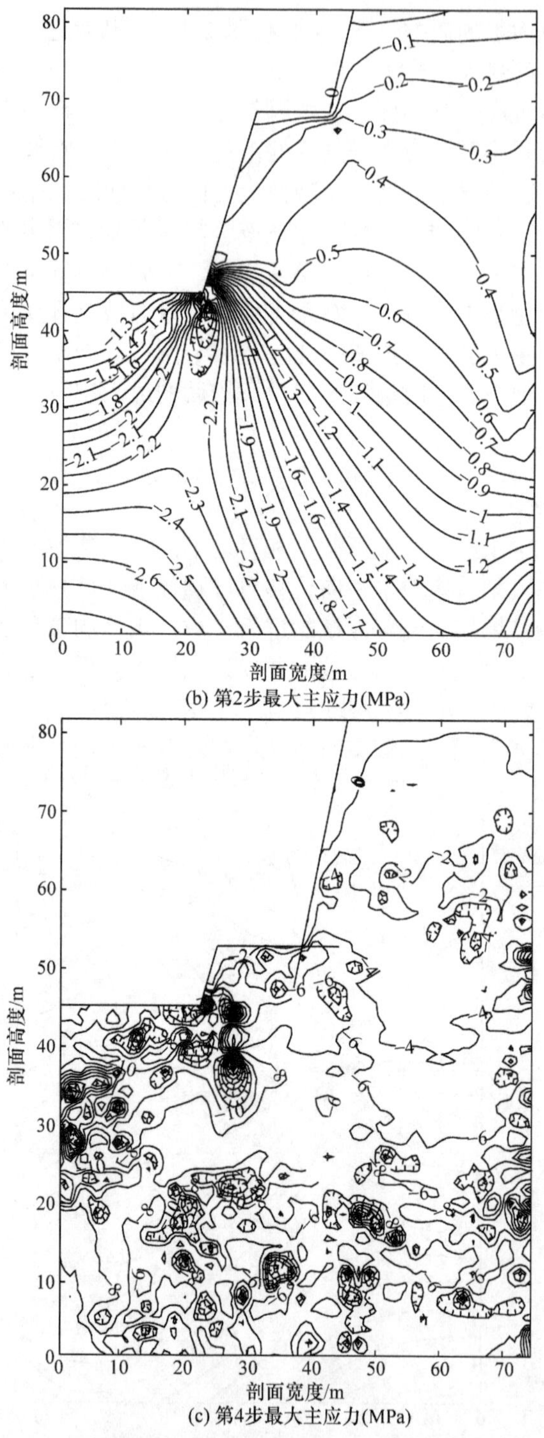

(b) 第2步最大主应力(MPa)

(c) 第4步最大主应力(MPa)

图 2-11　无地下洞室时边坡各步开挖后的最大主应力

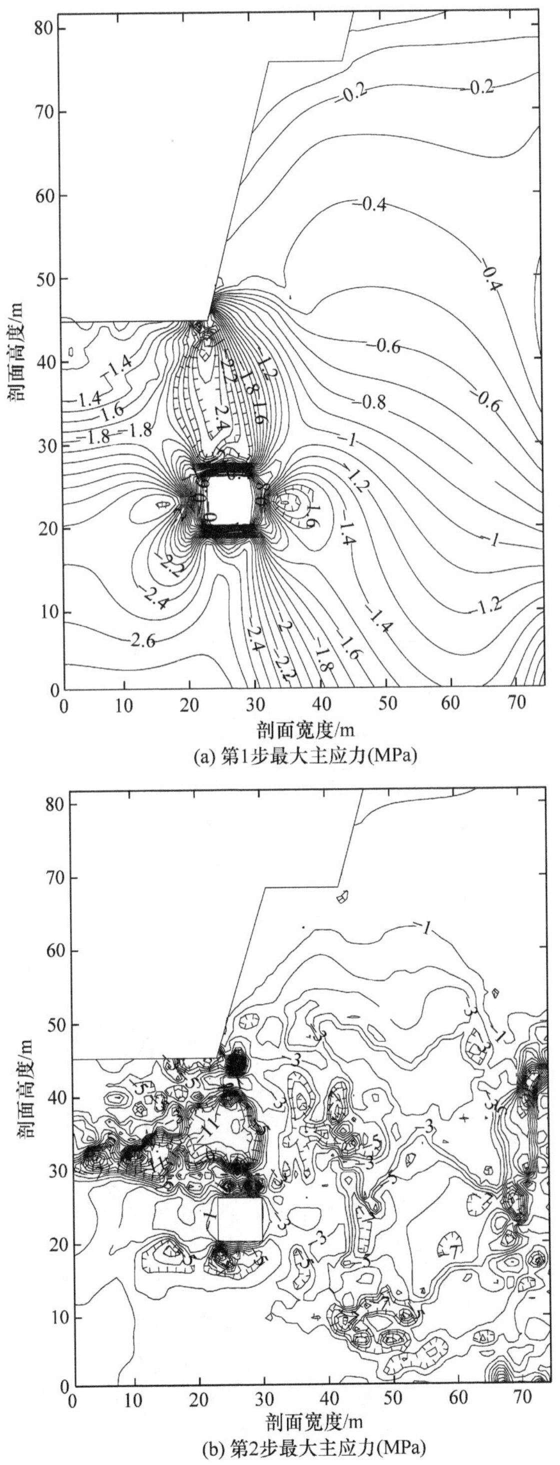

(a) 第1步最大主应力(MPa)

(b) 第2步最大主应力(MPa)

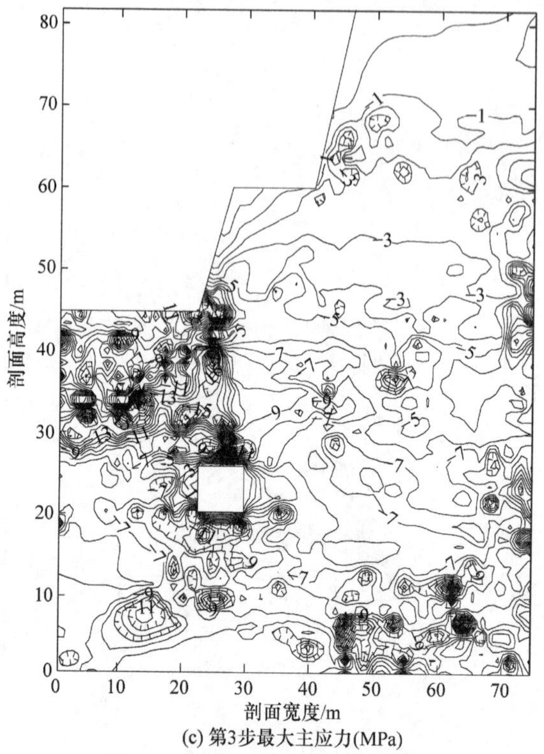

(c) 第3步最大主应力(MPa)

图 2-12　有地下洞室时边坡各步开挖后的最大主应力

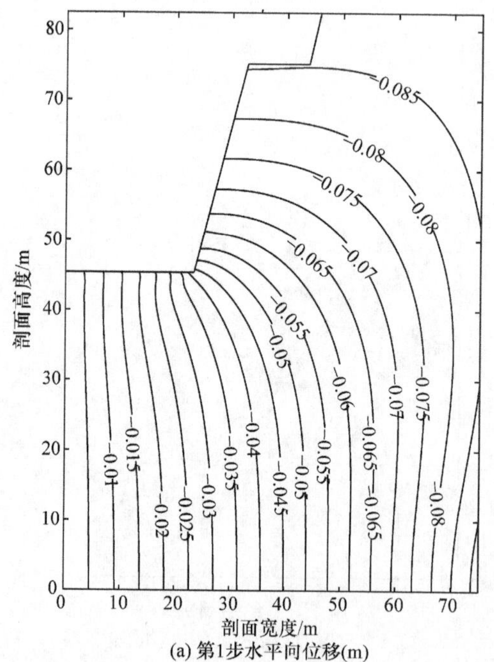

(a) 第1步水平向位移(m)

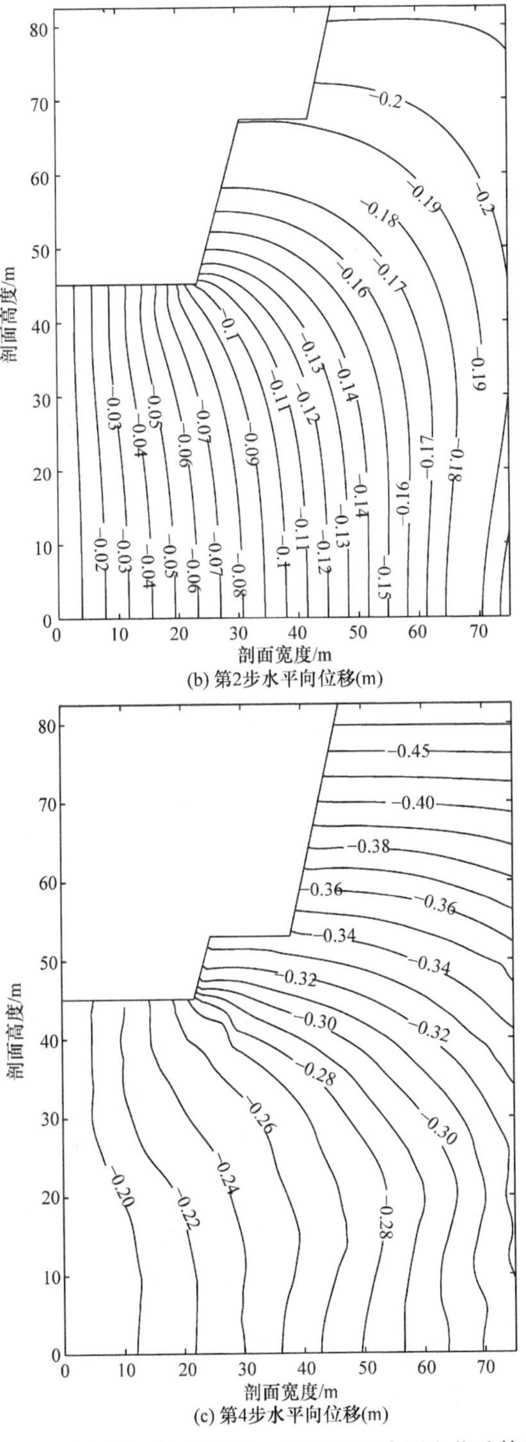

(b) 第2步水平向位移(m)

(c) 第4步水平向位移(m)

图 2-13　无地下洞室时边坡各步开挖后的水平向位移等值线

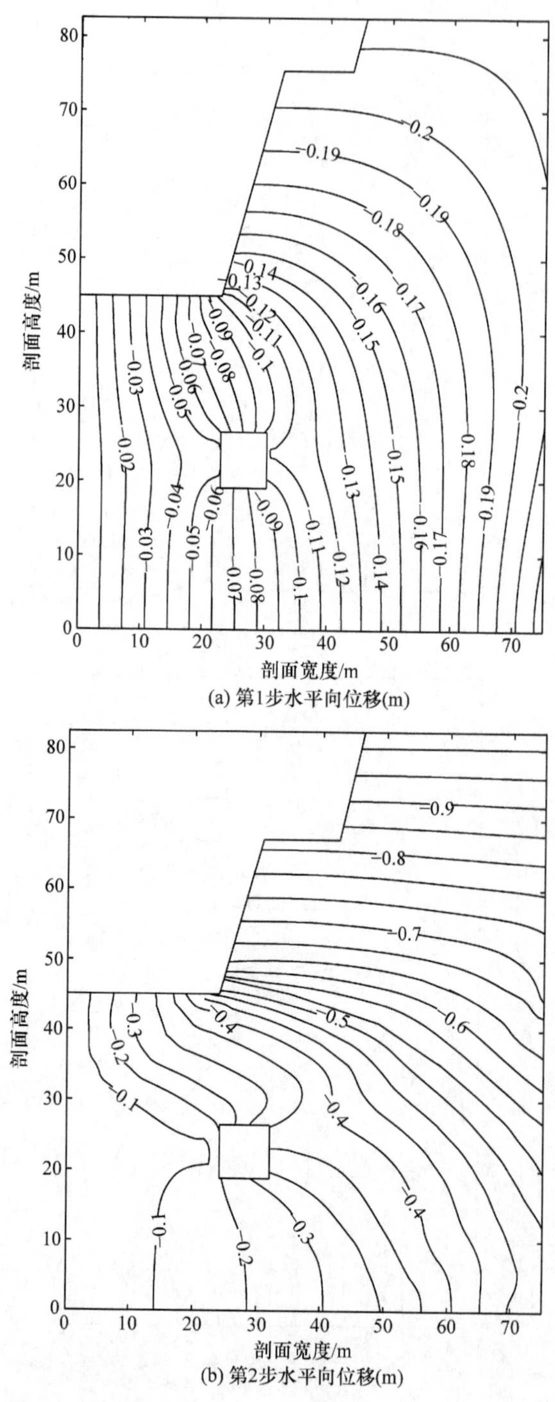

(a) 第1步水平向位移(m)

(b) 第2步水平向位移(m)

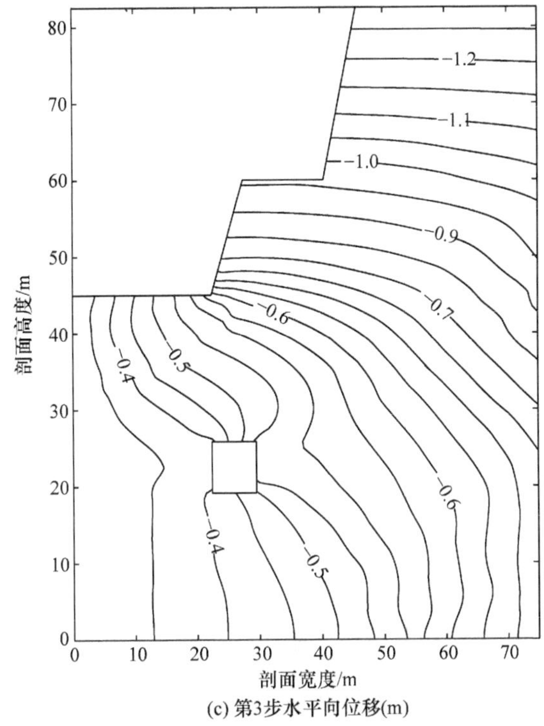

(c) 第3步水平向位移(m)

图 2-14　有地下洞室时边坡各步开挖后的水平向位移等值线

2) 竖向位移

图 2-15 和图 2-16 给出无地下洞室和有地下洞室时边坡各步开挖后的竖向位移等值线。

由图 2-15 和图 2-16 可知，第 1 步开挖后岩体的反弹位移不明显，是因为开挖掉的岩体较薄，岩体卸载较小；随着开挖的进行，岩体的反弹位移增加，地下洞室的存在使得岩体反弹位移增加。此处未列出无地下洞室时边坡第 3 步开挖后的水平向位移和竖向位移等值线图。

3. 塑性区

图 2-17 和图 2-18 给出无地下洞室和有地下洞室时边坡各步开挖后的塑性区。

由图 2-17 和图 2-18 可知，塑性区首先出现在边坡坡脚与地下洞室周边，随着开挖的进行，塑性区出现扩展，坡脚处与地下洞室处塑性区越来越大，岩体深部也出现塑性区。当无地下洞室边坡开挖至第 4 步，有地下洞室边坡开挖至第 3 步时，坡脚与洞室周边塑性区以及岩体塑性区基本连成一片，边坡与洞室已经处于破坏或临界破坏状态。此处未列出无地下洞室时边坡第 1 步开挖后的塑性区图。

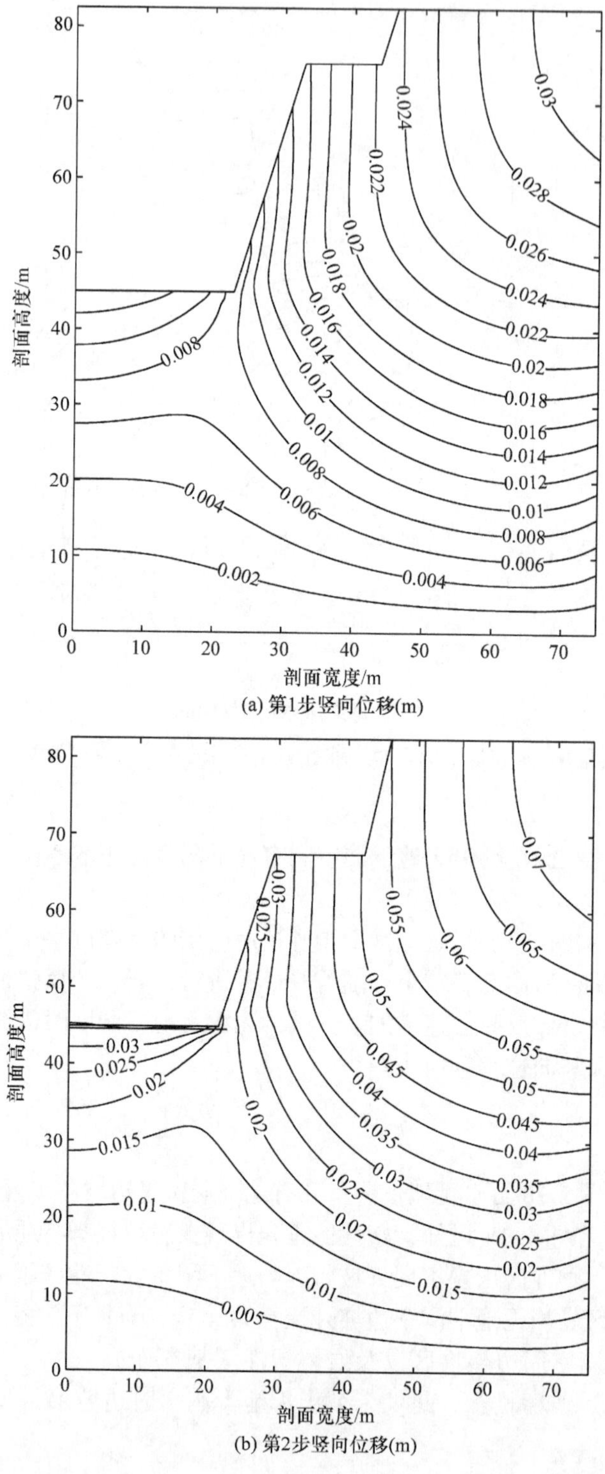

(a) 第1步竖向位移(m)

(b) 第2步竖向位移(m)

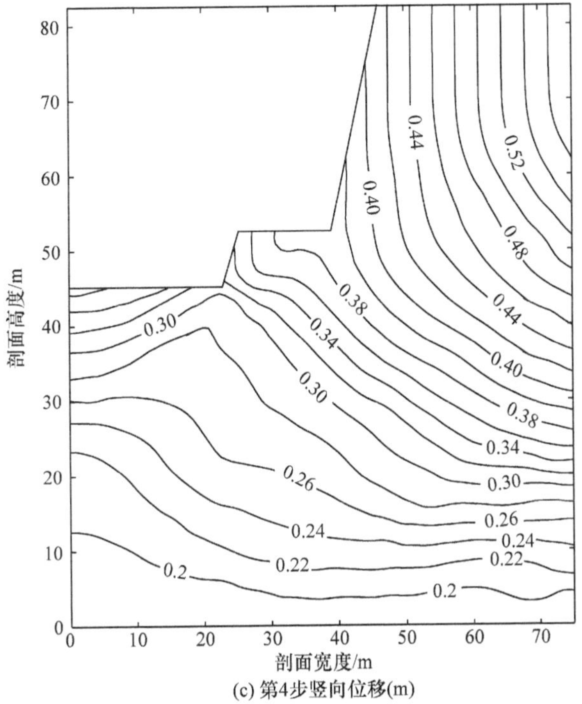

(c) 第4步竖向位移(m)

图2-15　无地下洞室时边坡各步开挖后的竖向位移等值线

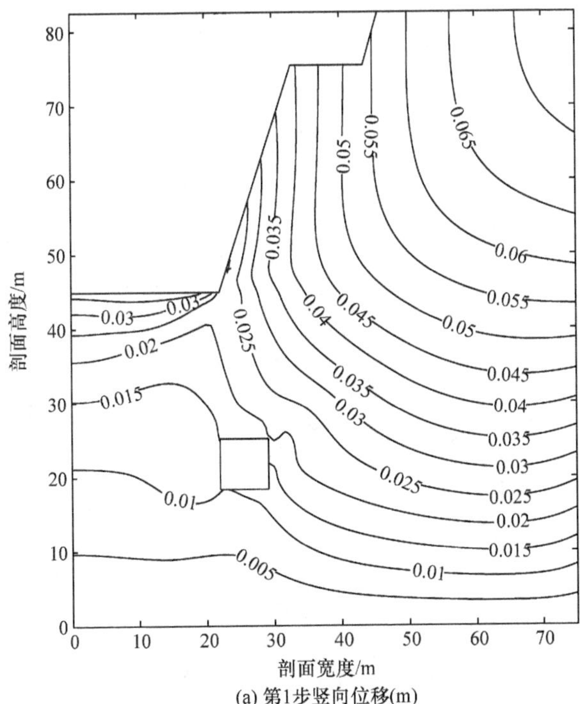

(a) 第1步竖向位移(m)

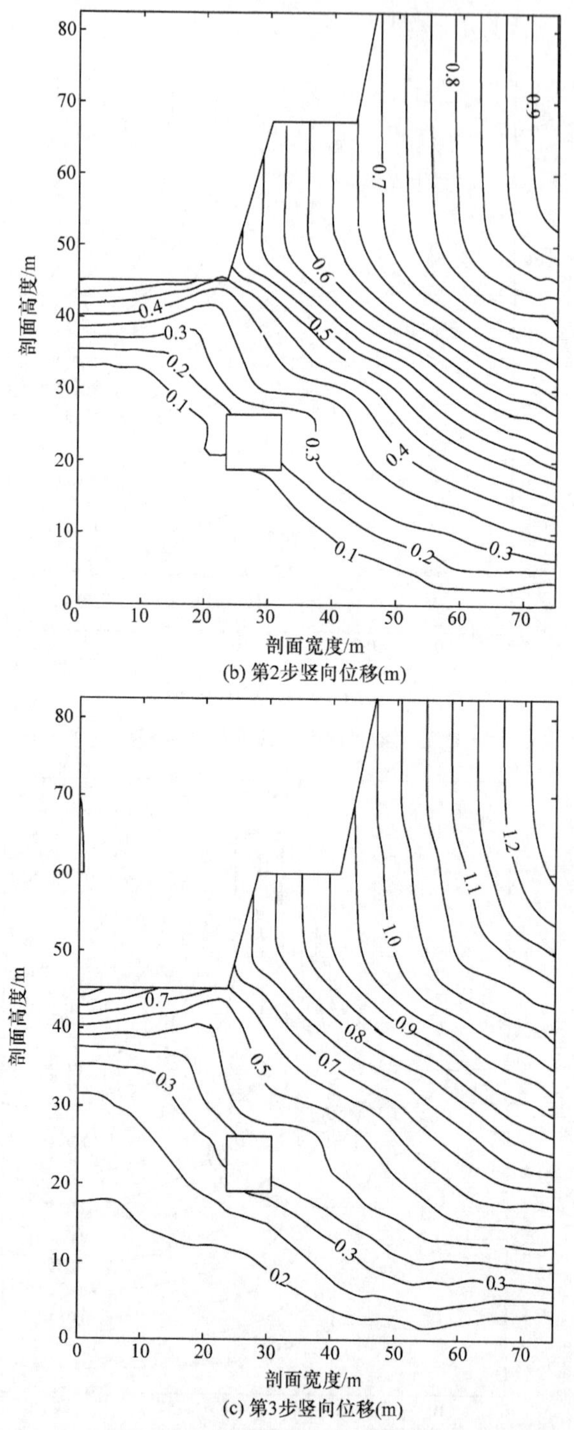

图 2-16　有地下洞室时边坡各步开挖后的竖向位移等值线

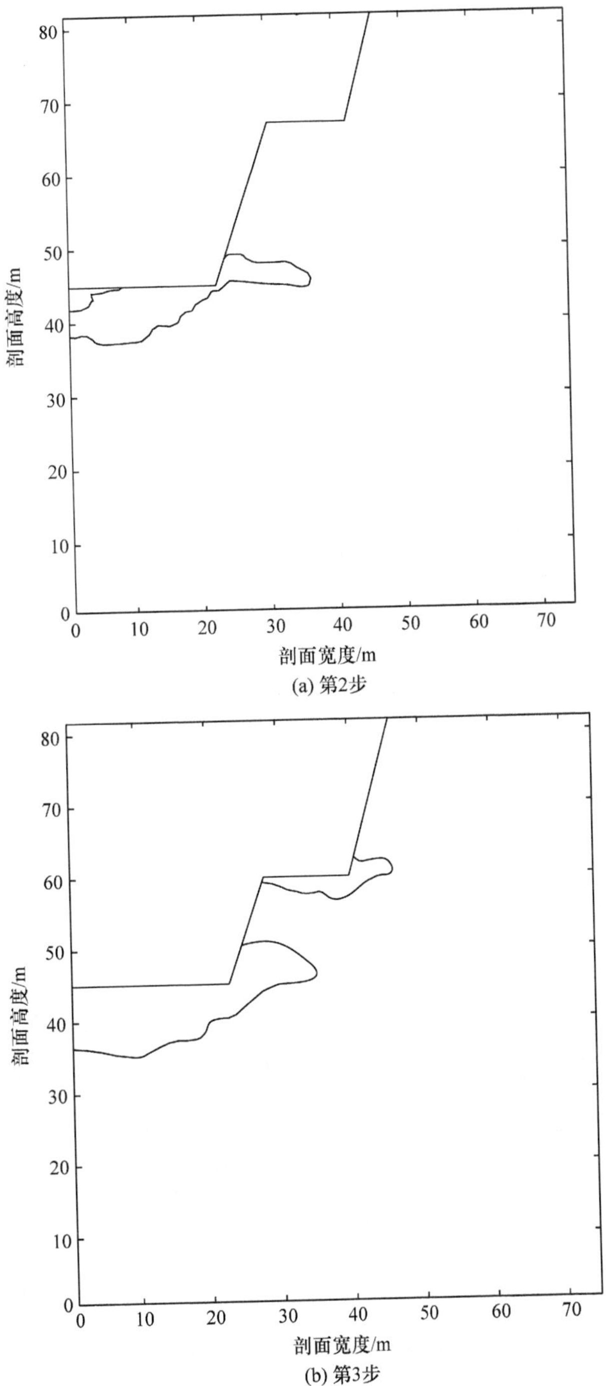

(a) 第2步

(b) 第3步

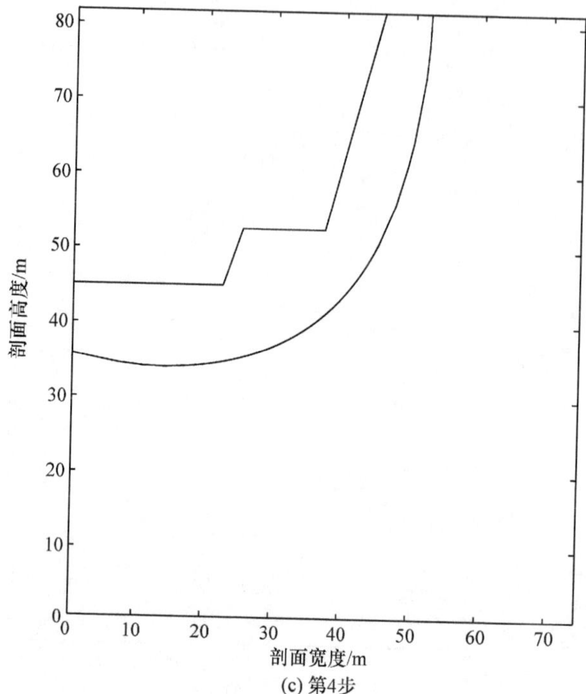

(c) 第4步

图 2-17　无地下洞室时边坡各步开挖后的塑性区

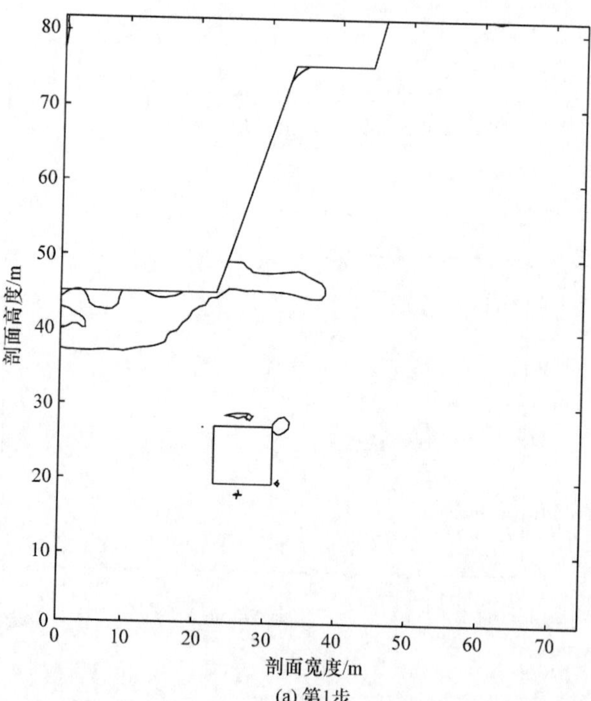

(a) 第1步

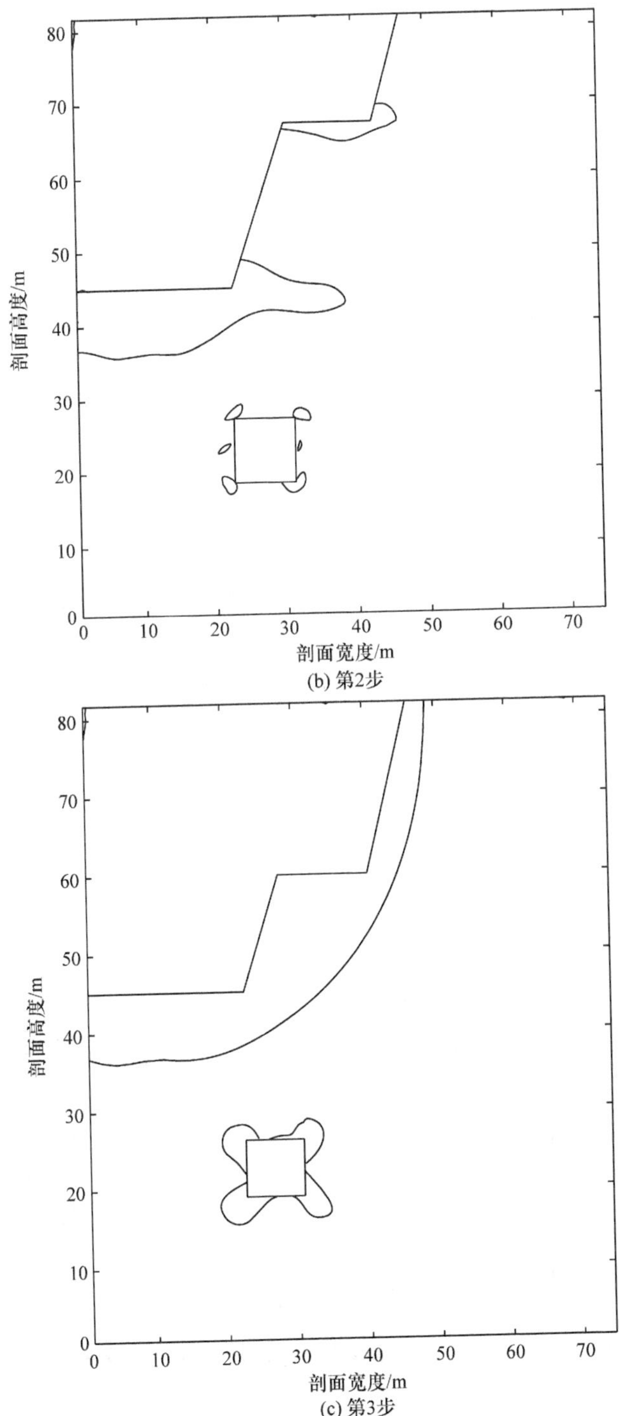

(b) 第2步

(c) 第3步

图 2-18　有地下洞室时边坡各步开挖后的塑性区

4. 安全系数

图 2-19 和图 2-20 给出无地下洞室边坡开挖第 4 步时的安全系数和有地下洞室边坡开挖第 3 步时的安全系数。

由图 2-19 和图 2-20 可知，根据安全系数等值线在边坡岩体内的连通情况，即当安全系数等值线在岩体内相互连通且与边坡坡面相交时，认为该等值线的数值就是边坡的安全系数大小。进而可以判定，当无地下洞室边坡开挖至第 4 步时，边坡的安全系数为 1.05；当有地下洞室边坡开挖至第 3 步时，边坡的安全系数为 1.03。

同理，可以根据安全系数等值线图判断边坡开挖各步完成后边坡的安全系数，可以得到当无地下洞室边坡开挖至第 3 步时，边坡的安全系数为 1.25；当有地下洞室边坡开挖至第 2 步时，边坡的安全系数为 1.16。综合各方面的因素，将该工程边坡稳定的安全系数临界值取为 1.1。

由此可以判断，当无地下洞室边坡开挖至第 4 步时，边坡破坏；当有地下洞室边坡开挖至第 3 步时，边坡破坏。

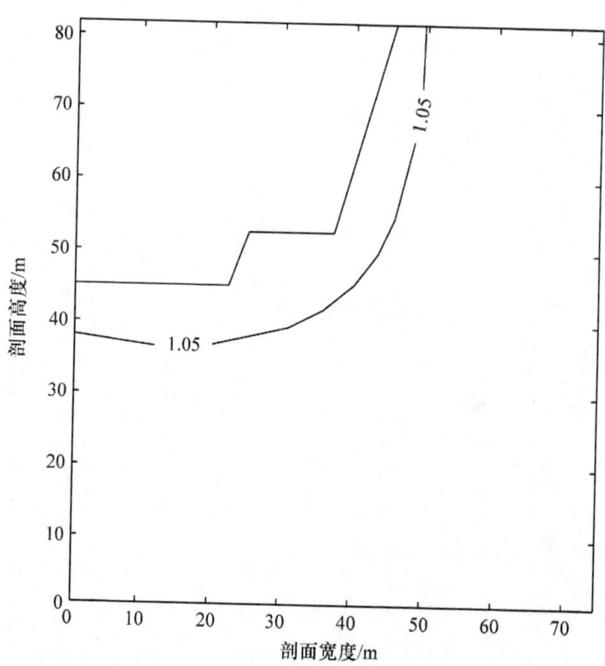

图 2-19　无地下洞室边坡开挖第 4 步时的安全系数

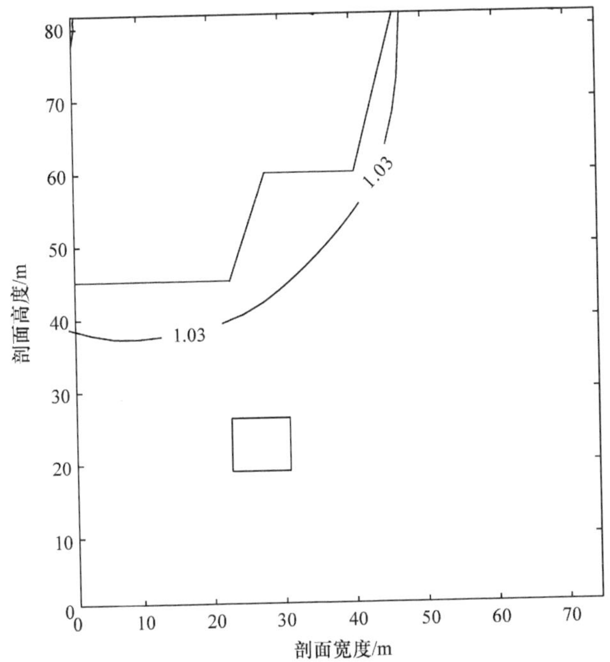

图 2-20　有地下洞室边坡开挖第 3 步时的安全系数

2.6　本　章　小　结

本章采用弹塑性理论与有限元法，利用自编的有限元程序对下伏地下洞室的岩质边坡的分步开挖过程进行模拟，并采用有限元强度折减方法计算得到了各个分布开挖过程的边坡安全系数。针对某磷矿地下开采转为露天开采条件下形成的下伏有地下采空区的露天边坡，对其施工过程进行了有限元模拟，得到了各个开挖步骤的应力、位移、塑性区分布以及安全系数，并与无地下采空区的边坡施工进行对比，主要结论如下。

(1) 岩体内绝大部分为压应力，在坡体内，最大主应力逐步向坡脚集中，在同一水平位置，主应力逐渐从坡内向坡外减小。坡脚处产生较大的应力集中现象。最大、最小主应力在坡体顶部与深部二者的差值明显大于其他部位，说明这两处的岩体更易受剪破坏。最大剪应力在坡脚处较为集中且数值较大，对坡脚岩体的屈服起着直接作用。对于有地下洞室的情况，地下洞室的存在极大地改变了原始应力的分布，应力除在坡脚产生集中现象外，在地下洞室周边也产生集中现象，说明除了在坡脚容易产生破坏以外，地下洞室也容易发生失稳破坏。

(2) 边坡每步开挖完以后，在坡顶位置出现应力减小区，在坡脚与地下洞室周边出现应力增强区。随着开挖的进行，应力减小区与应力增强区的范围逐渐扩大，在坡脚与地下洞室周边应力集中现象越来越明显，在坡顶出现拉应力区且拉应力区越来越大。地下洞室的存在极大地改变了岩体的应力分布，在坡脚与地下洞室周边产生较大的应力集中。

(3) 坡体的水平向位移自坡顶往下逐渐减小，地下洞室的存在使得边坡的水平向位移增加，随着开挖的进行，边坡水平向位移逐步增加；地下洞室处围岩水平向位移也随着上部边坡的开挖逐渐增大；第 1 步开挖后岩体的反弹位移不明显，随着开挖的进行，岩体的反弹位移增加，地下洞室的存在使得岩体反弹位移增加。

(4) 塑性区首先出现在边坡坡脚与地下洞室周边，随着开挖的进行，塑性区出现扩展，坡脚处与地下洞室处塑性区越来越大，岩体深部也出现塑性区，地下洞室的存在使得岩体内塑性区扩大。

(5) 当无地下洞室边坡开挖至第 4 步时，边坡破坏；当有地下洞室边坡开挖至第 3 步时，边坡破坏。

(6) 建议加强对坡脚和地下洞室的应力与位移的监测，确保在边坡开挖过程中边坡和地下洞室的稳定。

参 考 文 献

[1] 于学馥, 郑颖人, 刘怀恒, 等. 地下工程围岩稳定分析[M]. 北京: 煤炭工业出版社, 1983.
[2] 王仁, 熊祝华, 黄文彬. 塑性力学基础[M]. 北京: 科学出版社, 1981.
[3] 孙钧, 汪炳鑑. 地下结构有限元法解析[M]. 上海: 同济大学出版社, 1988.
[4] Yu M H. Advances in strength theories for materials under complex stresss state in the 20th century[J]. Applied Mechanics Reviews, 2002, 55(3):169-218.
[5] 徐秉业, 刘信声. 应用弹塑性力学[M]. 北京: 清华大学出版社, 1995.
[6] 朱伯芳. 有限单元法原理与应用[M]. 北京: 中国水利电力出版社, 1979.
[7] 张季如. 边坡开挖的有限元模拟和稳定性评价[J]. 岩石力学与工程学报, 2002, 21(6):843-847.
[8] 杜成斌, 苏擎柱, 黄承泉. 百色水电站高边坡开挖模拟及稳定性分析[J]. 中国农村水利水电, 2002, (3): 49-52.
[9] 龚朴, 严仁军, 司继义. 三峡船闸高边坡的开挖模拟分析[J]. 武汉交通科技大学学报, 1998, (1):18-21.
[10] Griffiths D V, Lane P A. Slope stability analysis by finite elements[J]. Geotechnique, 1999, 49(3):387-403.
[11] Maerz H H. Highway rock cut stability assessment in rock masses not conducive to stability calculations[C]. Proceedings of the 51st Annual Highway Geology Symposium, Seattle, 2000: 249-259.
[12] 史恒通, 王成华. 土坡有限元稳定性分析若干问题探讨[J]. 岩土力学, 2000, 21(2):152-155.
[13] 宋二祥. 土工结构安全系数的有限元计算[J]. 岩土工程学报, 1997, 19(2):1-7.
[14] 赵尚毅, 郑颖人, 时卫民, 等. 用有限元强度折减法求边坡稳定性安全系数[J]. 岩土工程

学报, 2002, 24(3):343-346.
[15] 连镇营, 韩国城, 孔宪京. 强度折减有限单元法研究开挖边坡的稳定性[J]. 岩土工程学报, 2001, 23(4):406-411.
[16] 杨强, 陈新, 周维垣. 基于 D-P 准则的三维弹塑性有限元增量计算的有效算法[J]. 岩土工程学报, 2002, 24(1):16-20.
[17] 中华人民共和国建设部. 岩土工程勘察规范: GB 50021—2001[S]. 北京: 中国建筑工业出版社, 2001.
[18] 中华人民共和国建设部. 建筑地基基础设计规范: GB 50007—2011[S]. 北京: 中国建筑工业出版社, 2011.
[19] 加拿大矿物和能源技术中心. 边坡工程手册[M]. 祝玉学, 邢修祥, 译. 北京: 冶金工业出版社, 1984.
[20] 杜时贵, 潘别桐. 小浪底边坡工程地质[M]. 北京: 地震出版社, 1999.
[21] 王正国. 露天矿岩质边坡变形破坏模式综合研究[J]. 攀钢技术, 1998, 21(3):16-19.

第 3 章　含地下采空区岩石边坡 Surpac-FLAC3D 分析

3.1　FLAC3D 与强度折减原理

3.1.1　FLAC3D 原理

连续介质快速拉格朗日分析(fast Lagrangian of analysis of continua, FLAC)是一种显式有限差分方法。与有限元程序中用到的隐式法相比，它具有以下一些特点：时步小于稳定性的临界值，每一时步只需要少量的计算，动力求解时不需要明显的数值阻尼，实现非线性本构关系无须进行反复迭代，不形成矩阵，无带宽限制，占用内存少，适合求解大位移、大应变问题[1-3]。

FLAC3D 是面向土木工程、交通、水利、石油及采矿工程、环境工程的通用软件系统，可以对岩石、土和支护结构等建立高级三维模型，进行复杂的岩土工程数值分析与设计等，可解决诸多有限元程序难以模拟的复杂工程问题。用户可以自定求解精度从而最大限度地控制模型运行的时间与效率，内置的功能强大的编程语言 FISH 可以帮助用户进行额外的控制。

1. 空间导数的有限差分

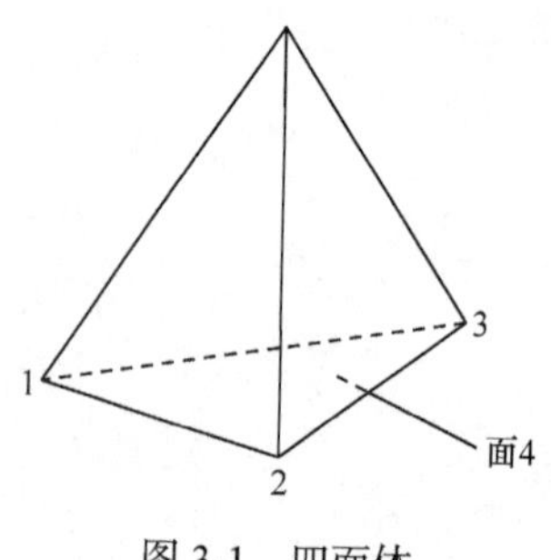

图 3-1　四面体

FLAC3D 软件采用了混合离散方法，区域被划分为常应变六面体单元的集合体，而在计算过程中，程序内部又将每个六面体分为以六面体角点为角点的常应变四面体的集合体，变量均在四面体上进行计算，六面体单元的应力、应变取值为其内四面体的体积加权平均。如图 3-1 所示的一个四面体，节点编号为 1～4，第 n 面表示与节点 n 相对的面，设其内任一点的速率分量为 $\overset{0}{u}_i$，则可由高斯公式得

$$\int_V \overset{0}{u}_{i,j}\,\mathrm{d}V = \int_S \overset{0}{u}_i \boldsymbol{n}_j \mathrm{d}S \tag{3-1}$$

式中，V 为四面体的体积；S 为四面体的外表面；$\boldsymbol{n}_j$ 为外表面的单位法向向量分量。

对于常应变单元，$\overset{0}{u}_i$ 为线性分布，$\boldsymbol{n}_j$ 在每个面上为常量，即

$$\overset{0}{u}_{i,j} = -\frac{1}{3V}\sum_{l=1}^{4}\overset{0\,l}{u_i}\,\boldsymbol{n}_j^{(l)}S^{(l)} \tag{3-2}$$

式中，上标 l 表示节点 l 的变量；(l)表示面 l 的变量。

2. 运动方程

FLAC3D 软件以节点为计算对象，将力和质量均集中在节点上，通过运动方程在时域内进行求解。节点运动方程可表示为如下形式：

$$\frac{\partial \overset{0\,l}{u_i}}{\partial t} = \frac{F_i^l(t)}{m^l} \tag{3-3}$$

式中，$F_i^l(t)$ 为 t 时刻节点 l 在方向 i 的不平衡力分量，可由虚功原理导出；m^l 为节点 l 的集中质量，在分析动态问题时采用实际的集中质量，而在分析静态问题时采用虚拟质量以保证数值稳定，对于每个四面体，其节点的虚拟质量为

$$m^l = \frac{a_1}{9V}\max\left\{\left[\boldsymbol{n}_i^{(i)}S^{(l)}\right]^2, i = 1,3\right\} \tag{3-4}$$

式中，$a_1 = K + \frac{4}{3}G$，K 为体积模量，G 为剪切模量。

任一节点的虚拟质量为包含该节点的所有四面体对该节点的贡献之和。将式(3-4)左端用中心差分来近似，可得到

$$\overset{0\,l}{u_i}\left(t + \frac{\Delta t}{2}\right) = \overset{0\,l}{u_i}\left(t - \frac{\Delta t}{2}\right) + \frac{F_i^l(t)}{m^l}\cdot\Delta t \tag{3-5}$$

3. 应变、应力及节点不平衡力

FLAC3D 软件由速度来求某一时步的单元应变增量：

$$\Delta\varepsilon_{ij} = \frac{1}{2}(\overset{0}{u}_{i,j} + \overset{0}{u}_{j,i})\cdot\Delta t \tag{3-6}$$

得到了应变增量，就可以由本构方程求出应力增量，即

$$\Delta\sigma_{ij} = H_{ij}(\sigma_{ij}, \Delta\varepsilon_{ij}) + \Delta\chi_{ij} \tag{3-7}$$

式中，H 为已知的本构方程；$\Delta\chi_{ij}$ 为大变形情况下对应力所作的旋转修正，即

$$\Delta\chi_{ij} = (\omega_{ik}\sigma_{kj} - \sigma_{ik}\omega_{kj})\cdot\Delta t \tag{3-8}$$

式中，$\omega_{ik} = \frac{1}{2}\left(\overset{0}{u}_{i,k} - \overset{0}{u}_{k,i}\right)$，$\omega_{kj} = \frac{1}{2}\left(\overset{0}{u}_{k,j} - \overset{0}{u}_{j,k}\right)$。

将各个时步的应力增量叠加即可得到总应力，再由虚功原理求出下一时步的节点不平衡力。每个四面体对其节点不平衡力的贡献可如下计算：

$$p_i^l = \frac{1}{3} a_{ij} n_j^{(l)} S^{(l)} + \frac{1}{4} \rho b_i V \tag{3-9}$$

式中，ρ 为材料密度；b_i 为单位质量体积力。任一节点的节点不平衡力为包含该节点的所有四面体对该节点的贡献之和。

4. 阻尼力

对于静态问题，FLAC3D 软件在不平衡力中加入非黏性阻尼以使系统的振动逐渐衰减直至达到平衡状态(不平衡力接近零)。此时，有

$$\frac{\partial \overset{0\,l}{u_i}}{\partial t} = \frac{F_i^l(t) + f_i^l(t)}{m^l} \tag{3-10}$$

阻尼力为

$$f_i^l(t) = -a\left|F_i^l(t)\right| \operatorname{sgn}(\overset{0\,l}{u_i}) \tag{3-11}$$

式中，a 为阻尼系数，其默认值为 0.8，即

$$\operatorname{sgn}(y) = \begin{cases} +1, & y > 0 \\ -1, & y < 0 \\ 0, & y = 0 \end{cases} \tag{3-12}$$

5. 计算循环

无论是动态问题，还是静态问题，FLAC3D 软件均由运动方程采用显式法进行求解。对显式法来说，非线性本构关系与线性本构关系并无算法上的差别，对于已知的应变增量，可以很方便地求出应力增量，并得到不平衡力，这就与实际中的物理过程一样，可以跟踪系统的演化过程。此外，显式法不形成刚度矩阵，每步计算所需计算机内存很小，使用较小的计算机内存就可以模拟大量的单元，特别适于在微型计算机上操作。在求解大变形过程中，因每一时步变形很小，可采用小变形本构关系，只需将各个时步的变形叠加，即可得到大变形。这就避免了大变形问题中推导大变形本构关系及其应用中所遇到的麻烦，也使它的求解过程与小变形问题一样，计算循环如图 3-2 所示。

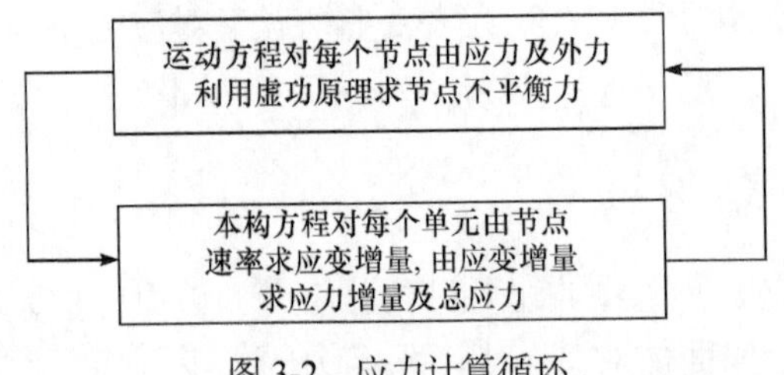

图 3-2　应力计算循环

3.1.2　强度折减原理

强度折减技术的基本原理是将地下洞室顶板岩石的强度参数 c、φ 值同时除以一个折减系数 F_s，得到一组新的强度参数值 c'、φ'，作为新的材料参数代入 FLAC3D 程序进行计算，通过不断地变化折减系数 F_s，直至使边坡达到临界破坏状态，对应的折减系数 F_s 为边坡的安全系数，即

$$\begin{cases} c' = c / F_s \\ \tan\varphi' = \tan\varphi / F_s \end{cases} \tag{3-13}$$

3.2　地下采空区三维建模技术

3.2.1　Surpac 软件介绍

Surpac 软件是由澳大利亚国家软件公司开发的大型矿山软件系统，广泛应用于资源评估、矿山规划、生产计划管理乃至矿山闭坑后复垦设计的整个矿山生命期的所有阶段中[4]。Surpac 软件具有一整套三维立体和块体的建模工具，可将土建工程设计、三维模型建立、工程数据库构建完全图形化，并解决复杂工程中境界优化的施工管理，其实用的进度计划功能解决了开采计划中的物质、目标、采矿地点多样性等复杂情况带来的项目规划难题，真正为用户制订可靠的生产和掘进工程计划。Surpac 软件的基本模型主要包括两种：实体模型(solids modelling)和块体建模(block modelling)。

1. 实体模型

Surpac 实体模型通常也称为外框图，广泛应用在地层带、矿体、煤层、采矿设计中。实体模型用多边形联结来定义一个实体或空心体，所产生的形体可用于可视化、体积计算、在任意方向上产生剖面以及与来自地质数据库的数据相交。三维实体可以通过剖面、等高线图来快速完成三维实体建模，再复杂的巷道和矿体都可以通过其不同功能组合来建立准确的模型。Surpac 软件允许用户采用多种方式确定矿体边界范围，这有利于地质人员充分利用已有剖面图、平面图或者屏幕交互式地进行地质解释，也方便用户进行动态修改，伴随生产数据的累积，保存所有的修改，动态完善模型，以指导下一步设计和生产。

2. 块体模型

Surpac 块体模型有一个非常强大而灵活的资源建模系统，使用精确而且完善的地质统计解译方法，可以对每个块的属性进行量化或描述，也可以在任何点增

加或者删除块的属性。考虑到精度的需要，系统中采用最优可变块分割技术和旋转模型手段，保证储量计算有更高的精度。块体模型使用简单，创建模型的速度很快，参数的修改、删除和增加都可以随时进行。块体模型是数据库的一种格式，在地质数据库中，特征值都是和空间位置相联系的，空间位置却不是和特征值有必要联系的。块体模型的部分空间是块的组成部分，每一个都和一个记录相连，这个记录是以空间为参照的，每个点的信息可以通过空间点来修改。

3.2.2　地下采空区的三维地质模型

Surpac 软件建立地质力学模型的主要步骤如下。

(1) 根据该磷矿穿岩矿段的 16、17、17.5、18 和 19 勘探线的剖面图，利用 AutoCAD 软件绘制各条勘探线的剖面图。

(2) 将地表部分二维剖面图导入 Surpac 软件中建立该矿的三维地表模型。

(3) 将矿体部分二维剖面图导入 Surpac 软件中建立该矿的 *a* 层矿、*b* 层矿三维矿体模型。

(4) 将 *a* 层矿、*b* 层矿的空区平面图导入 Surpac 软件中建立 *a* 层矿、*b* 层矿的三维采空区模型。

(5) 根据模型的坐标范围，建立磷矿的块体模型。

(6) 结合实体模型和块体模型，导出计算地下采空区的三维地质模型。

地下采空区三维地质模型建模过程的部分成果如下。

1. 勘探线剖面图

勘探线剖面图是 Surpac 软件建模的基础，该磷矿穿岩矿段的 16、17 勘探线剖面图如图 3-3、图 3-4 所示。

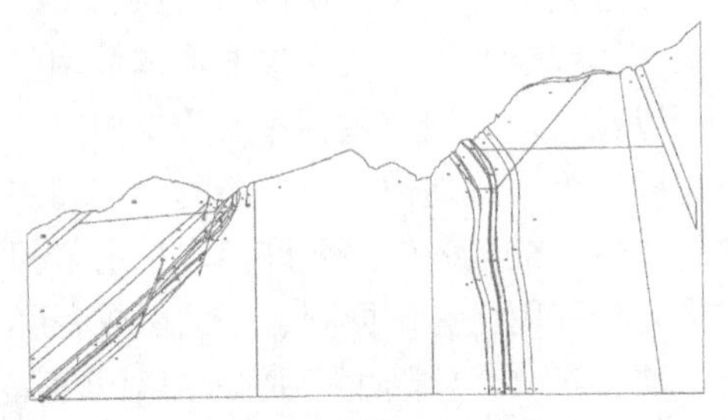

图 3-3　16 勘探线剖面图

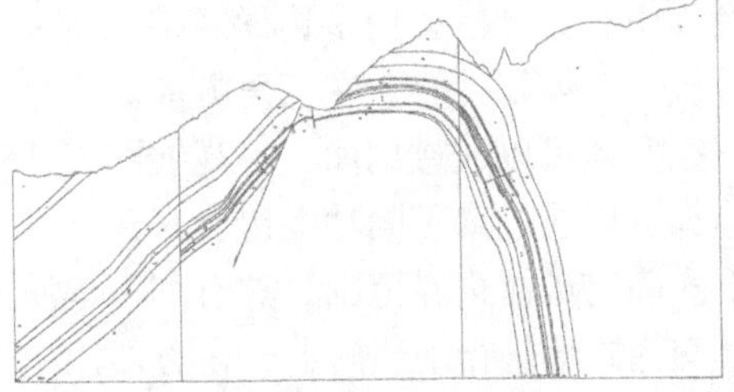

图 3-4　17 勘探线剖面图

2. 采空区平面图

采空区平面图依据 *a* 层矿采空区标示总图和 *b* 层矿采空区标示总图绘制。*a*

层采空区平面图见图 3-5，*b* 层采空区平面图见图 3-6。

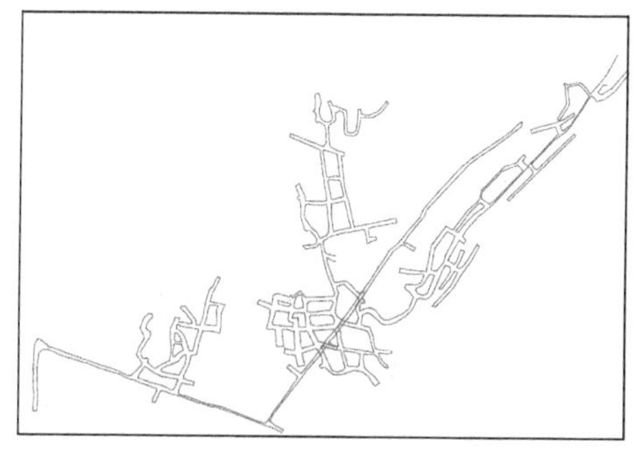

图 3-5　*a* 层采空区平面图

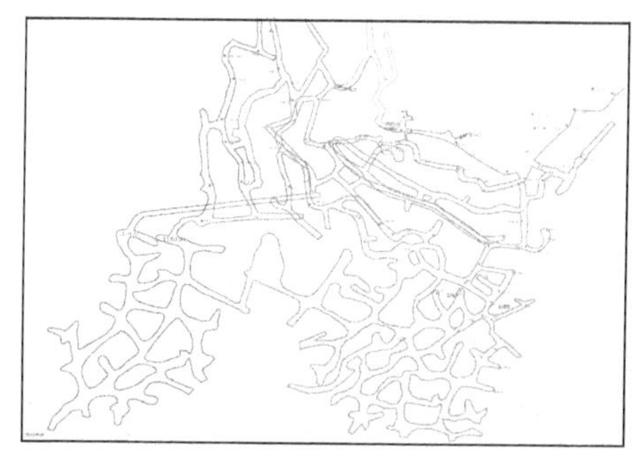

图 3-6　*b* 层采空区平面图

3. 实体模型

实体模型主要有该矿整体模型、矿体三维实体模型和采空区块体模型，如图 3-7～图 3-10 所示。

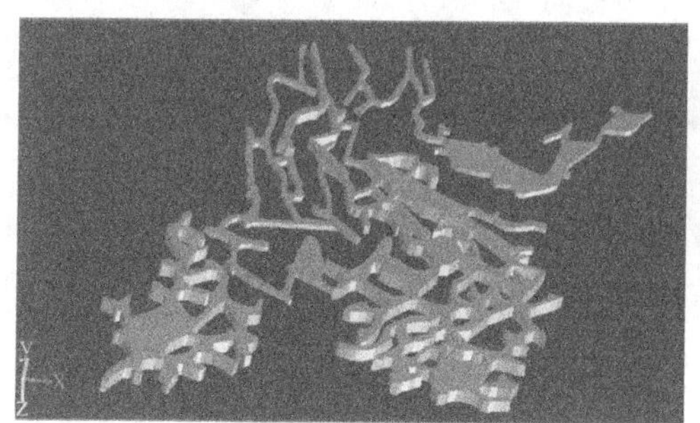

图 3-7　*a* 层采空区块体模型

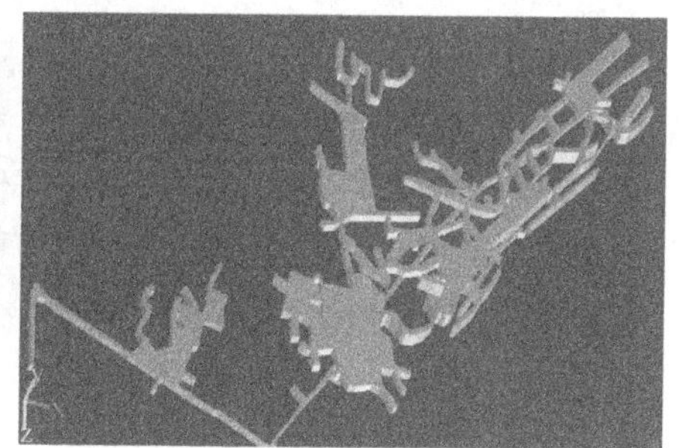

图 3-8　*b* 层采空区块体模型

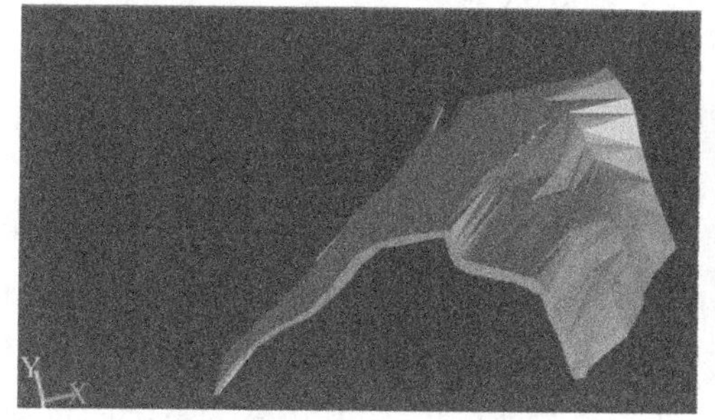

图 3-9　*b* 层矿三维实体模型

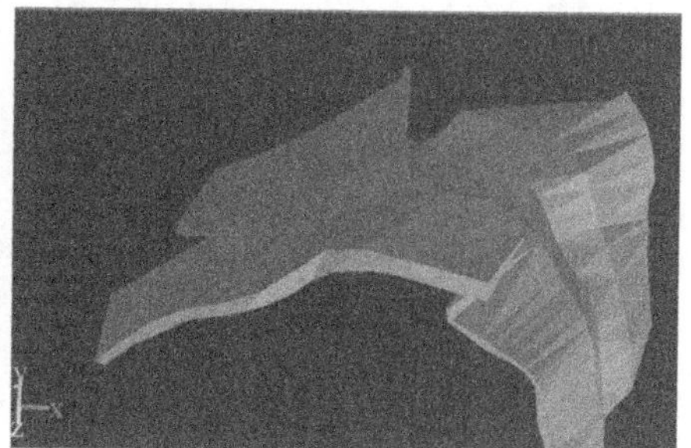

图 3-10　*a* 层矿三维实体模型

4. 块体模型

地质力学模型的块体模型主要是为了能够通过 Surpac 软件导出模型坐标数据，同时对模型中不同岩层、不同矿体赋予不同的物理力学参数，为将 Surpac 软件生成的模型导入 FLAC3D 软件进行计算提供了很大的便利。导入 FLAC3D 软件的各种模型如图 3-11～图 3-14 所示。

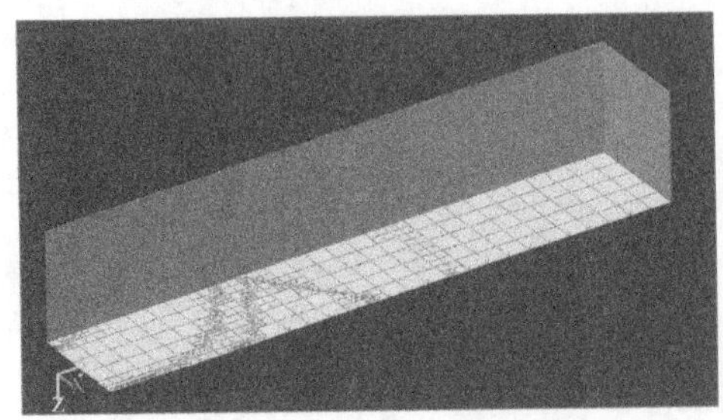

图 3-11　空区 I 块体模型

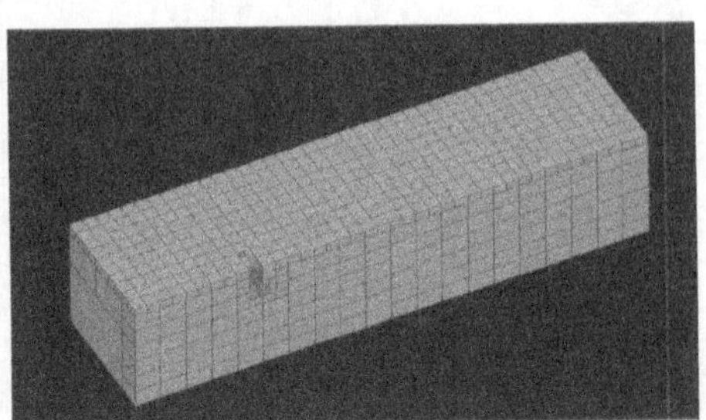

图 3-12　空区 II 块体模型

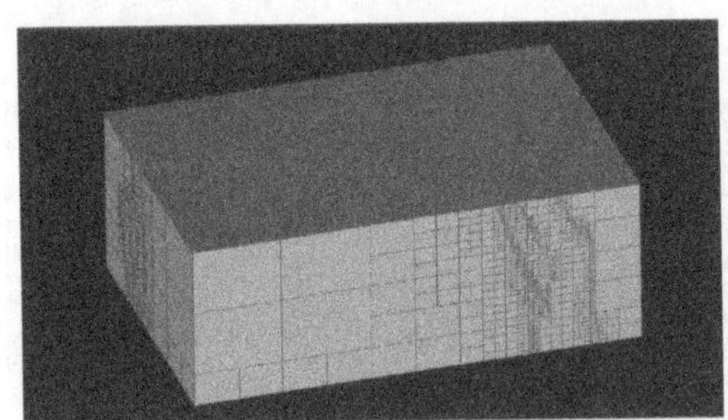

图 3-13　三维边坡模型

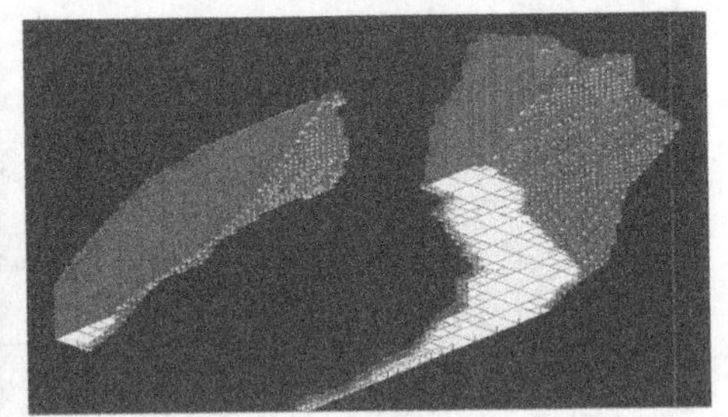

图 3-14　矿体块体模型

3.3　基于 Surpac 建模的采空区与露天开采边坡相互影响的 FLAC3D 分析

3.3.1　计算模型

利用 Surpac 软件建立三维地质模型，通过自编的 Surpac-FLAC3D 接口程序，将模型中的节点和单元信息导入 FLAC3D 软件，建立三维计算模型。模型共包含 68583 个单元，109515 个节点。模型长 290m，宽 100m，高 270m，开挖边坡左侧高 138m。边坡三维地质模型如图 3-15 所示。边界条件为下部固定约束，左右两侧水平约束，上部为自由边界，本构模型采用莫尔-库仑屈服准则，初始应力场按自重应力考虑，计算收敛准则为不平衡力比率(节点平均内力与最大不平衡力的比值)满足 10^{-5} 的求解要求。图例中的单位均采用国际单位。

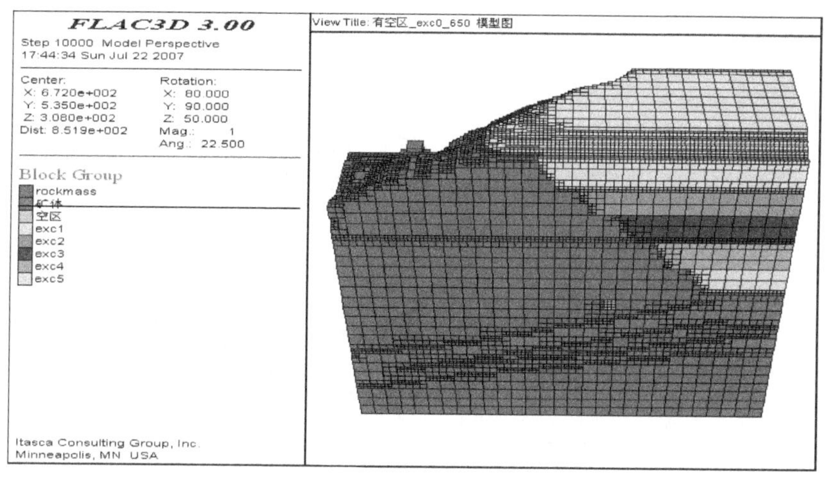

图 3-15　边坡地质三维模型

3.3.2　计算方案

计算模拟共分成两大步骤，首先进行边坡地质三维模型地下采空区部分的开挖，然后进行露天边坡的开挖。地下采空区一步开挖完成，边坡分为 5 步开挖(图 3-16)，选择距离三维模型(图 3-15)左侧 50m 的剖面进行计算。此处未列出边坡第 2 步开挖示意图。

在边坡与地下采空区设置测点以监测边坡与地下采空区位移及应力的变化，地下采空区与边坡的测点布置如图 3-17 所示。为考虑地下采空区对边坡的影响，分别计算有地下采空区与无地下采空区时边坡的响应。

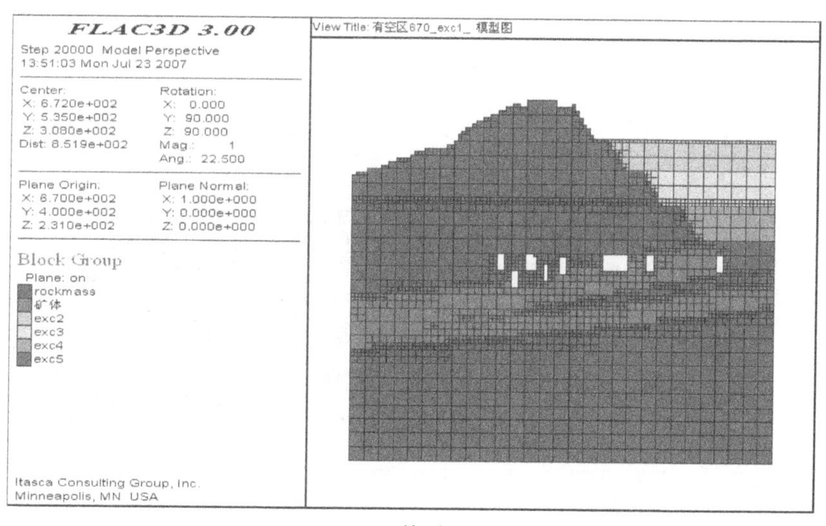

(a) 第1步

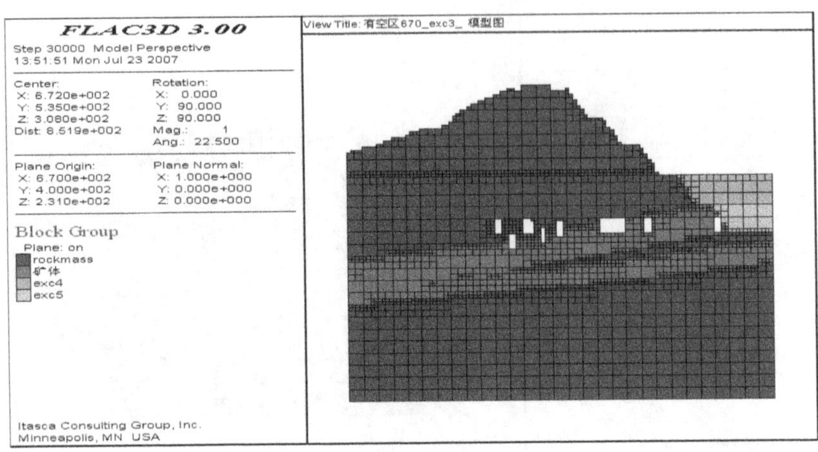

(b) 第3步

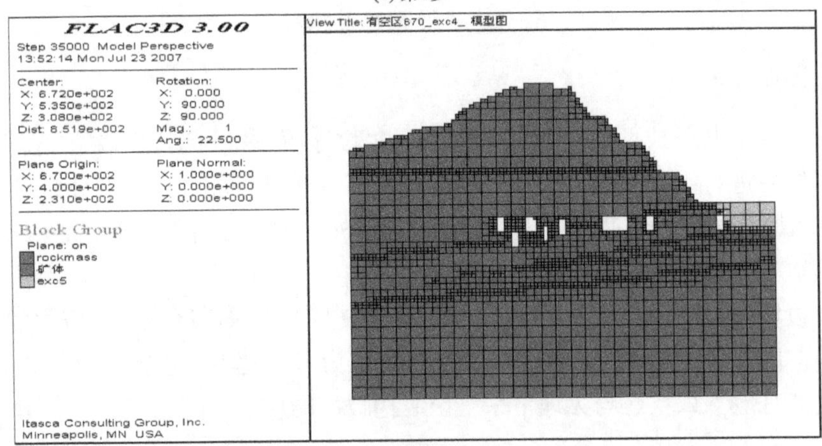

(c) 第4步

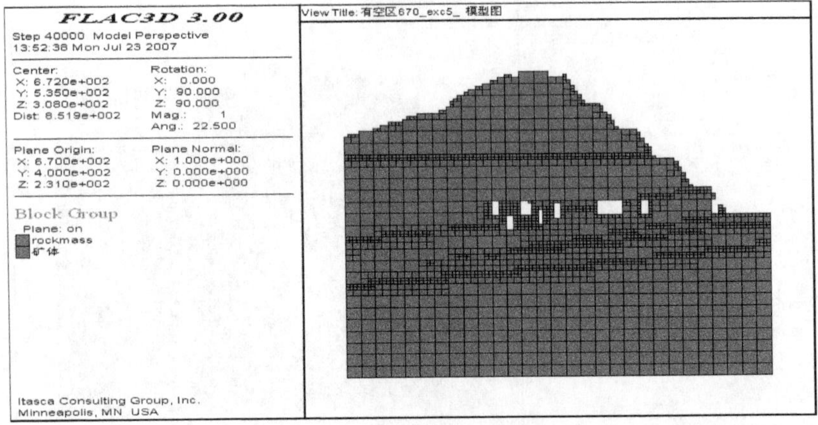

(d) 第5步

图 3-16　边坡分步开挖顺序

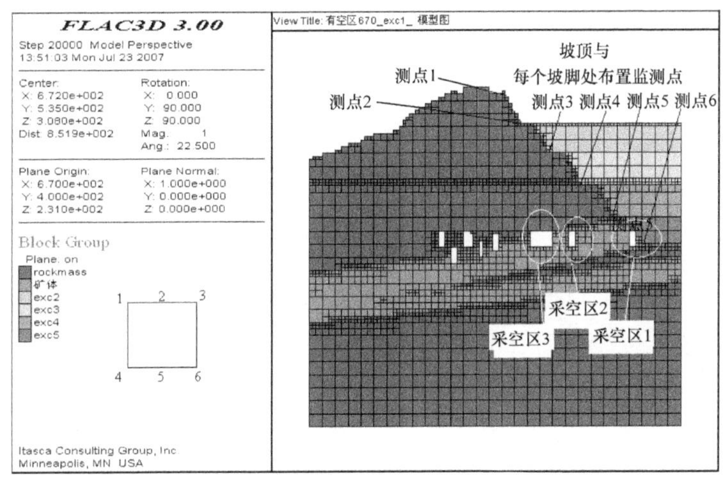

图 3-17 地下采空区与边坡测点布置图

3.3.3 计算结果分析

每一步开挖都会对边坡和地下采空区的应力、位移、塑性区及安全系数等产生影响，下面分别进行叙述。

1. 应力

图 3-18 为无采空区边坡开挖完第 5 步时的最大主应力图，图 3-19 为有采空区边坡开挖完第 5 步时的最大主应力图。从图 3-18 和图 3-19 可知，应力从上到下逐渐增大，在第一台阶和第二台阶之间存在明显的开挖卸荷带，主要表现为拉应力，且二者最大数值差不多。在有采空区情况下，在采空区周围出现明显的应力集中现象，应力形式主要为压应力；采空区附近的应力云图出现明显的应力跳

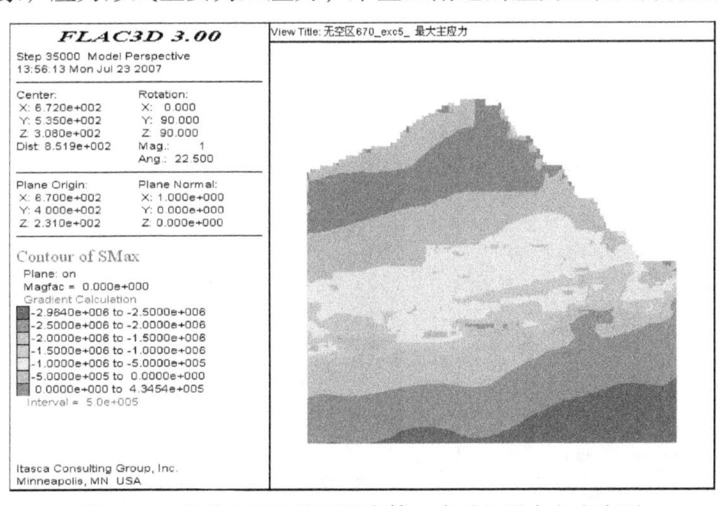

图 3-18 无采空区边坡开挖完第 5 步时的最大主应力图

跃现象，说明采空区的存在阻隔了应力的传递。可见，采空区的存在极大地改变了采空区位置周边的应力场。

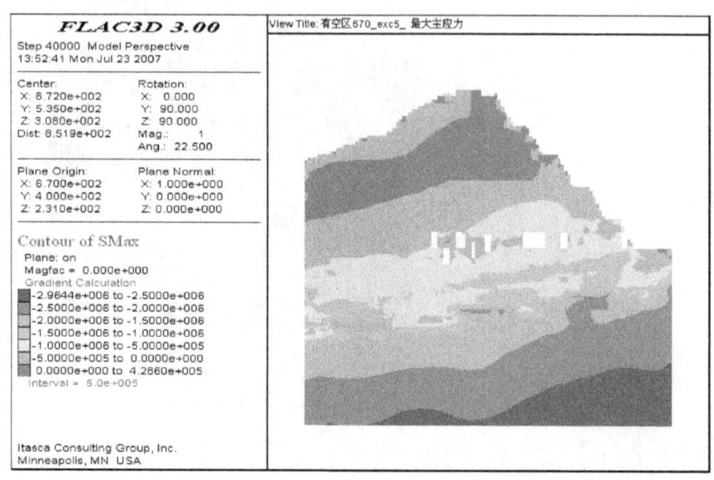

图 3-19 有采空区边坡开挖完第 5 步时的最大主应力图

2. 位移

图 3-20 为无采空区边坡开挖完第 5 步时的边坡岩体水平向位移分布云图，第 1～5 步最大水平向位移分别为 8.0mm、9.7mm、10.6mm、10.8mm、10.9mm。图 3-21 为有采空区边坡开挖完第 5 步时的边坡岩体水平位移分布云图，第 1～5 步最大水平向位移分别为 9.6mm、10.5mm、11.2mm、11.4mm、11.5mm。由此可见，采空区的存在对于边坡的水平向位移有较大影响，使边坡开挖后的水平向位移明显增大。对于边坡，坡面水平向位移较大，越往坡内，水平向位移越小。另外，

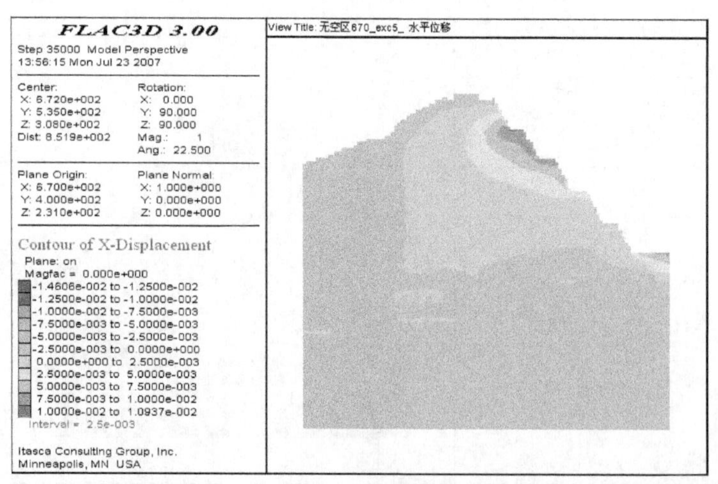

图 3-20 无采空区边坡开挖完第 5 步时的边坡岩体水平向位移分布云图

采空区周围也出现明显的水平向位移，主要在侧壁上位移值较大，与无采空区相比，采空区的存在使得采空区周边水平向位移出现明显增加。可见，采空区的存在使得边坡与采空区位置的水平向位移场发生了相应的变化。

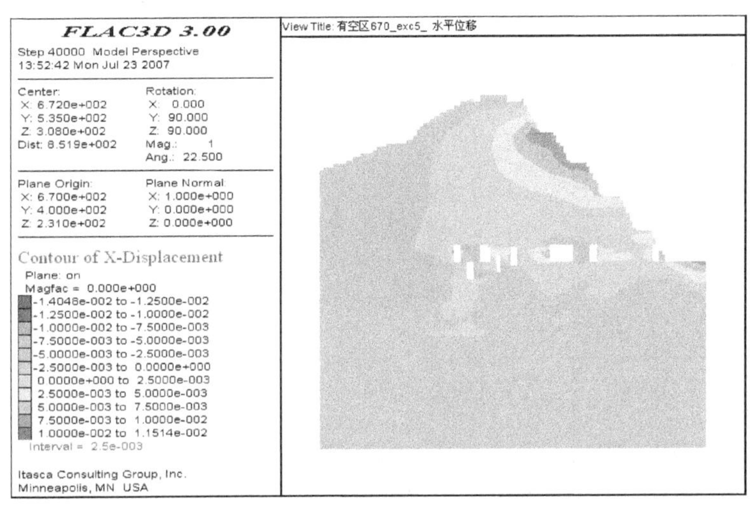

图 3-21　有采空区边坡开挖完第 5 步时的边坡岩体水平向位移分布云图

图 3-22 为无采空区边坡开挖完第 5 步时的边坡岩体竖向位移分布云图，第 1～5 步边坡面上的回弹量分别为 14.6mm、11.6mm、6.9mm、5.8mm、5.0mm。图 3-23 为有采空区边坡开挖完第 5 步时边坡岩体竖向位移分布云图，第 1～5 步边坡面上的回弹量分别为 15.3mm、12.4mm、8.0mm、7.5mm、7.4mm。比较两组数据可知，采空区的存在对于边坡的竖向位移有一定的影响，使得竖向位移增加。

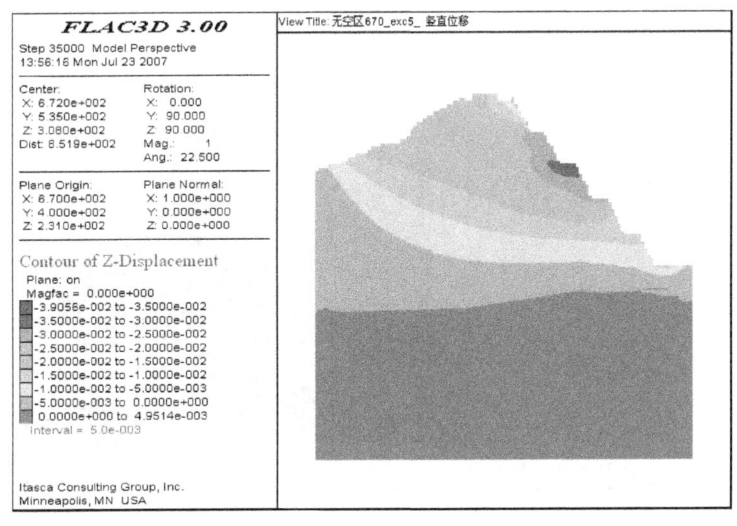

图 3-22　无采空区边坡开挖完第 5 步时的边坡岩体竖向位移分布云图

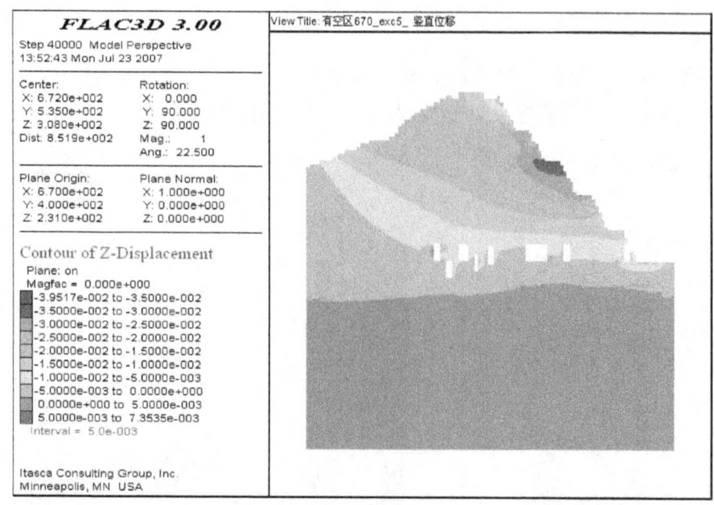

图 3-23　有采空区边坡开挖完第 5 步时的边坡岩体竖向位移分布云图

采空区的存在较大地改变了采空区周边的竖向位移场，相比无采空区而言，对各个采空区之间区域的影响最为显著，使得回弹量减小。

3. 塑性区

图 3-24 为无采空区边坡开挖完第 5 步时的边坡岩体塑性区分布图，图 3-25 为有采空区边坡开挖完第 5 步时的边坡岩体塑性区分布图。比较这两个图可发现，对于无采空区边坡，在第 1、2 个坡面附近存在大量的拉伸塑性区和剪切塑性区，随着开挖的进行，这些塑性区没有明显的减少；对于有采空区边坡，边

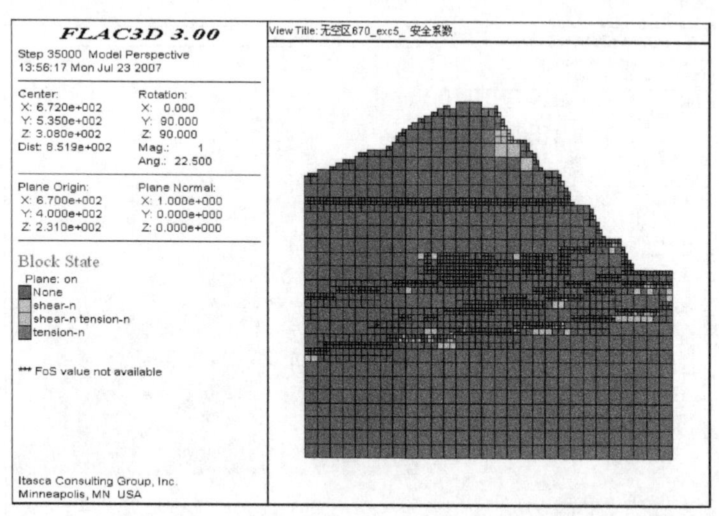

图 3-24　无采空区边坡开挖完第 5 步时的边坡岩体塑性区分布图

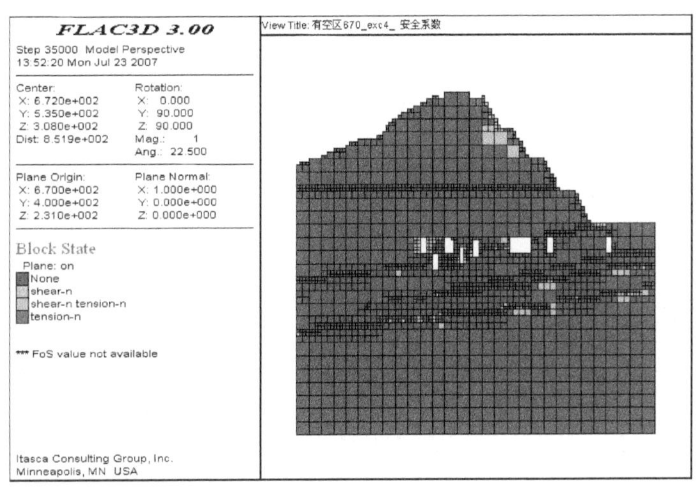

图 3-25 有采空区边坡开挖完第 5 步时的边坡岩体塑性区分布图

坡岩体的塑性区分布大不相同，其塑性区分布范围随着开挖的进行有减小的趋势，但坡面上出现明显的拉伸破坏区，不利于边坡稳定，说明采空区的存在对边坡的稳定性造成一定影响。另外，由于采空区的存在，应力得以向下传递，使采空区周围出现相应的破坏区，例如，剪切破坏区主要位于洞室两侧壁上。

4. 安全系数

图 3-26 是有采空区边坡的安全系数结果图。无采空区边坡的安全系数为 1.66，有采空区边坡的安全系数为 1.58，可见有采空区边坡的安全系数有一定的降低。

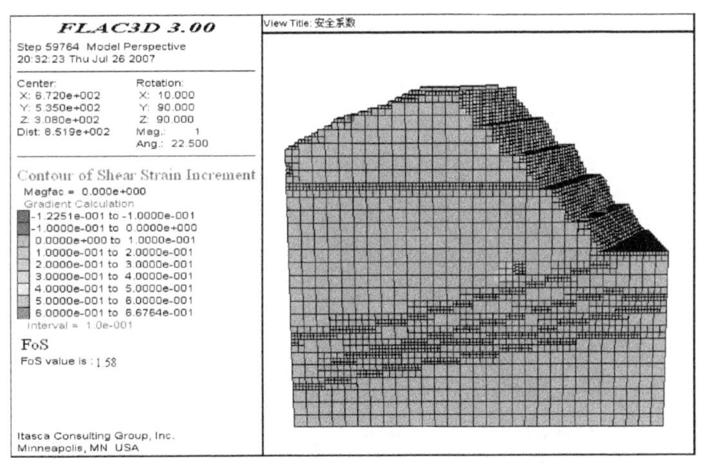

图 3-26 有采空区边坡的安全系数结果图

5. 边坡测点响应分析

在边坡上设置了 6 个测点，其中，坡顶设置 1 个(测点 1)，在每步开挖完以后新形成的坡脚位置设置 1 个测点，在 5 个坡脚设置 5 个测点(测点 2～6)，具体布置见图 3-17。坡顶和坡脚的位移与应力是开挖过程中反应最明显，也是最需要予以关注和控制的，下面分别进行阐述。

1) 位移

图 3-27～图 3-29 为边坡测点水平向位移与计算时步的关系图，图中很好地反映出每个开挖步水平向位移达到平衡的动态过程。水平向位移以向右为正，向左为负。从图 3-27～图 3-29 可知，地下空区的开挖对尚未开挖的边坡影响很小，只有测点 6 产生了很小的负位移，其他边坡测点的水平向位移相当小。坡顶水平向位移随着边坡开挖的进行越来越大，最大值接近 0.02m。坡脚测点水平向位移随着边坡开挖的进行越来越大，每个坡脚的水平向位移在对应的形成该坡脚开挖步的变化幅度最大，即每个开挖步对本开挖步形成的新坡脚位置的水平向位移影响最大。

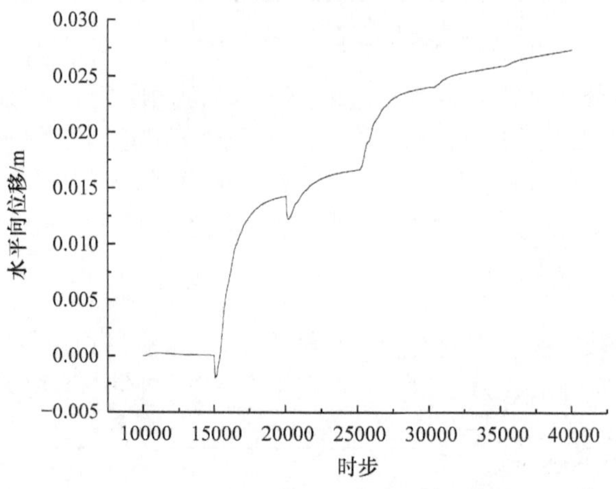

图 3-27　测点 2 水平向位移变化图

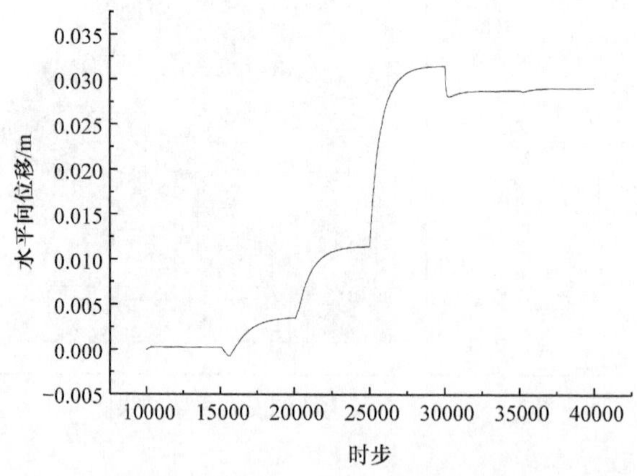

图 3-28　测点 4 水平向位移变化图

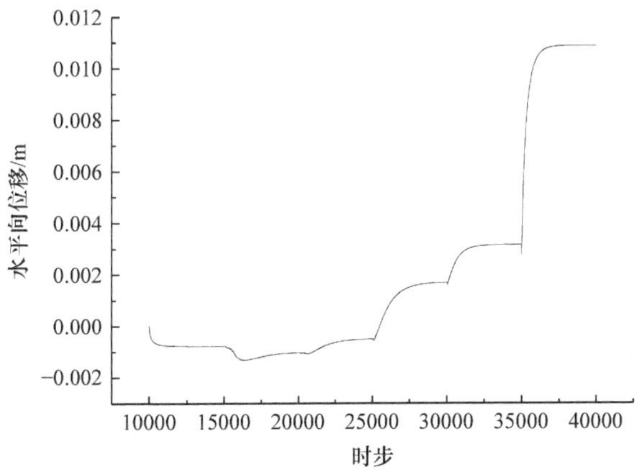

图 3-29　测点 6 水平向位移变化图

图 3-30 和图 3-31 是坡顶和各坡脚竖向位移与时步的关系图。竖向位移以向

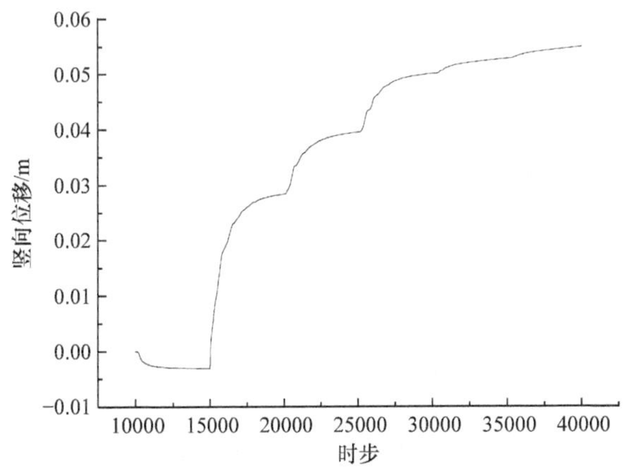

图 3-30　测点 1 竖向位移变化图

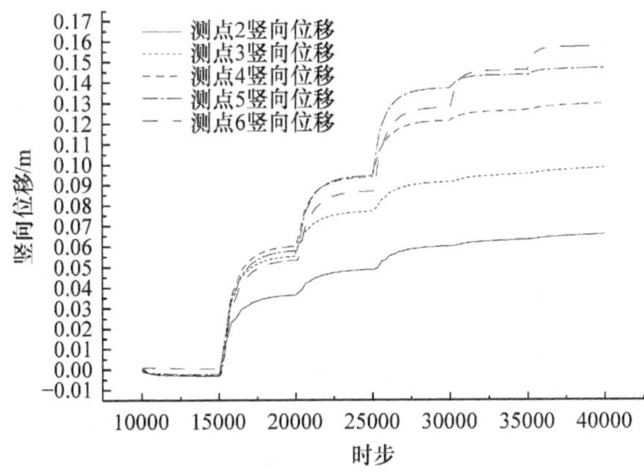

图 3-31　测点 2～6 竖向位移变化图

上为正，向下为负。可知，地下采空区开挖对尚未开挖的边坡影响不大，坡顶与坡脚测点产生少许沉降。坡顶与坡脚的反弹位移随着边坡开挖的进行越来越大，但每步开挖完后新增的反弹位移越来越小，这与每步开挖的卸载量大小有关。

2) 应力

图 3-32～图 3-37 为边坡测点应力与时步关系图。应力以拉为正，以压为负。从图 3-32～图 3-37 可知，在地下采空区的开挖形成过程中，除坡脚测点 5、6 应力有一定变化之外，边坡其余各测点的应力变化很小，基本上呈直线。在边坡开挖过程中，每一步开挖都伴随应力的变化，坡顶测点主要处于拉应力状态，在第 1 步边坡开挖完成后，测点拉应力达到约 3MPa，以后各步边坡的开挖对坡顶应力状态的影响很小。测点 2、3 在自身对应的开挖步应力显著增大，而在以后的开挖中

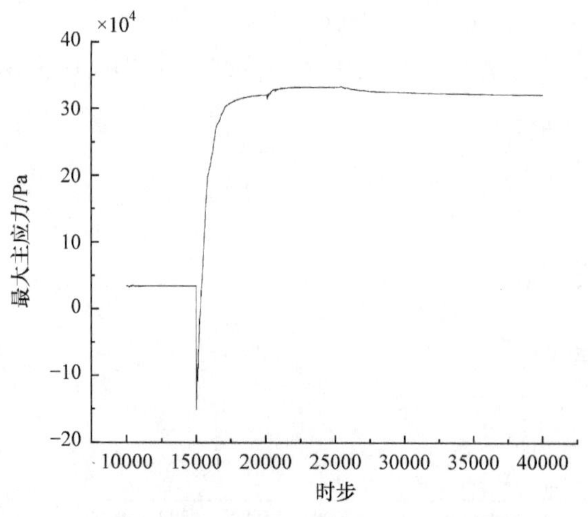

图 3-32　测点 1 最大主应力变化图

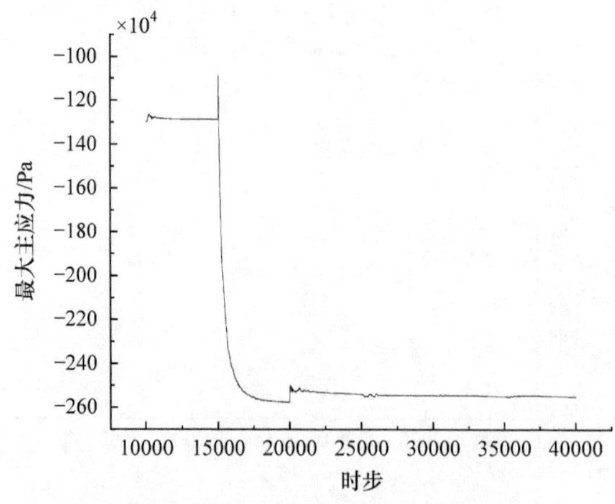

图 3-33　测点 2 最大主应力变化图

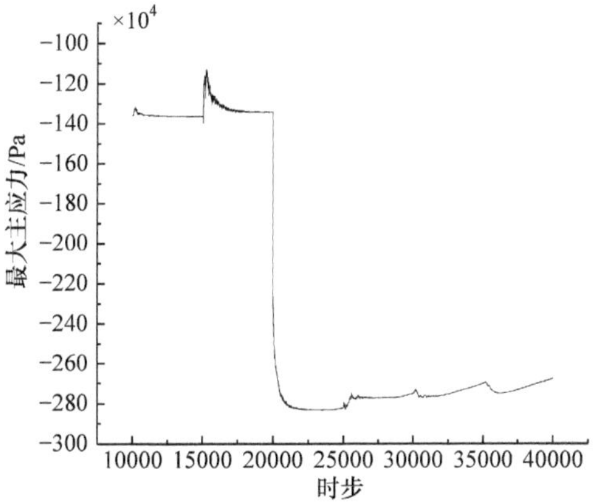

图 3-34　测点 3 最大主应力变化图

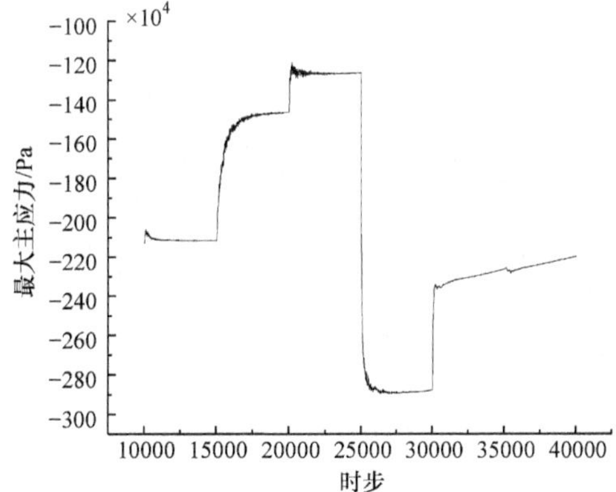

图 3-35　测点 4 最大主应力变化图

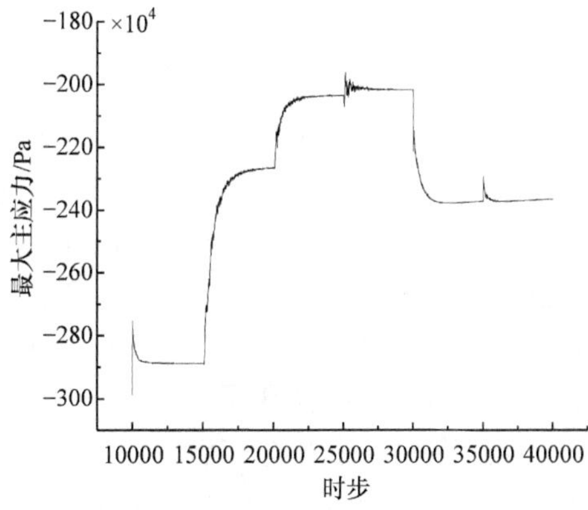

图 3-36　测点 5 最大主应力变化图

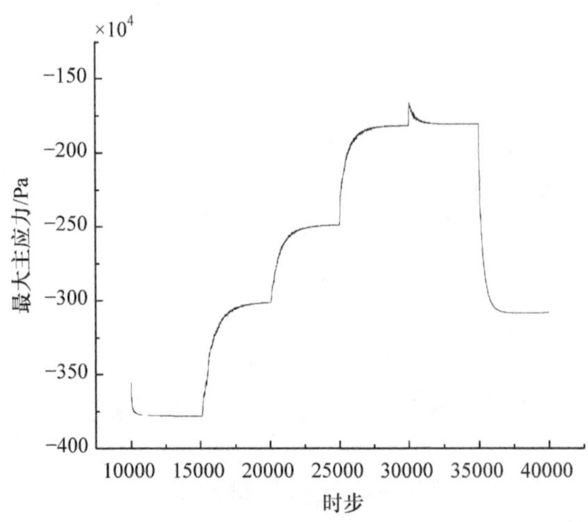

图 3-37 测点 6 最大主应力变化图

变化很小，即以后的开挖对坡脚测点 2、3 的影响很小。坡脚测点 4～6 的变化较为复杂，在开挖过程中，坡脚始终处于压剪应力状态，在开挖测点自身对应的开挖步之前的各个开挖步，随着开挖的进行，坡脚应力减小，这是由开挖卸载所致；当开挖测点自身对应开挖步时，各测点压应力显著变大，这是由于该开挖步形成的坡脚，在各测点处产生应力集中现象。在开挖测点自身对应的开挖步之后的开挖步，压剪应力变小，这也是由卸载造成的。

6. 采空区测点响应分析

采空区以及每个采空区测点的布置如图 3-17 所示。模型对 3 个采空区的 18 个测点进行计算，以采空区 1、采空区 2 为例，分析各测点在边坡开挖过程中位移与应力的变化情况。

1) 位移

图 3-38～图 3-41 为采空区 1 与采空区 2 各测点水平向、竖向位移与时步的关系图。从图 3-38～图 3-41 可知，地下采空区开挖形成对采空区位置的水平向位移有较大的影响，采空区 1 各测点出现向左的水平向位移，采空区 2 的第 1～3 测点出现向右的水平向位移，第 4～6 测点出现向左的水平向位移。在边坡前几步开挖完以后，各测点开始由负的水平向位移转而产生正的水平向位移，随着开挖的进行，水平向位移越来越大，但是总的位移量很小，最大水平向位移为 0.008～0.01m。采空区 1 第 1～3 测点在第 5 步开挖完后，位移出现归零或减小现象，这是由在第 5 步开挖中测点单元或附近单元被开挖掉而形成的。

地下采空区的开挖形成过程对采空区的竖向位移有较大影响，采空区顶板测点(1～3)出现沉降位移，采空区底板测点(4～6)则产生反弹位移。在边坡开挖过程

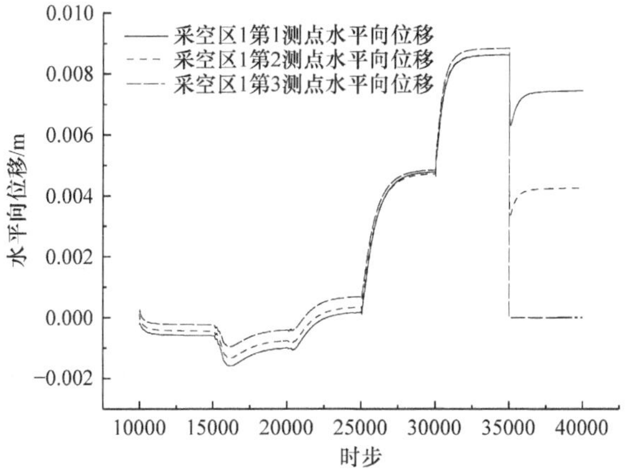

图 3-38　采空区 1 第 1～3 测点水平向位移图

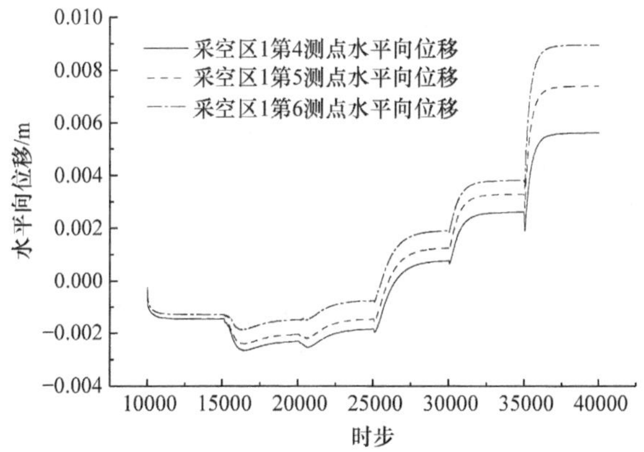

图 3-39　采空区 1 第 4～6 测点水平向位移图

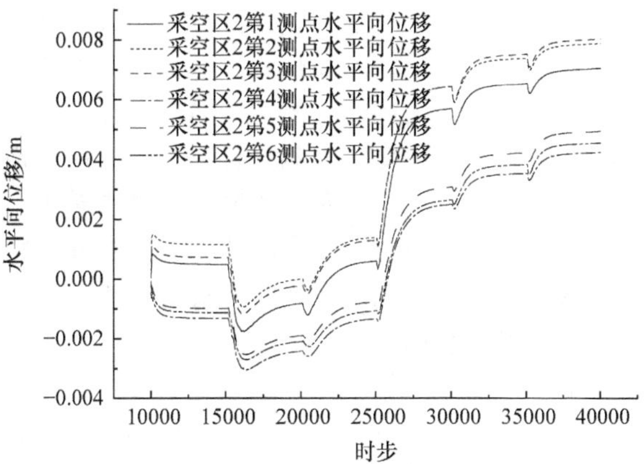

图 3-40　采空区 2 测点水平向位移变化图

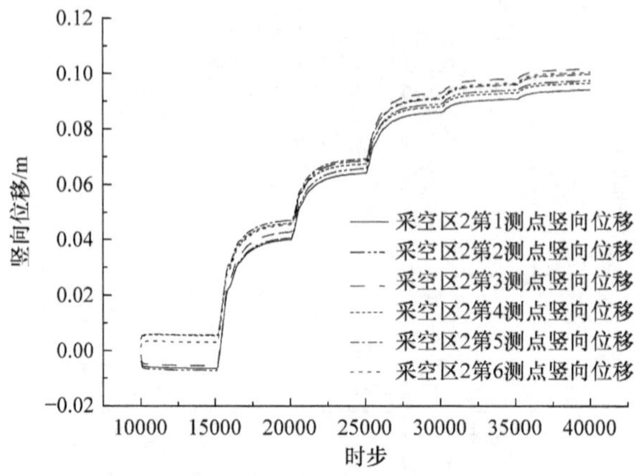

图 3-41　采空区 2 监测点竖向位移变化图

中，竖向位移为正，而且随着边坡开挖的进行，位移量越来越大，但是每步开挖后的竖向位移增量越来越小，这与每步开挖卸载量的大小相关，采空区 1 测点的最大竖向位移约为 0.16m，采空区 2 测点的最大竖向位移约为 0.11m，采空区 1 各步开挖后的竖向位移比采空区 2 的竖向位移要大，这是因为采空区 1 比采空区 2 更加靠近边坡，卸载效应更加明显。

2) 应力

图 3-42～图 3-48 为采空区 1 与采空区 2 各测点的最大主应力变化图。从图 3-42～图 3-48 可知，采空区的开挖对采空区位置测点的应力影响十分巨大，采空区测点最大主应力突然增加，且增幅很大，这是因为采空区的形成产生了应力集中现象。

在后续边坡的开挖过程中，采空区 1 第 4、6 测点与采空区 2 第 1、4、6 测点为采空区四周角点，应力集中现象明显，始终处于压剪应力状态。采空区 1 第 4 测点在边坡开挖的前三步，应力出现减小现象，后两步开挖应力增大，这是因为前三步开挖卸载使得应力减小，后两步开挖界面越来越靠近采空区 1，使得应力增强；第 6 测点在前四步应力出现减小，第 5 步出现应力增强现象。采空区 2 第 1 测点随着开挖的进行，应力减小，每步应力减小量越来越小，应力集中现象越来越弱；第 4、6 测点在边坡开挖第 1 步与第 2 步，应力减小，以后各开挖步应力有增大趋势。采空区底板中心，即第 5 测点，在边坡开挖过程中也始终处于压剪应力状态，采空区 1 第 5 测点在前三步应力越来越小，但应力减小幅度变小，后两步应力出现明显增加，且增大的幅度增加；采空区 2 第 5 测点在边坡第 1 步开挖完后，应力显著减小，第 2 步开挖完后，应力变化很小，以后各步开挖后，应力越来越大。第 5 测点的反应也是因为开始时开挖卸载而出现应力减小，后来开挖界面离采空区越来越近，测点出现应力增大现象。

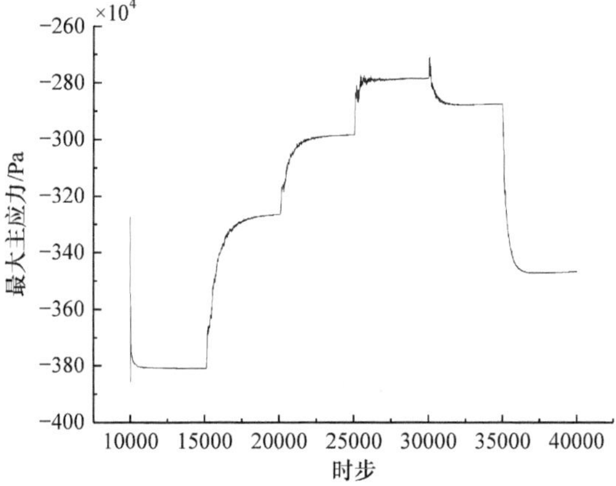

图 3-42 采空区 1 第 4 测点的最大主应力图

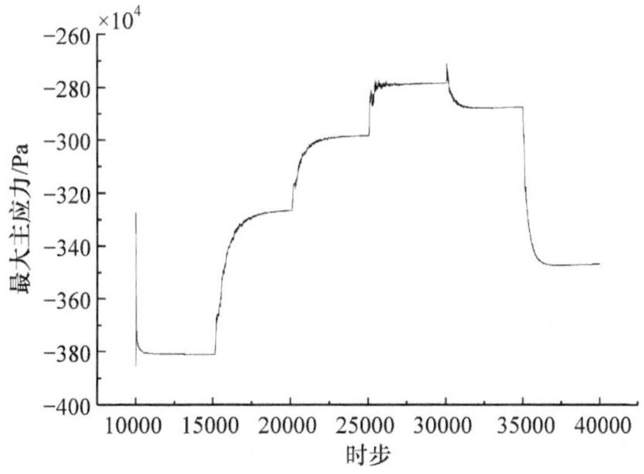

图 3-43 采空区 1 第 5 测点的最大主应力图

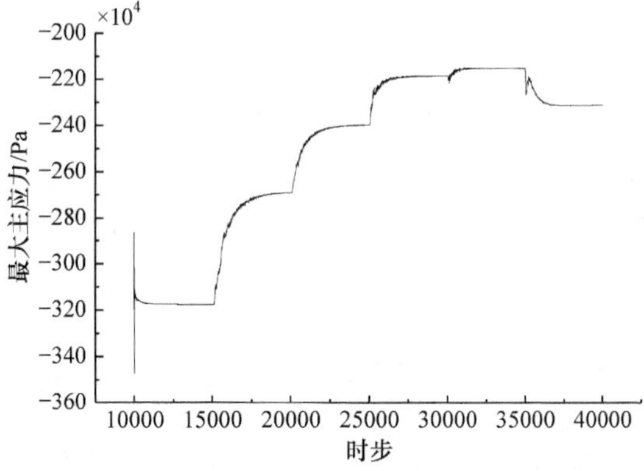

图 3-44 采空区 1 第 6 测点的最大主应力图

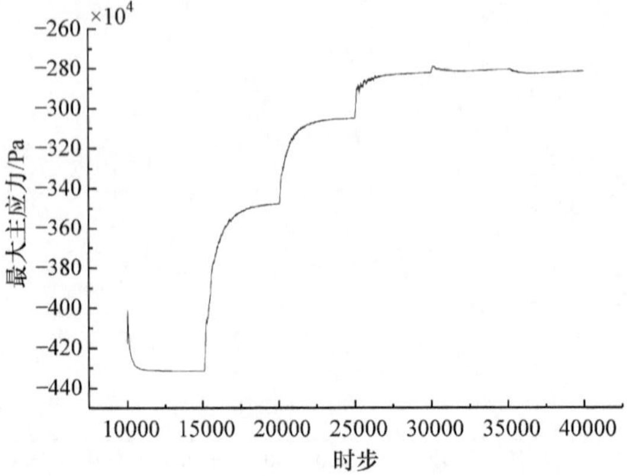

图 3-45 采空区 2 第 1 测点的最大主应力图

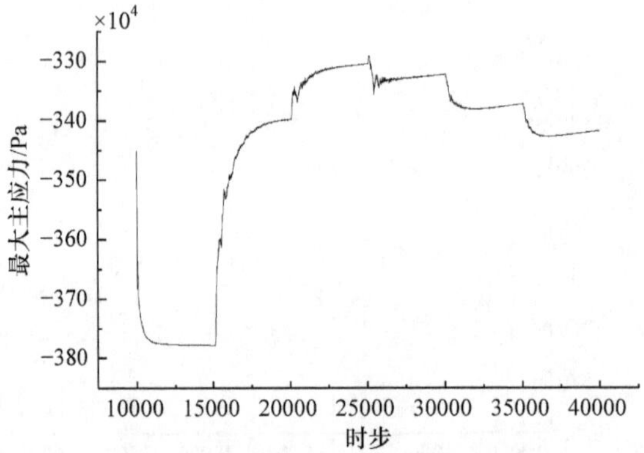

图 3-46 采空区 2 第 4 测点的最大主应力图

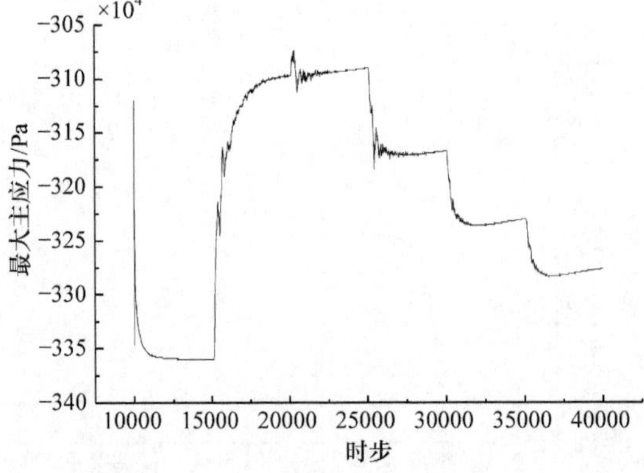

图 3-47 采空区 2 第 5 测点的最大主应力图

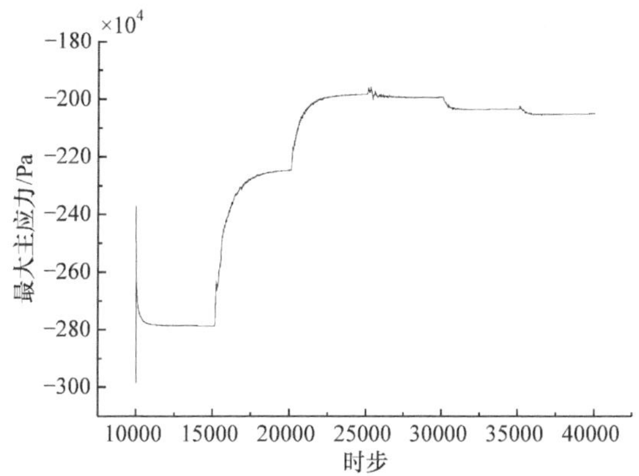

图 3-48　采空区 2 第 6 测点的最大主应力图

3.4 本 章 小 结

本章以某磷矿穿岩洞矿段露天矿采场为研究对象，通过 Surpac 软件建立三维模型，利用 FLAC3D 软件分析地下采空区对露天矿边坡稳定性的作用机理，并探讨露天边坡开挖对地下采空区的影响，主要结论如下。

(1) 与无采空区边坡相比，靠近边坡的地下采空区对边坡稳定性的影响较大，主要表现在：①采空区周围出现明显应力集中现象，应力形式主要为压应力，而且当应力云图通过采空区时，出现明显的应力跳跃现象；②有采空区边坡岩体水平向及竖向位移明显大于无采空区边坡；③有采空区边坡岩体的塑性区分布范围随着开挖的进行有减小的趋势，但坡面上出现明显的拉伸破坏区。

(2) 地下采空区开挖形成过程对尚未开挖的边坡各测点的水平向位移与竖向位移影响不大，最大主应力除坡脚测点 5、6 有一定变化之外，边坡其余各测点的应力变化很小，基本上呈直线。在边坡开挖过程中，边坡坡顶测点水平向位移随着开挖的进行越来越大，竖向回弹位移也越来越大，但每步开挖后新增的回弹量逐渐减小，这与开挖卸载量有关。坡脚测点水平向位移随着开挖的进行越来越大，每个坡脚的水平向位移在对应的形成该坡脚开挖步的变化幅度最大，坡脚竖向回弹位移随着边坡开挖的进行也越来越大。坡顶测点主要处于拉应力状态，除边坡第 1 步开挖外，边坡的其余开挖步对坡顶测点应力状态的影响很小。坡脚始终处于压剪应力状态，在开挖测点自身对应的开挖步之前的各个开挖步，随着开挖的进行坡脚应力减小，在开挖测点自身对应的开挖步，各测点压应力显著变大，在开挖测点自身对应的开挖步之后的开挖步，压剪应力变小。

(3) 地下采空区的开挖形成过程对采空区测点的位移有较大影响，对各测点的应力状态产生巨大影响，使得压应力显著增长。在边坡开挖过程中，边坡前几步开挖完以后，地下采空区各测点开始出现正的水平向位移，水平向位移方向由向左变为向右，数值也越来越大。竖向反弹位移越来越大，但是每步开挖后的竖向位移增量却越来越小，采空区1各步开挖后的竖向位移比采空区2的位移要大。采空区角点始终处于压剪应力状态，存在应力集中现象，在边坡开挖的前几步，由于开挖卸载，出现应力减小现象，在后几步，由于采空区离开挖边界越来越近，应力增强；底板中心也出现类似现象，前几步开挖，应力减小，后几步开挖，应力增加。

参 考 文 献

[1] Itasca Consulting Group Inc. FLAC-User's Manual[M]. Minneapolis: Itasca Consulting Group Inc, 2005.

[2] 陈育民, 徐鼎平. FLAC/FLAC3D 基础与工程实例[M]. 北京: 中国水利水电出版社, 2009.

[3] 刘波. FLAC 原理、实例与应用指南[M]. 北京: 人民交通出版社, 2005.

[4] 罗周全, 吴亚斌, 刘晓明, 等. 基于 SURPAC 的复杂地质体 FLAC3D 模型生成技术[J]. 岩土力学, 2008, 29(5):1334-1338.

第 4 章　含隧道岩石边坡振动台模型试验技术

4.1　试验设备与测试元件

4.1.1　振动台系统

振动台模型试验是在中南大学高速铁路多功能振动台试验系统上进行的，该系统可进行列车、设备振动和地震模拟试验研究。试验采用德国 IMC 集成测控有限公司的 C 系列数据采集系统，可测量应变、加速度、力、位移等。振动台的主要参数见表 4-1，振动台系统如图 4-1 所示。

表 4-1　振动台主要参数

主要参数	技术说明
台面尺寸	4m×4m
运动自由度	3 方向 6 自由度
临近台面中心距离	6～50m 可调节
最大承重	30t
台面最大位移与加速度	X: 250mm, ±1.0g Y: 250mm, ±1.0g Z: 250mm, ±1.6g
工作频率	0.1～50Hz
最大偏心力矩	20 t·m
最大倾覆力矩	30 t·m
最大地震振动速度	1000mm/s
最大简弦振动速度	750mm/s

(a) 三向地震模拟试验台

(b) 数字控制室

(c) 数字采集仪

图 4-1　振动台系统

4.1.2　测试元件

试验需要采集的数据包括坡面和隧道衬砌内部不同位置处的加速度、隧道围岩动土压力、坡面位移和隧道衬砌不同位置处的动应变。试验采用的传感器类型见图 4-2，相应的技术参数如下。

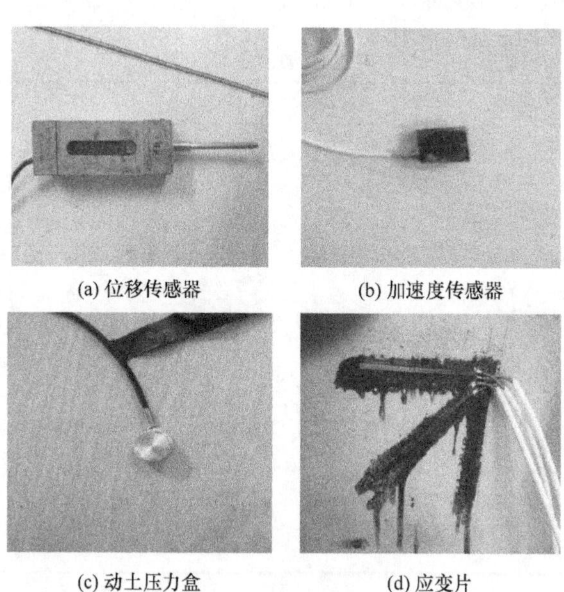
(a) 位移传感器　(b) 加速度传感器

(c) 动土压力盒　(d) 应变片

图 4-2　模型试验传感器

(1) 位移传感器采用 YHD-30 位移传感器，量程：±15mm，全程输出：9000με，校正系数：0.003με/mm，外形尺寸：155mm×25mm×25mm，使用温度范围：−35～60℃，仪器灵敏度系数：2.00。

(2) 加速度传感器采用 SDI-Model 2210 单轴加速度传感器，输入量程：$-5g$～$-2g$，$2g$～$5g$（g 表示重力加速度），灵敏度：800mV/g（差分输出），频率范围：0～400Hz，外形尺寸：16mm×24mm×8mm，输出：±4V 差分信号或 0.5～4.5V 单端信号。

(3) 动土压力盒采用 SQGS-24 振弦式土压力盒，精度：0.5%～1.0%，量程：0.2～0.5MPa，分辨率：0.01%，重复性：0.2%～0.4%，外形尺寸：直径为 120mm，厚度为 2.5mm。

(4) 应变片采用 BX120-10AA 应变片，电阻：120Ω，灵敏系数：2.08，精密等级：A 级，敏感栅尺寸：长为 10mm，宽为 2mm，基底尺寸：长为 14.5mm，宽为 4.5mm。

4.2 模型试验相似关系

4.2.1 相似理论

目前，地下工程力学模型试验多以相似理论为基础，主要通过定律分析、方程式分析、量纲分析三种方法进行相似关系设计[1-4]。相似理论是模型试验的基础，进行结构模型试验的目的是从模型试验的结果分析预测原型结构的性能。通常结构模型试验中要满足以下物理量间的相似：几何相似、质量相似、荷载相似、物理相似、时间相似、边界条件和初始条件相似。相似关系的理论基础是相似三定理，即相似第一定理或称为相似正定理、相似第二定理或称为 Buckingham π 定理以及相似第三定理。模型试验主要探讨下伏隧道层状岩石边坡在地震作用下的动力响应规律，分析评价其抗震性能，采用基于 Buckingham π 定理的量纲分析法，对模型试验中各物理量的相似常数进行推导。

用 x_i 表示一个系统中的第 i 个物理量，用 x_i' 表示另一个系统中对应的物理量，把这两个物理量的比值称为两个系统的相似常数，记为 C_i：

$$C_i = \frac{x_i}{x_i'} \tag{4-1}$$

按式(4-1)可以把一个系统中的物理量由相似常数线性变换成另一个系统的对应物理量。在相似系统集合中，每个相似常数是严格不变的，每个物理量相似常数的大小由所研究问题的性质和试验条件等因素决定。

任何两个相似系统的数学模型在相似变化中不会发生改变，故其微分方程恒等，即

$$D(x_1, x_2, \cdots, x_n) = D(x_1', x_2', \cdots, x_n') \tag{4-2}$$

把式(4-1)代入式(4-2)可得

$$\begin{aligned} D(x_1, x_2, \cdots, x_n) &= D(C_1 x_1', C_2 x_2', \cdots, C_n x_n') \\ &= \phi(C_1, C_2, \cdots, C_n) D(x_1', x_2', \cdots, x_n') \end{aligned} \tag{4-3}$$

式中，$\phi(C_1, C_2, \cdots, C_n)$ 是 C_i 的函数。

由式(4-2)和式(4-3)可知

$$\phi(C_1,C_2,\cdots,C_n)D(x_1',x_2',\cdots,x_n')=D(x_1',x_2',\cdots,x_n')$$

即

$$\phi(C_1,C_2,\cdots,C_n)=1 \tag{4-4}$$

式(4-4)称为条件方程。若在两个相似系统中有 n 个物理量和 k 个基本量纲，则可以组成 $n-k$ 个无量纲乘幂，所以相似常数可以用如下关系式表示：

$$C_{k+s}=C_1^{\alpha\pi_1}C_2^{\alpha\pi_2}\cdots C_k^{\alpha\pi_k},\quad s=1,2,\cdots,n-k \tag{4-5}$$

式中，$C_1,C_2,\cdots,C_k$ 为量纲相互独立的物理量的相似常数；$\alpha\pi_i$ 为联系第 $k+s$ 个量纲相关的物理量和第 i 个量纲相关的物理量之间的指数。

式(4-5)也可以写成

$$\frac{C_{k+s}}{C_1^{\alpha\pi_1}C_2^{\alpha\pi_2}\cdots C_k^{\alpha\pi_k}}=1 \tag{4-6}$$

把式(4-1)代入式(4-6)可得

$$\frac{x_{k+s}}{x_1^{\alpha\pi_1}x_2^{\alpha\pi_2}\cdots x_k^{\alpha\pi_k}}=\frac{x_{k+s}'}{x_1'^{\alpha\pi_1}x_2'^{\alpha\pi_2}\cdots x_k'^{\alpha\pi_k}}=\pi_s,\quad s=1,2,\cdots,n-k \tag{4-7}$$

式(4-6)左端称为相似指标，表示相关物理量变换系数的关系。式(4-7)形成的各项等式称为相似判据，表示相关物理量的关系。

4.2.2　模型相似关系设计

对于模型相似关系设计，首先需要依据振动台台面尺寸的大小和振动台所能承受的最大试件重量来确定，然后根据弹性模量的相似关系确定相似材料的选取，最后根据设计的模型配重是否符合人工质量相似率的要求来确定是否采用重力失真相似关系设计。考虑到振动台实验设备及边坡模型尺寸不可能通过完全人工质量相似率来模拟，采用重力失真模型并依据 Meymand[1]的相似法则把几何相似比、加速度相似比和密度相似比作为相似关系的主控量。综合考虑振动台尺寸、承载能力、测试仪器相关参数和模型边界效应等因素的影响，确定模型的几何相似比 $C_l=10$，密度相似比 $C_\rho=1$，因模型和原型处于同一重力场，所以确定加速度相似比 $C_a=1$，其余物理量的相似常数由基于 Buckingham π 定理的量纲分析法[4,5]推出。模型试验的主要相似常数如表 4-2 所示。

表 4-2　模型试验的主要相似常数

类型	物理量	相似关系	相似常数
几何特性	长度 l	C_l	10
材料特性	弹性模量 E	$C_E=C_l\cdot C_\rho$	10
	应变 ε	$C_\varepsilon=1$	1

续表

类型	物理量	相似关系	相似常数
材料特性	应力 δ	$C_\delta = C_l \cdot C_\rho$	10
	泊松比 μ	$C_\mu = 1$	1
	密度 ρ	$C_\rho = 1$	1
	内摩擦角 φ	$C_\varphi = 1$	1
	容重 γ	$C_\gamma = C_\rho$	1
	黏聚力 c	$C_c = C_l \cdot C_\rho$	10
动力特性	时间 t	$C_t = C_l^{0.5}$	3.16
	速度 v	$C_v = C_l^{0.5}$	3.16
	加速度 a	$C_a = 1$	1
	位移 u	$C_u = C_l$	10
	振动频率 ω	$C_\omega = C_t^{-1}$	0.316

4.3　振动台模型试验的设计

4.3.1　模型箱设计与边界处理

模型箱是振动台模型试验的重要载体。现阶段岩土工程模型试验中常用的有刚性、柔性和剪切变形式三类模型箱。本试验采用刚性模型箱，内部净空长×宽×高为350cm×150cm×210cm，模型箱用槽钢和角钢焊接而成，底板焊接的是 2cm 厚的钢板且向四周分别伸出去 15cm，以便于焊接斜向支撑的槽钢来增加模型箱的整体刚度，沿着模型箱两侧的长边方向安放有机玻璃。在设计模型箱时还需要考虑三点：①模型箱结构牢固，避免出现失稳破坏；②模型箱底板按振动台台面特征预留螺栓孔以便固定；③模型箱的自振频率与模型自振频率尽量相差大些，防止二者出现共振现象。振动台模型试验模型箱的外观如图 4-3 所示。

图 4-3　振动台模型试验模型箱的外观

理论上岩土体作为一种半无限体是没有边界的，模型箱的存在改变了模型结构的边界条件，地震波在这种边界的波动反射及因边界对模型的约束作用而引起体系振动形态的变化自然会给试验结果带来一定误差，即产生“模型箱效应”[6]。为了减少“模型箱效应”，需要尽可能地模拟地震波对岩石边坡的作用环境，试验中对模型箱边界进行如下处理：在模型箱底部铺设直径为 4cm 的碎石来增加摩擦力，再铺一层中砂填实碎石之间的缝隙，以防模型与模型箱在振动过程中发生相对滑移；在模型箱四周粘贴 5cm 厚的聚苯乙烯泡沫塑料板用来吸收反射地震波，同时可以削弱侧壁对岩层的约束效果；在泡沫塑料板表面再贴一层聚氯乙烯薄膜，避免泡沫塑料板与岩层之间出现较大摩擦而影响地震作用结果。模型箱边界处理如图 4-4 所示。

(a) 散铺碎石

(b) 中砂填实

图 4-4 模型箱边界处理

4.3.2 模型设计与传感器布置

根据相似常数设计制作了高 1.6m 的下伏隧道层状岩石边坡模型，分三层水平浇筑，整体坡角约为 35°，隧道外侧拱肩到地表的垂直距离为 40cm，隧道埋深为 60cm，隧道宽度为 78cm，岩层从上而下分别为Ⅲ类较坚硬质岩、Ⅳ类软质岩、Ⅲ类硬质岩。岩体材料采用与其性质相近的砂浆模拟，通过室内试验调整水泥、标准砂、水的配比最终确定不同岩层的砂浆配比[7]，在模型箱底部采用 C25 混凝土浇筑 20cm 底座并预留卡槽便于安装衬砌模型，在上下岩层之间铺设带状薄层细河砂以模拟层间水平结构面。隧道衬砌采用与混凝土各项物理性能相近的微混凝土，根据相似常数确定衬砌厚度为 4cm，衬砌强度经过实验室多次配比试验，最终确定衬砌模型材料配比为 1∶6.9∶1.3(水泥∶砂∶水)。衬砌中双层钢筋网采用ϕ2mm、间距为 2cm 的双层镀锌铁丝网模拟，衬砌结构采用预制成型，如图 4-5 所示。制作完成后的模型如图 4-6 所示。

为重点探明边坡在地震作用下的加速度和位移响应规律，在沿模型坡面中轴

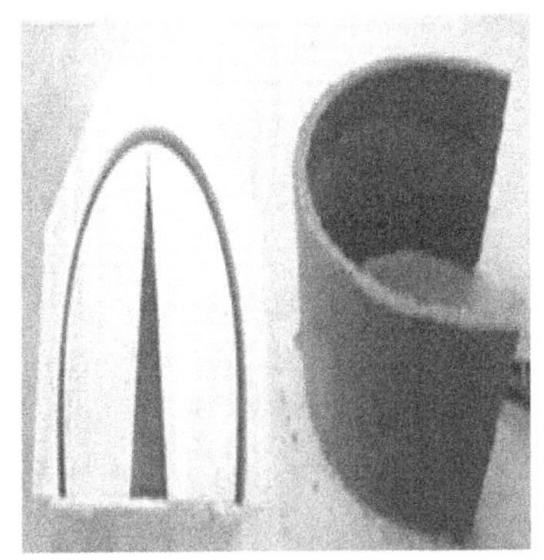

图 4-5　衬砌模型

图 4-6　边坡模型

线附近布置 5 个加速度测点和 5 个位移测点，同一加速度测点布置水平向和竖向加速度传感器，同一位移测点布置水平向和竖向位移传感器。含单洞隧道岩石边坡的水平向加速度测点记为 AHP1～AHP5，竖向加速度测点记为 AVP1～AVP5；水平向位移测点记为 DHP1～DHP5，竖向位移测点记为 DVP1～DVP5。含小净距隧道岩石边坡的水平向加速度测点记为 JX1～JX5，竖向加速度测点记为 JZ1～JZ5；水平向位移测点记为 WX1～WX5，竖向位移测点记为 WZ1～WZ5。此外，在振动台台面也布置了一个加速度测点用来记录不同地震波激励下台面反馈的水平向加速度和竖向加速度(含单洞隧道岩石边坡的水平向加速度向和竖向加速度测点分别记为 ATH 和 ATV，含小净距隧道岩石边坡的水平向加速度和竖向加速度测点分别记为 JX0 和 JZ0)，含单洞隧道岩石边坡测试元件的具体布置如图 4-7(a) 所示，含小净距隧道岩石边坡测试元件的具体布置如图 4-7(b) 所示。

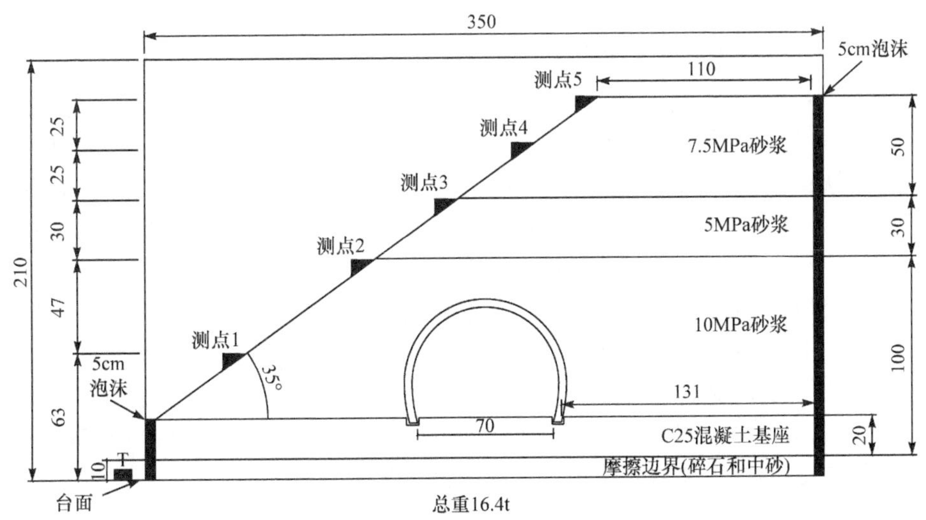

(a) 含单洞隧道岩石边坡

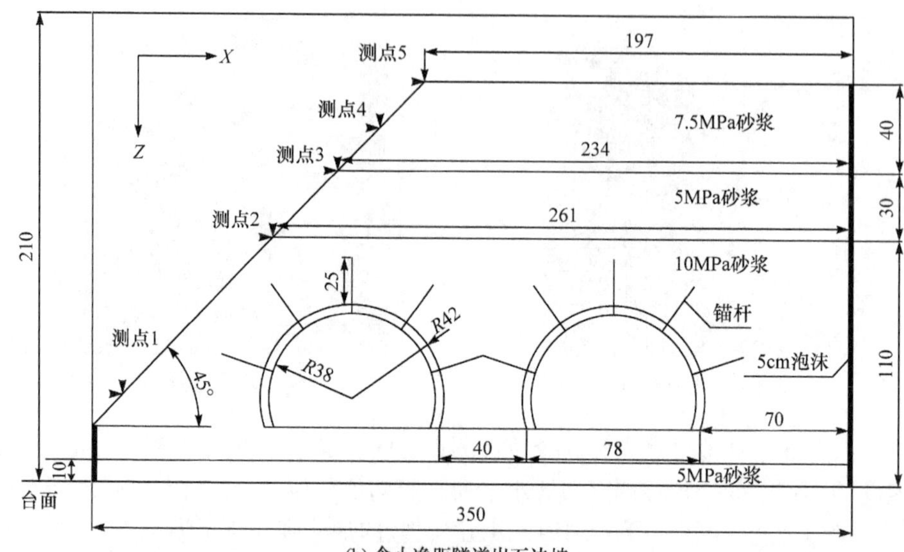

(b) 含小净距隧道岩石边坡

单位：cm；►▼水平向、竖向加速度计及位移计，加速度计和位移计在同一水平线上；
T 为台面的加速度传感器

图 4-7 边坡模型及测点布置

4.3.3 地震波加载方案

本节选择汶川波(2008，代号为 WC)、大瑞波(2009，代号为 DR)、Kobe 波(1995，代号为 K)三种地震波作为振动台模型试验的激振波，其中，大瑞波是根据大瑞铁路沿线地区的土层特性构造的人工合成地震波。图 4-8～图 4-10 分别为处理后的汶川波、大瑞波、Kobe 波的加速度时程曲线及对应的傅里叶谱。汶川波的时间压缩比为 3.16，卓越频段主要集中在 5～25Hz，采用 *X* 向单向、*Z* 向单向和双向(由 *X* 和 *Z* 向合成)三种方式加载，代号分别为 WC-*X*、WC-*Z* 和 WC-*XZ*。大瑞波的时间压缩比为 3.16，卓越频段主要集中在 3～12Hz 和 15～40Hz，采用 *XZ* 双向输入一种方式加载，代号 DR-*XZ*。Kobe 波的时间压缩比为 3.16，卓越频段较宽，主要集中在 0～63Hz，采用 *XZ* 双向输入一种方式加载，代号 K-*XZ*。激振 *X* 向为模型宽度方向，*Z* 向为模型高度方向，见图 4-7。

根据相关规范[8]，调整地震波的加速度峰值从 0.1*g*、0.2*g*、0.4*g*、0.6*g* 逐级递增，其中，竖向地震波一般取水平地震波加速度峰值的 1/2～2/3，本次试验取水平向加速度峰值的 2/3[8]，加载时间根据时间压缩比确定。当试验开始前和结束后以及试验过程中输入的台面 *X* 向加速度峰值改变时，都先输入 60s 白噪声(WN-*XZ*)用于观察模型动力特性的变化情况。各试验工况信息如表 4-3 所示。

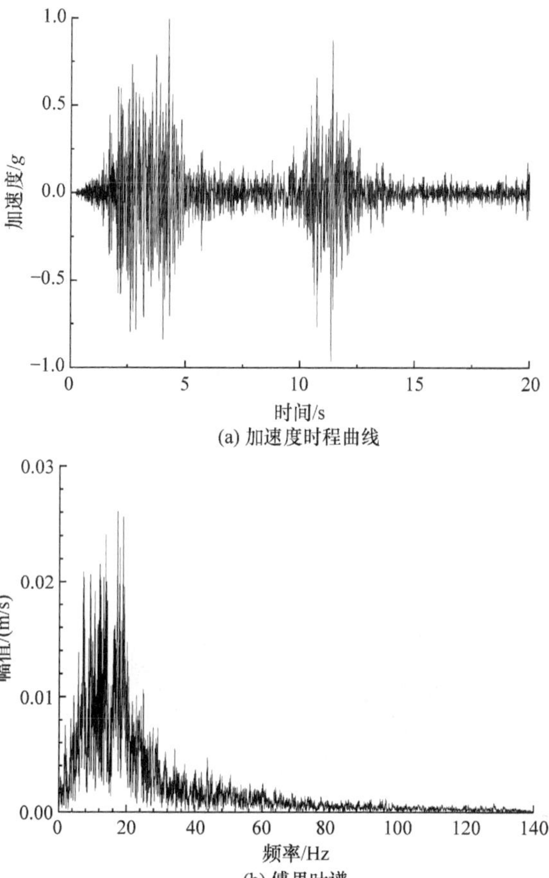

(a) 加速度时程曲线

(b) 傅里叶谱

图 4-8　汶川波加速度时程曲线和傅里叶谱

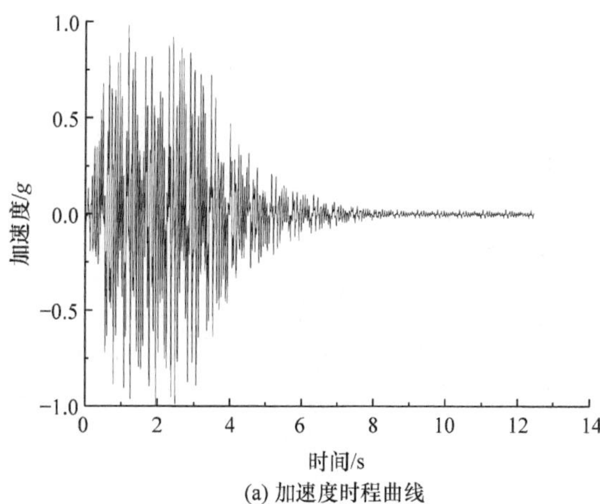

(a) 加速度时程曲线

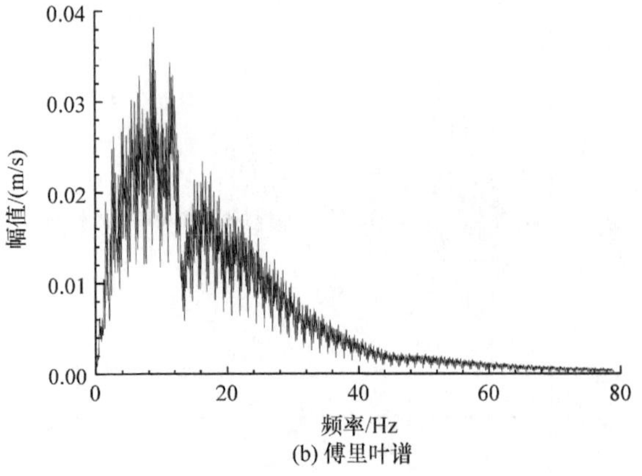

(b) 傅里叶谱

图 4-9　大瑞波加速度时程曲线和傅里叶谱

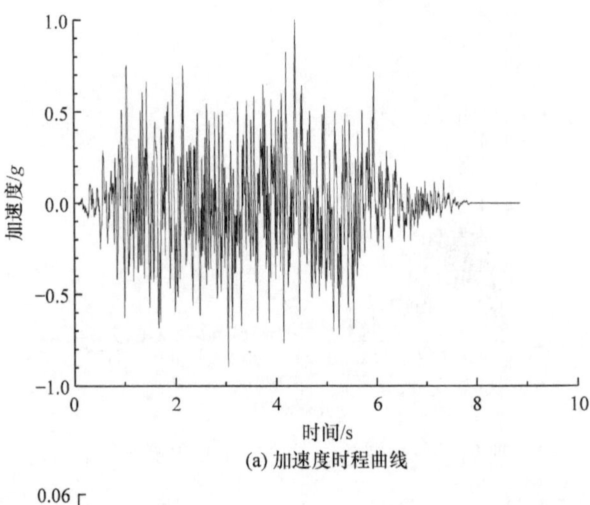

(a) 加速度时程曲线

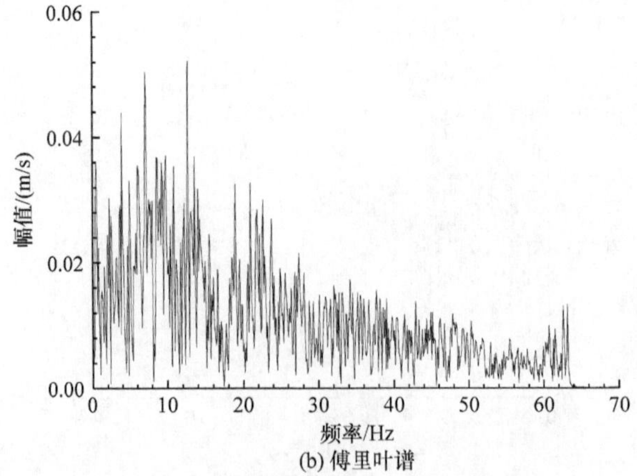

(b) 傅里叶谱

图 4-10　Kobe 波加速度时程曲线和傅里叶谱

表 4-3　地震波加载方案

工况序号	地震波	加速度峰值/g		工况序号	地震波	加速度峰值/g	
		X	Z			X	Z
1	WN-XZ	—	—	13	WN-XZ	—	—
2	WC-X	0.1	—	14	WC-X	0.4	—
3	WC-Z	—	0.067	15	WC-Z	—	0.267
4	WC-XZ	0.1	0.067	16	WC-XZ	0.4	0.267
5	DR-XZ	0.1	0.067	17	DR-XZ	0.4	0.267
6	K-XZ	0.1	0.067	18	K-XZ	0.4	0.267
7	WN-XZ	—	—	19	WN-XZ	—	—
8	WC-X	0.2	—	20	WC-X	0.6	—
9	WC-Z	—	0.133	21	WC-Z	—	0.400
10	WC-XZ	0.2	0.133	22	WC-XZ	0.6	0.400
11	DR-XZ	0.2	0.133	23	DR-XZ	0.6	0.400
12	K-XZ	0.2	0.133	24	K-XZ	0.6	0.400

4.4　本章小结

本章以含隧道岩石边坡为研究对象，详细介绍了振动台模型试验准备、模型相似关系设计、模型相似材料的制作和模型制作、传感器的布置和试验加载方案，并在此基础上完成了几何相似比为 1∶10 的含单洞隧道岩石边坡和含小净距隧道岩石边坡的振动台模型试验，主要工作内容如下。

(1) 基于相似理论，把模型几何尺寸、加速度和密度作为控制参数，并通过相似关系推导出其他主要物理量的相似常数，可最大限度地保持模型与原型之间的相似性，满足几何相似、动力学相似和运动学相似。

(2) 根据相似关系，选择模型试验所用的相似材料并进行室内试验，确定岩体材料和衬砌材料的组成配比，完成下伏隧道层状岩质边坡模型的振动台模型试验设计方案；根据试验目的，在相关研究基础之上，确定测试内容和测点位置布置。确定模型箱的类型和模型箱边界的处理方法，并完成下伏隧道层状岩质边坡模型的制作。选择汶川波、大瑞波和 Kobe 波作为振动台模型试验输入波，确定时间压缩比为 3.16。汶川波以水平向 X、竖向 Z 及水平向和竖向(XZ)双向三种方式加载，大瑞波和 Kobe 波以水平向和竖向(XZ)双向一种方式加载，三种波的加速度峰值都是从 0.1g、0.2g、0.4g 到 0.6g 逐级加载。

参考文献

[1] Meymand P J. Shaking table scale modeltests of nonlinearsoil-pile-superstrcuture interaction in soft clay[D]. Berkeley: University of California, 1998.

[2] Iai S. Similitude for shaking table tests on soil structure-fluid model in 1-*g* gravitational field[J]. Soils and Foundations, 1989, 29(1):105-118.

[3] 林皋, 朱彤, 林稽. 结构动力模型试验的相似技巧[J]. 大连理工大学学报, 2000, 40(1):1-8.

[4] 熊仲民, 王社良. 土木工程结构试验[M]. 北京: 中国建筑工业出版社, 2006.

[5] Louis B. The Pi theorem of dimensional analysis[J]. Archive for Rational Mechanics and Analysis, 1957, 1(1): 35-45.

[6] 陈之毅, 李月阳. 模型箱设计中的边界变形研究[J]. 工程抗震与加固改造, 2015, 37(5): 106-112.

[7] Yuan Y Q, Jiang X L, Zhu Z L, et al. Experimental study on the compressive strength of cement mortar[J]. Applied Mechanics and Materials, 2015, 711: 422-425.

[8] 中华人民共和国住房和城乡建设部, 中华人民共和国国家质量监督检验检疫总局. 建筑抗震设计规范: GB 50011—2010[S]. 北京: 中国建筑工业出版社, 2011.

第 5 章　基于振动台模型试验的含单洞隧道岩石边坡地震响应特性

5.1　高程对含隧道岩石边坡加速度响应规律的影响

震害分析表明，由地震波加速度产生的地震惯性力是引起结构物应力、变形、位移及破坏等的重要原因，也是目前抗震设计中常用的拟静力分析法的基础[1,2]。因此，本章试验重点关注了不同类型、不同强度的地震波作用下含隧道岩石边坡的加速度响应规律，并选取加速度响应峰值和加速度放大系数两个指标对其进行分析[3]。加速度放大系数定义为各测点加速度响应峰值与台面反馈加速度峰值的比值，即水平向(X 向)加速度放大系数为测点 X 向加速度响应峰值与台面测点 X 向加速度峰值之比，竖向(Z 向)加速度放大系数为测点 Z 向加速度响应峰值与台面测点 Z 向加速度峰值之比。由此可知，加速度放大系数大于 1，表明测点加速度响应峰值相对输入地震波被放大；加速度放大系数小于 1，表明测点加速度响应峰值被抑制。为叙述方便，本书将振动台模型试验和数值模拟中输入的地震波强度峰值定义为激振强度。

5.1.1　高程对边坡水平向加速度响应规律的影响

试验以坡面不同高程测点为比较对象，对各测点的加速度响应峰值进行分析，绘制不同地震波加载工况下的边坡水平向加速度放大系数曲线，如图 5-1 所示。本书中相对高度是指坡面测点的竖直高度与边坡整体高度的比值。表 5-1 列出不同地震荷载作用下坡面各测点的加速度响应峰值。

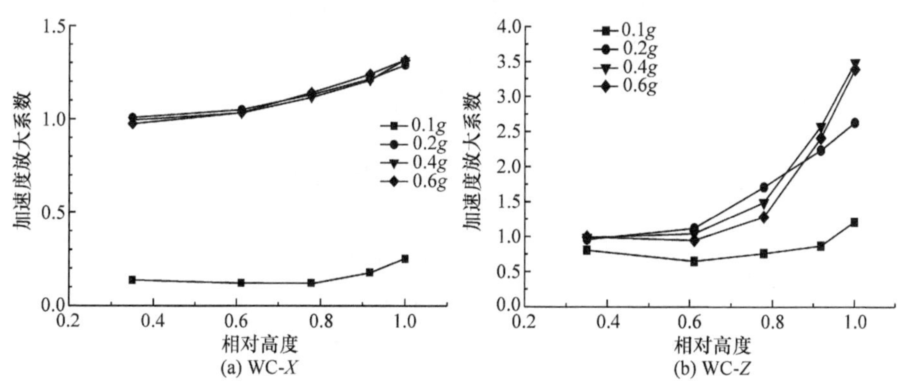

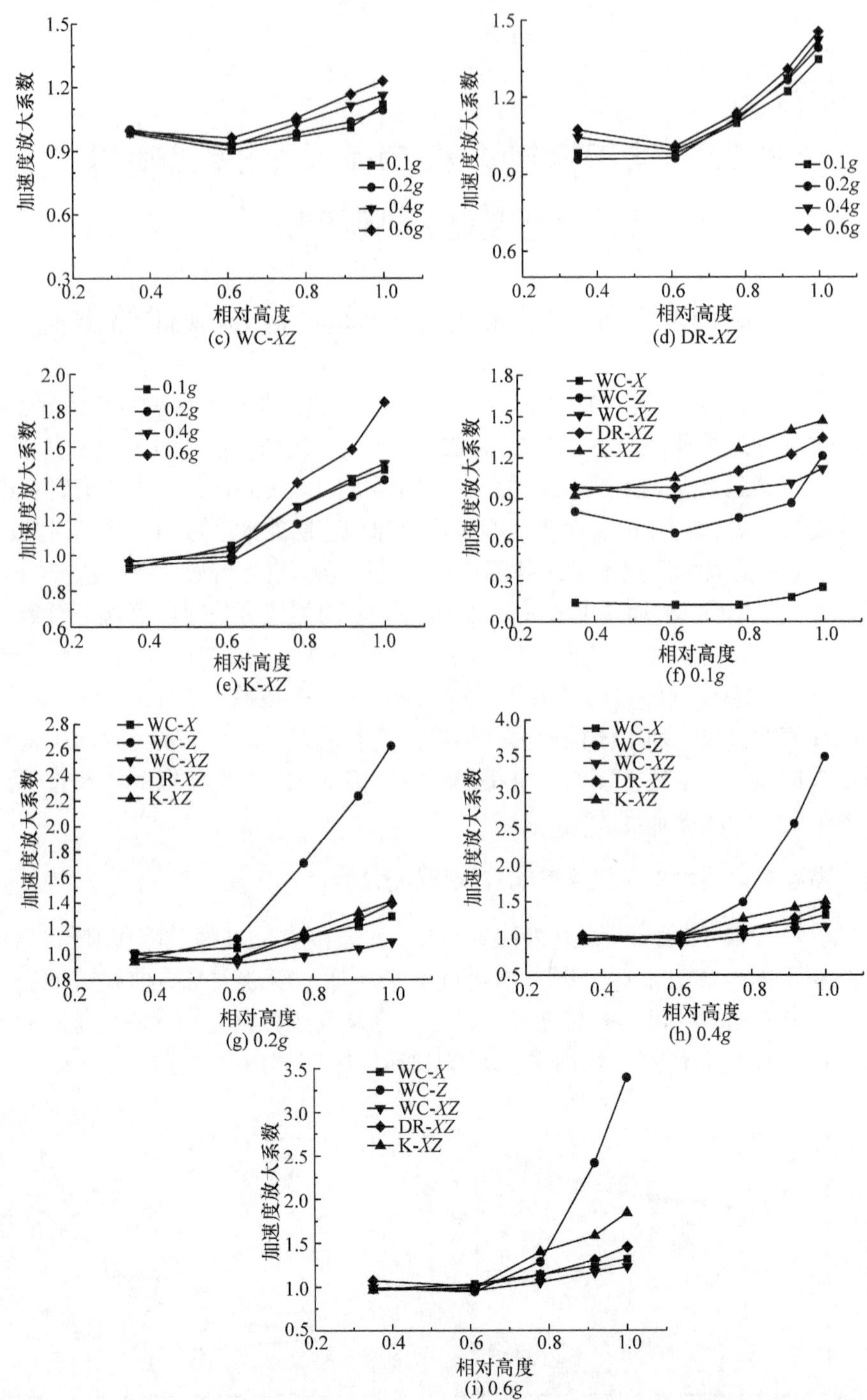

图 5-1　不同地震波加载工况下的边坡水平向加速度放大系数曲线

表 5-1　不同地震荷载作用下坡面各测点的加速度响应峰值

工况		测点加速度响应峰值/g											
		ATH	ATV	APH1	APV1	APH2	APV2	APH3	APV3	APH4	APV4	APH5	APV5
0.1g	WC-X	0.1004	0.0512	0.0137	0.0496	0.0122	0.0416	0.0122	0.0195	0.0179	0.0202	0.0252	0.0229
	WC-Z	0.0271	0.0659	0.0218	0.0572	0.0176	0.0469	0.0206	0.0225	0.0235	0.0287	0.0328	0.0305
	WC-XZ	0.0974	0.0683	0.0958	0.1267	0.0880	0.1000	0.0940	0.0439	0.0984	0.0458	0.1087	0.0954
	DR-XZ	0.0950	0.0633	0.0931	0.1572	0.0931	0.1343	0.1045	0.0553	0.1160	0.0519	0.1278	0.1099
	K-XZ	0.0989	0.0643	0.0912	0.1770	0.1041	0.1583	0.1251	0.0675	0.1385	0.0641	0.1453	0.1328
0.2g	WC-X	0.1989	0.1831	0.2003	0.1782	0.2087	0.1484	0.2247	0.0530	0.2415	0.0504	0.2564	0.0946
	WC-Z	0.0263	0.1298	0.0252	0.1602	0.0294	0.1610	0.0450	0.0813	0.0588	0.0832	0.0691	0.1648
	WC-XZ	0.1824	0.1311	0.1827	0.2537	0.1698	0.2155	0.1793	0.0851	0.1892	0.0869	0.1991	0.1648
	DR-XZ	0.2008	0.1481	0.1923	0.3628	0.1934	0.2587	0.2247	0.1087	0.2541	0.1083	0.2793	0.2190
	K-XZ	0.1822	0.1422	0.1713	0.3853	0.1762	0.3525	0.2133	0.1553	0.2407	0.1434	0.2575	0.1862
0.4g	WC-X	0.3766	0.3615	0.3742	0.3609	0.3887	0.2865	0.4200	0.1038	0.4547	0.0999	0.4959	0.1877
	WC-Z	0.0422	0.2678	0.0416	0.3189	0.0439	0.3147	0.0630	0.1545	0.1087	0.1591	0.1473	0.3113
	WC-XZ	0.3364	0.2825	0.3330	0.5577	0.3113	0.4658	0.3456	0.1785	0.3742	0.1793	0.3906	0.3731
	DR-XZ	0.3624	0.4141	0.3781	0.6665	0.3601	0.5902	0.4025	0.2499	0.4616	0.2358	0.5154	0.4517
	K-XZ	0.350	0.3270	0.3361	0.9049	0.3586	0.8297	0.4441	0.3674	0.4975	0.3372	0.5270	0.6569
0.6g	WC-X	0.5510	0.5483	0.5371	0.5471	0.5696	0.4505	0.6283	0.1686	0.6825	0.1465	0.7252	0.2731
	WC-Z	0.0641	0.3860	0.0637	0.5043	0.0606	0.4856	0.0823	0.2434	0.1545	0.2625	0.2175	0.5387
	WC-XZ	0.4672	0.4185	0.4643	0.7637	0.4494	0.6276	0.4929	0.2690	0.5448	0.2892	0.5738	0.5890
	DR-XZ	0.5533	0.6852	0.5936	1.2490	0.5585	1.0690	0.6287	0.4566	0.7233	0.4044	0.8046	0.7813
	K-XZ	0.5301	0.6972	0.5123	1.4780	0.5261	1.3780	0.7412	0.6352	0.8400	0.5684	0.9774	1.1120

结合表 5-1，通过观察图 5-1 中曲线的变化可以得出如下规律。

(1) 在汶川波水平向(WC-X)激振时，随着高程的增加斜坡水平向加速度响应峰值不断增大，当激振强度为 0.1g 时，加速度放大系数均小于 0.3，随着激振强度的增加，加速度放大系数显著增大，在坡体中上部均大于 1 表现出放大趋势；在汶川波竖向(WC-Z)激振时，随着激振强度的增加，坡体水平向加速度放大效应更加明显，在坡体 2/3 高程以上，随着高程增加坡体水平向加速度放大效应更加显著。根据 4.3 节的加载方案，WC-Z 激振时输入地震波强度峰值为水平向激振的 2/3，由此可知：当单向地震波激励时，竖向地震波作用引起的坡体水平向加速度放大效果要明显强于水平向地震波的作用，坡体的高程放大作用主要表现在 2/3 高程以上。

(2) 在地震波双向(WC-XZ, DR-XZ, K-XZ)激振时，整体上，随着激振强度的增加，坡体在水平向的加速度放大效果不断增强，在同一激振强度作用下放大效果为 K-XZ >DR-XZ >WC-XZ。对于 WC-XZ 和 DR-XZ 加载的工况，坡体水平向加速度放大系数曲线在 2 号测点出现“低谷”，在坡体 2/3 高程以上(2 号测点)呈现高程放大效应；而对于 K-*XZ* 加载的工况，沿坡脚到坡顶坡体水平向加速度响应峰值不断增大，且在坡体 2/3 高程以上放大速率明显加快。

(3) 对比不同激振强度地震波作用下的坡体水平向加速度放大系数变化曲线可以发现，当地震激振强度很小时，激振方向对坡体水平向加速度的影响表现出双向激振明显强于单向激振的现象；当激振强度大于等于 0.2*g* 时，在 *XZ* 双向耦合作用下随着输入地震波强度的增加，坡体水平向加速度响应强度呈现“饱和”现象，表现出非线性缓慢增长趋势，这也表明在地震作用强度很低时，岩体力学性质未发生大的改变，尚处于线性或弱线性阶段；当大于等于 0.2*g* 时，岩体开始进入非线性阶段；随着激振强度的增加，非线性增强，岩体内部塑性变形增大，边坡系统阻尼增大，耗能作用增强。

5.1.2　高程对边坡竖向加速度响应规律的影响

试验以坡面不同高程测点为比较对象,对各测点的加速度响应峰值进行分析,绘制不同地震波加载工况下的边坡竖向加速度放大系数曲线，如图 5-2 所示。根据表 5-1，通过观察图 5-2 中曲线的变化可以得出如下规律。

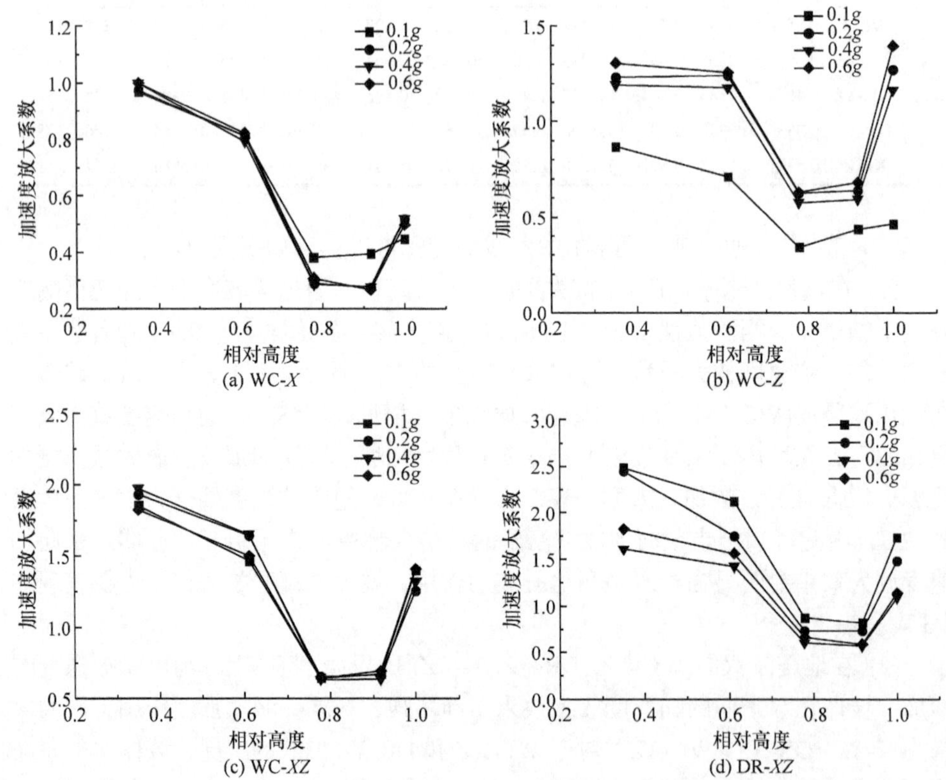

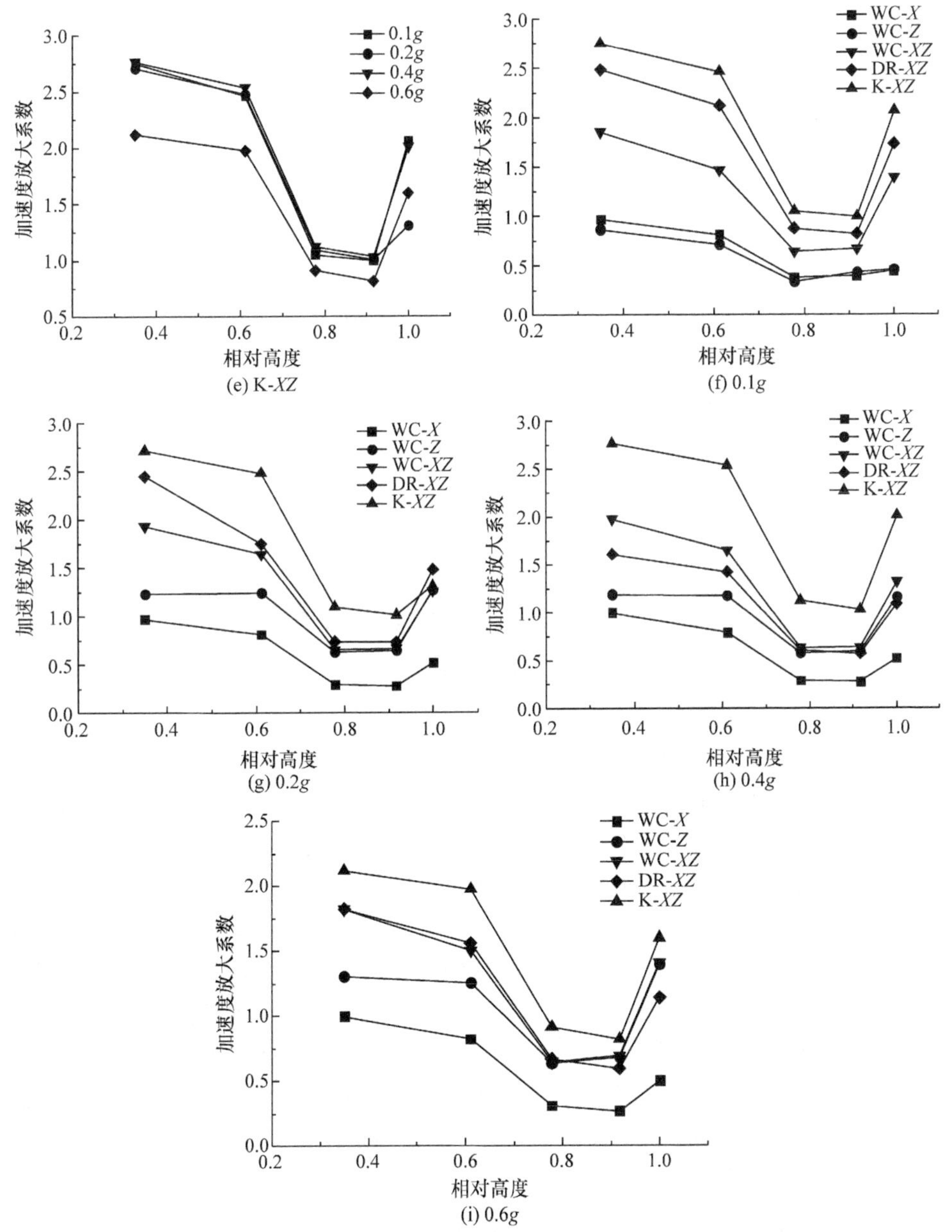

图 5-2　不同地震波加载工况下的边坡竖向加速度放大系数曲线

(1) 在地震波作用下，边坡岩体的竖向加速度放大系数沿坡脚向坡顶呈现“U”形变化，在 3 号测点，即软质岩层与上部弱风化岩层分界面处取最小值，由 4.3 节可知，2、3 号测点位于软硬质岩层分界面处，岩层下方是隧道结构，这一特征使得竖向地震波的传播介质发生突变，极大地改变了地震波的传播特性，产生了复杂的反射和折射。

(2) 对于汶川波单向加载的工况，在 WC-X 作用下边坡岩体竖向加速度放大系数为 0.26～0.99，当激振强度大于等于 0.2g 时，边坡岩体竖向响应强度随激振强度的增强变化不大；在 WC-Z 作用下边坡岩体竖向加速度放大系数为 0.34～1.39，随着激振强度的增加边坡岩体竖向响应加速度不断增加。

(3) 在地震波双向(WC-XZ, DR-XZ, K-XZ)激振时，整体上随着激振强度的增强，边坡岩体竖向加速度放大系数在缓慢变小，在 K-XZ 作用下这种趋势更加显著。这说明，随着地震波强度的增加，边坡岩体的力学性质不断发生改变进入非线性阶段，岩体内部塑性变形不断扩大。

(4) 对于下伏有隧道的岩质边坡，在坡脚靠近隧道结构的岩体竖向加速度放大效果更加明显，这部分岩体更容易受地震惯性力影响而产生破坏。而这种规律表现为双向激振强于单向激振，当双向激振时，K-XZ 作用最强，DR-XZ 作用次之，WC-XZ 作用最弱。

5.2 地震波类型和加载方式对含隧道岩石边坡加速度响应规律的影响

由 4.3 节试验输入地震波的加载方案可知，本试验选取三种类型地震波，即汶川波、大瑞波和 Kobe 波，共五类加载方式，包括单向激振(WC-X, WC-Z)和双向激振(WC-XZ, DR-XZ, K-XZ)。地震波相对于自然界中一般的波，其波动特性更加复杂，不同类型的地震波对结构产生的破坏特点也各不相同。早前大量的研究成果表明，地震波的水平向作用分量是导致边坡、土石坝坝体等产生失稳破坏的主要原因，但近年来众多学者通过振动台模型试验和数值模拟研究发现，地震波的竖向作用分量产生的破坏作用不容忽视，甚至在一些震中区产生的破坏作用超过了水平向地震波的破坏作用。5 · 12 汶川大地震灾后地质灾害调查和地震台强震记录都证明了这一点。鉴于此，本节依据下伏隧道层状岩质边坡振动台模型试验结果，重点分析不同类型地震波在不同加载方向作用下，边坡岩体在水平向和竖向上的加速度响应规律。

5.2.1 地震波类型和加载方式对边坡水平向加速度响应规律的影响

在分析某一因素对结果的影响规律时，需保证其他因素不变。本节在分析地震波类型对边坡加速度响应规律的影响时，选取汶川波、大瑞波和 Kobe 波在双向加载工况(WC-XZ, DR-XZ, K-XZ)下的边坡水平向加速度响应峰值、加速度放大系数为研究对象(图 5-3 和图 5-4)。

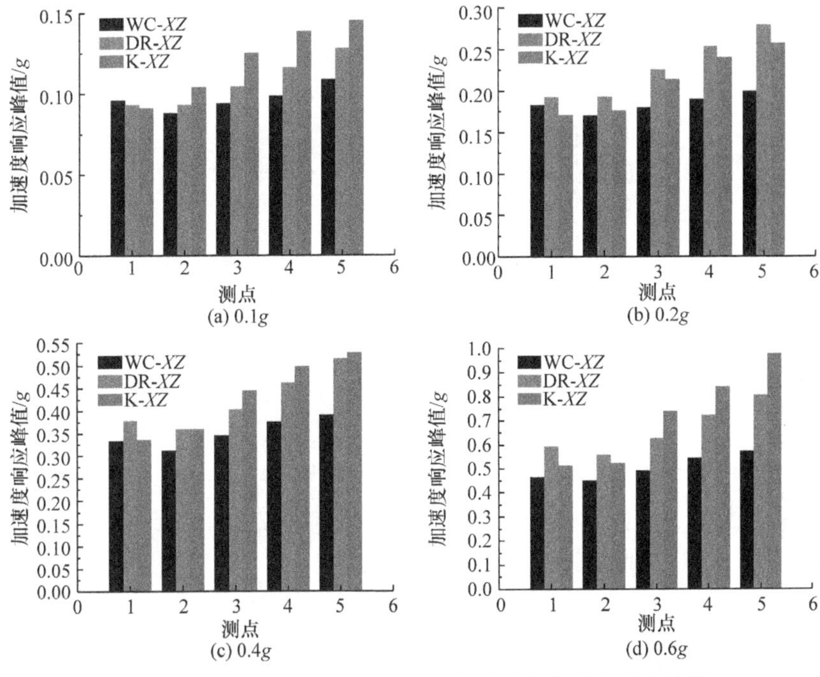

图 5-3 不同类型地震波作用下测点水平向加速度响应峰值

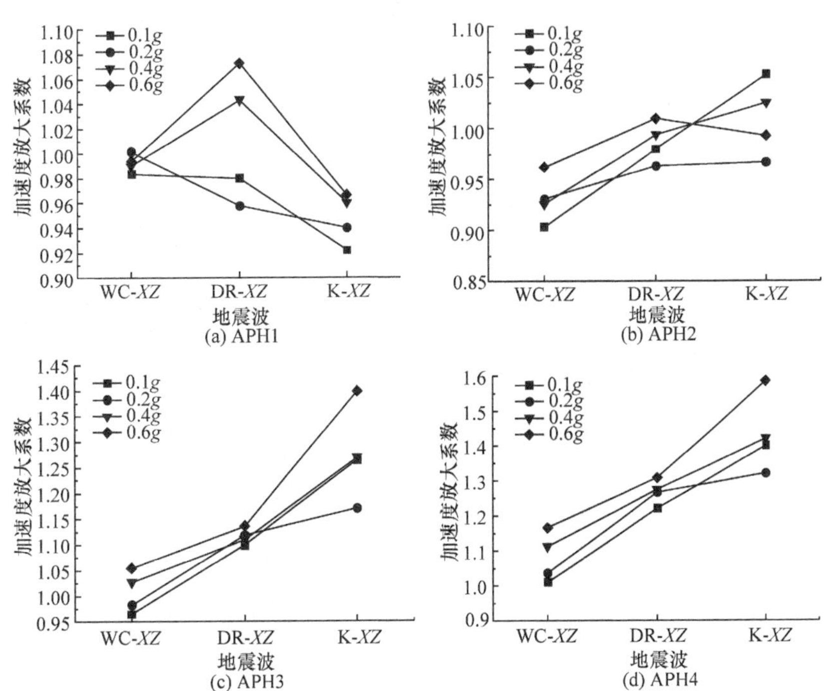

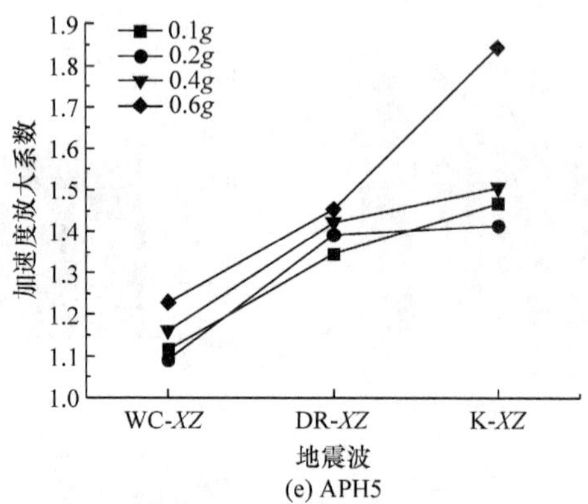

(e) APH5

图 5-4 不同类型地震波作用下测点水平向加速度放大系数曲线

在讨论加载方式对边坡水平向加速度响应规律的影响时，选取汶川波在水平向单向(WC-*X*)、竖向单向(WC-*Z*)及水平向和竖向双向(WC-*XZ*)加载条件下的边坡水平向加速度放大系数为研究对象(图 5-5)。

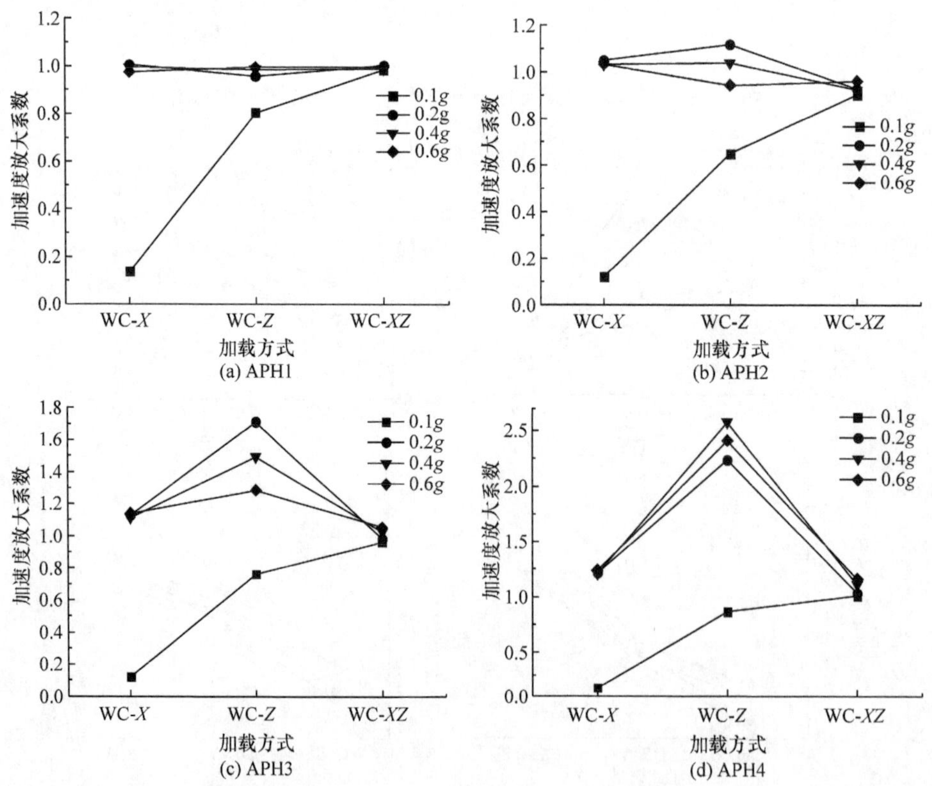

(a) APH1
(b) APH2
(c) APH3
(d) APH4

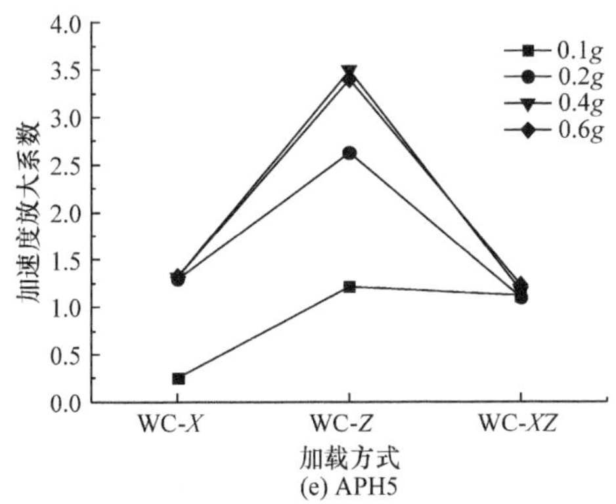

(e) APH5

图 5-5　不同加载方式作用下测点水平向加速度放大系数曲线

通过观察图 5-3～图 5-5 中曲线的变化，可以得出如下规律。

(1) 在三种地震波作用下，坡脚附近岩体产生的水平向加速度响应程度差别不大。在激振强度相同时，随着坡体高程的增加，大瑞波和 Kobe 波引起的边坡水平向加速度响应峰值不断增大，汶川波引起的边坡水平向加速度响应峰值呈缓慢增长趋势。当激振强度为 0.2*g* 时，大瑞波引起的水平向加速度响应最为显著，当激振强度大于 0.2*g* 时，边坡岩体在 Kobe 波作用下产生的水平向加速度响应程度相比大瑞波作用下急剧增加。

(2) 对于坡脚附近的岩体，在地震波双向激振下水平向加速度放大效果依次是 DR-*XZ*＞WC-*XZ*＞K-*XZ*，在坡体 2/3 高程以上，K-*XZ* 作用下岩体水平向加速度放大效果急剧增强。在 WC-*XZ* 作用下，边坡岩体沿坡脚到坡顶水平向加速度放大趋势不断增强，且随着激振强度的增强放大效果更加显著。在 DR-*XZ* 作用下，坡脚附近岩体水平向加速度放大系数随激振强度的增加增幅明显达 11.45%，随着坡体高程的增加，岩体水平向加速度放大系数随着激振强度呈不规律增大趋势，在坡顶增幅只有 6.62%。在 K-*XZ* 作用下，沿着坡脚到坡顶，岩体水平向加速度放大系数随激振强度的增加增幅不断增加，在 1 号测点只有 5.43%，5 号测点达 30.49%。

(3) 当汶川波激振强度很小时，边坡岩体沿坡脚到坡顶水平向加速度放大效果依次是 WC-*XZ*＞WC-*X*＞W-*Z*；当汶川波激振强度大于等于 0.2*g* 时，在坡体 2/3 高程以下岩体水平向加速度放大效果依次是 WC-*XZ*＞WC-*Z*＞W-*X*，在坡体 2/3 高程以上岩体水平向加速度放大效果依次是 WC-*Z*＞WC-*X*＞W-*XZ*。在汶川波水平向和双向加载时，沿坡脚到坡顶岩体水平向加速度放大系数随激振强度增大无明显变化，在汶川波竖向加载时，在坡脚附近岩体水平向加速度放大系数对激振强度变化不敏感，在坡体 2/3 高程以上则随着激振强度增强振幅不断增大，当激振强度大于等于 0.4*g* 时，又出现减弱趋势，表明在竖向地震波作用下，岩体水平向加速度响应并不是随着激振强度增加而线性增大的。

5.2.2　地震波类型和加载方式对边坡竖向加速度响应规律的影响

图 5-6～图 5-8 依次给出不同类型地震波作用下的边坡竖向加速度响应峰值及不同地震波类型和加载方式下的边坡竖向加速度放大系数变化曲线。分析图 5-6～图 5-8 中曲线的变化规律，可以得出如下结论。

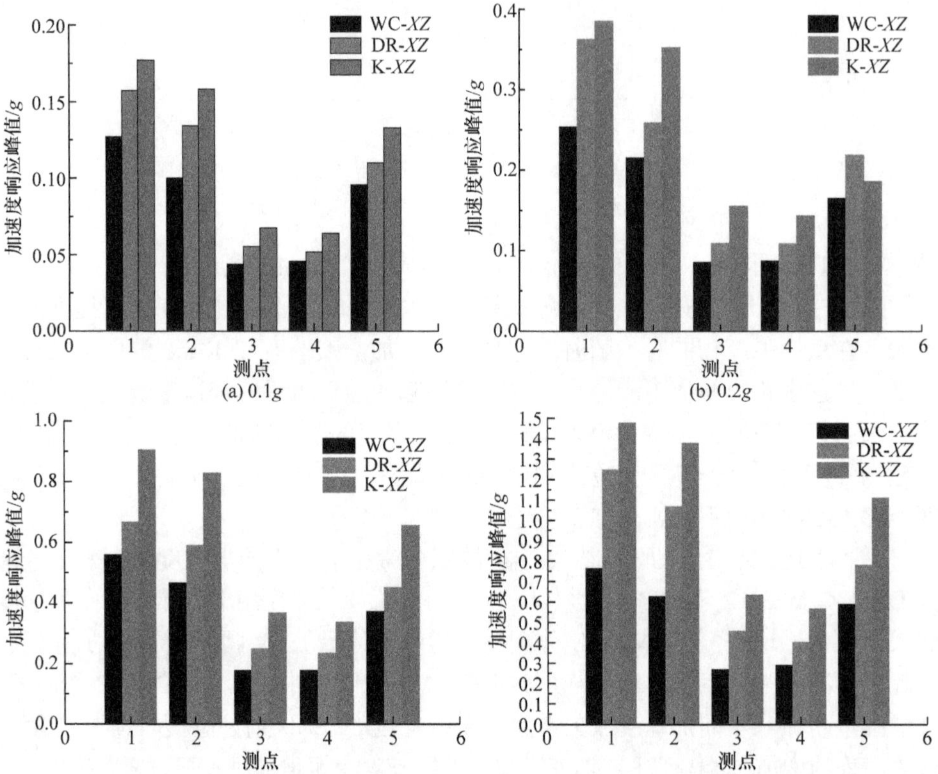

(a) 0.1*g*　(b) 0.2*g*

(c) 0.4*g*　(d) 0.6*g*

图 5-6　不同类型地震波作用下的测点竖向加速度响应峰值

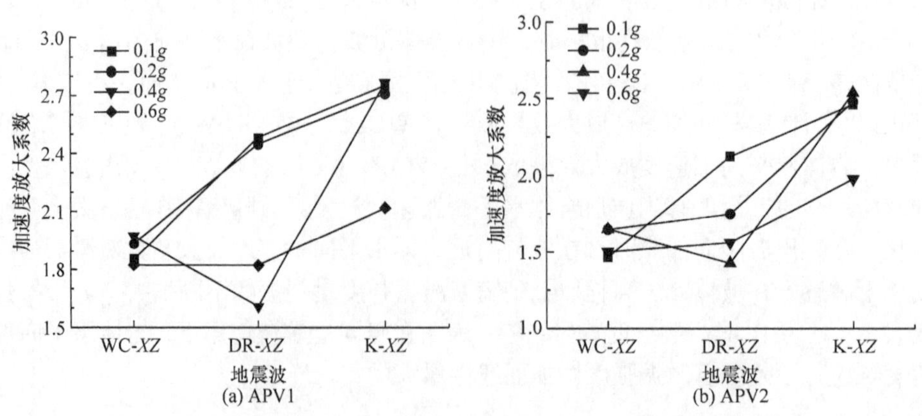

(a) APV1　(b) APV2

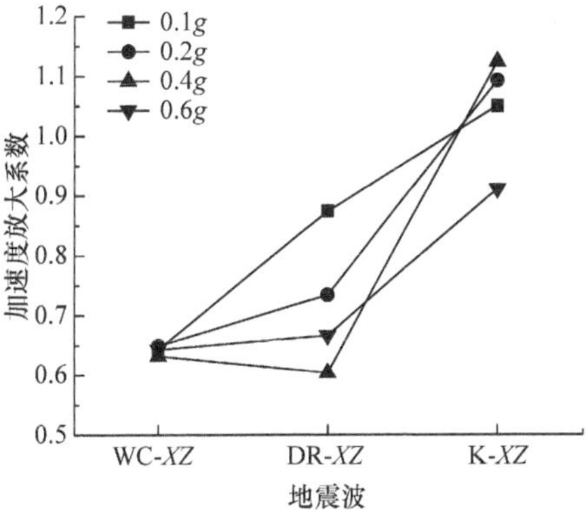

(c) APV3

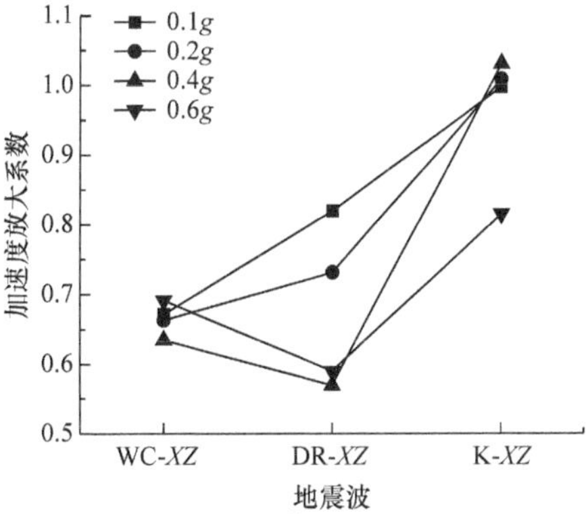

(d) APV4

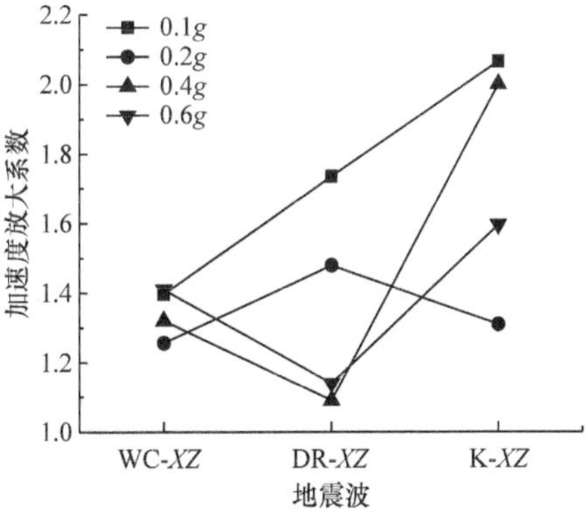

(e) APV5

图 5-7　不同类型地震波作用下的测点竖向加速度放大系数曲线

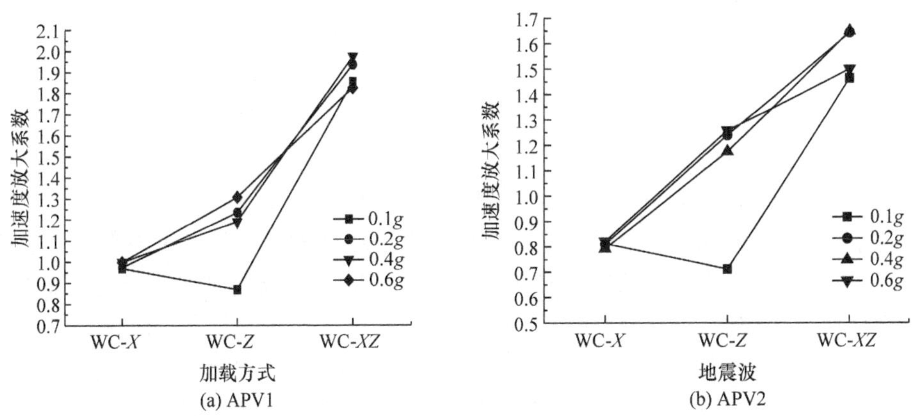

(a) APV1

(b) APV2

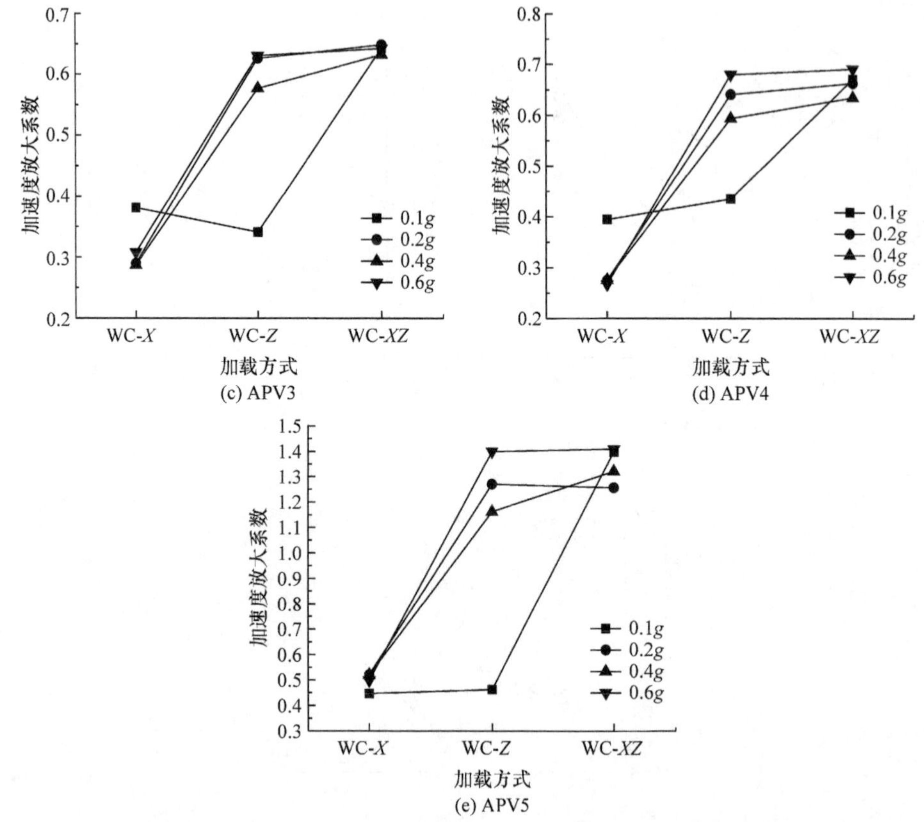

(c) APV3

(d) APV4

(e) APV5

图 5-8　不同加载方式作用下的测点竖向加速度放大系数曲线

(1) 在三种地震波作用下，边坡岩体竖向加速度响应峰值沿坡脚至坡顶均呈现先减小后增大的变化规律，且随着激振强度的增强响应程度不断增大，当 K-*XZ* 激振时，响应程度最高，DR-*XZ* 次之，WC-*XZ* 最弱。整体上三种地震波在坡脚产生的竖向加速度响应程度要比坡体其他部位高，在 3 号测点，即软质岩层与上部弱风化岩层分界面处取最低。

(2) 在三种地震波作用下，边坡岩体竖向加速度放大效果沿坡脚至坡顶也呈现出先减小后增大的趋势。当激振强度小于等于 0.2*g* 时，三种地震波作用下边坡岩体竖向加速度放大效果依次是 K-*XZ* >DR-*XZ* >WC-*XZ*，当激振强度大于 0.2*g* 时，K-*XZ* 作用下边坡岩体竖向加速度放大效果最强，WC-*XZ* 次之，DR-*XZ* 最弱。当 WC-*XZ* 激振时，边坡岩体竖向加速度放大系数随激振强度的增加无明显变化；当 DR-*XZ* 激振时，边坡岩体竖向加速度放大系数随激振强度的增加表现出先减小后增大的趋势且减幅大于增幅，在激振强度等于 0.4*g* 时取最小；当 K-*XZ* 激振时，随着激振强度的增加边坡岩体竖向加速度放大系数呈现出先增大后减小的趋势且增幅大于减幅，在激振强度等于 0.4g 时取最大。

(3) 在汶川波作用下，边坡岩体坡脚到坡顶的竖向加速度放大效果依次是 WC-XZ>WC-Z>WC-X。在坡体 2/3 高程以上岩体，WC-XZ 和 WC-Z 引起的岩体竖向加速度放大效果差别不大。当 WC-X 激振时，整体上岩体竖向加速度放大系数随激振强度的增加无明显变化，但在岩层分界面处，激振强度越小则放大效果越明显。当 WC-Z 激振时，边坡岩体竖向加速度放大系数随激振强度的增加呈波动变化，整体上激振强度越大，放大效果越明显。当 WC-XZ 激振时，边坡岩体竖向加速度放大系数随激振强度的增加无明显规律。

(4) 通过岩层分界面处的测点(3、4 号)在不同类型地震波和加载方式下的竖向加速度放大系数变化曲线可以发现，岩体的连续性对竖向地震波传播特性影响很大，地震波由硬质岩传入软质岩时有明显的削弱现象，而反过来也有放大的影响。

5.3　激振强度对含隧道岩石边坡加速度响应规律的影响

5.3.1　激振强度对边坡水平向加速度响应规律的影响

图 5-9 和图 5-10 分别给出在输入不同强度激振时，三类地震波在各加载工况下边坡水平向加速度响应峰值和加速度放大系数变化曲线。通过观察图 5-9 和图 5-10 中曲线的变化，可以得出如下结论。

(1) 在五大加载工况(WC-X, WC-Z, WC-XZ, DR-XZ, K-XZ)下，同一高程处边坡岩体水平向加速度响应程度随着激振强度的增加不断增加，在坡体中上部岩体表现更加明显，但各种工况增幅明显不同，依次是 K-XZ>DR-XZ>WC-X>WC-XZ>WC-Z(Δ_{PGA} 依次是 0.83g、0.67g、0.66g、0.46g、0.19g，Δ_{PGA} 为加速度响应峰值的差)。

(2) 对于 WC-X 加载工况，当激振强度大于等于 0.2g 时，在同一激振强度下，坡体水平向加速度响应程度沿坡脚至坡顶呈现出先增大后减小的变化规律。其他各加载工况下，当激振强度大于 0.1g 时，边坡岩体水平向加速度响应程度沿坡脚至坡顶呈缓慢增大趋势，且随着激振强度的增加增长速率加快。

(3) 当激振强度小于等于 0.2g 时，在 WC-X 作用下，边坡岩体水平向加速度放大系数随着激振强度的增加急剧增加；当激振强度大于 0.2g 时，岩体水平向加速度放大系数随激振强度的增加无明显变化。在 WC-Z 作用下，坡脚附近的岩体水平向加速度放大效果对激振强度的变化表现得不敏感；在岩层分界面处，岩体水平向加速度放大系数随激振强度的增加呈现出先增大后减小的变化规律，且在激振强度等于 0.2g 时最大。对于双向加载的工况，当 DR-XZ 和 WC-XZ 作用时，沿坡脚至坡顶岩体水平向加速度放大系数基本上不随强度的增加而变化；当 K-XZ 作用时，在坡体 2/3 高程以上，边坡岩体水平向加速度放大系数随激振强度的增加呈先减小后增大的趋势，且在激振强度等于 0.2g 时最小。

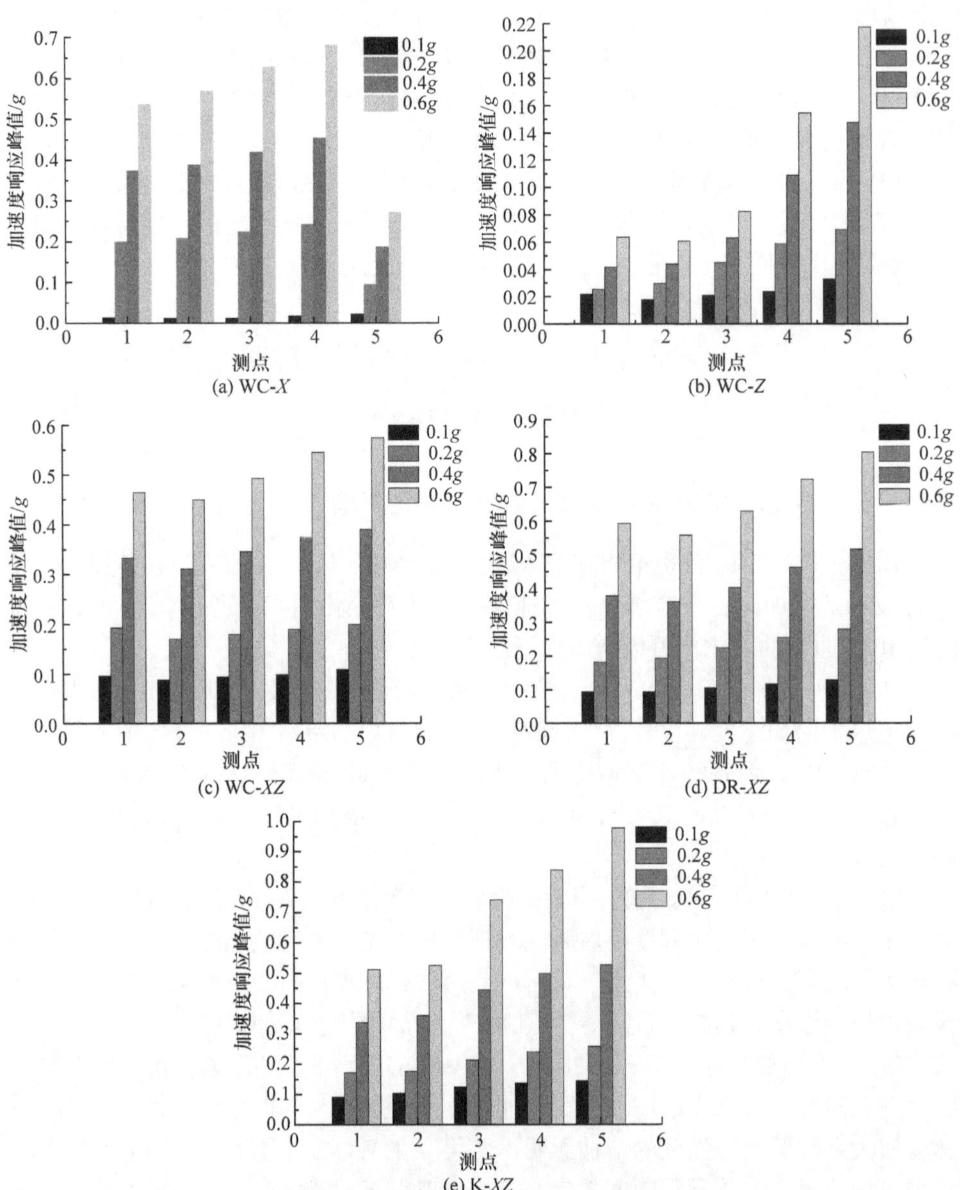

图 5-9　不同强度地震波作用下的测点水平向加速度响应峰值

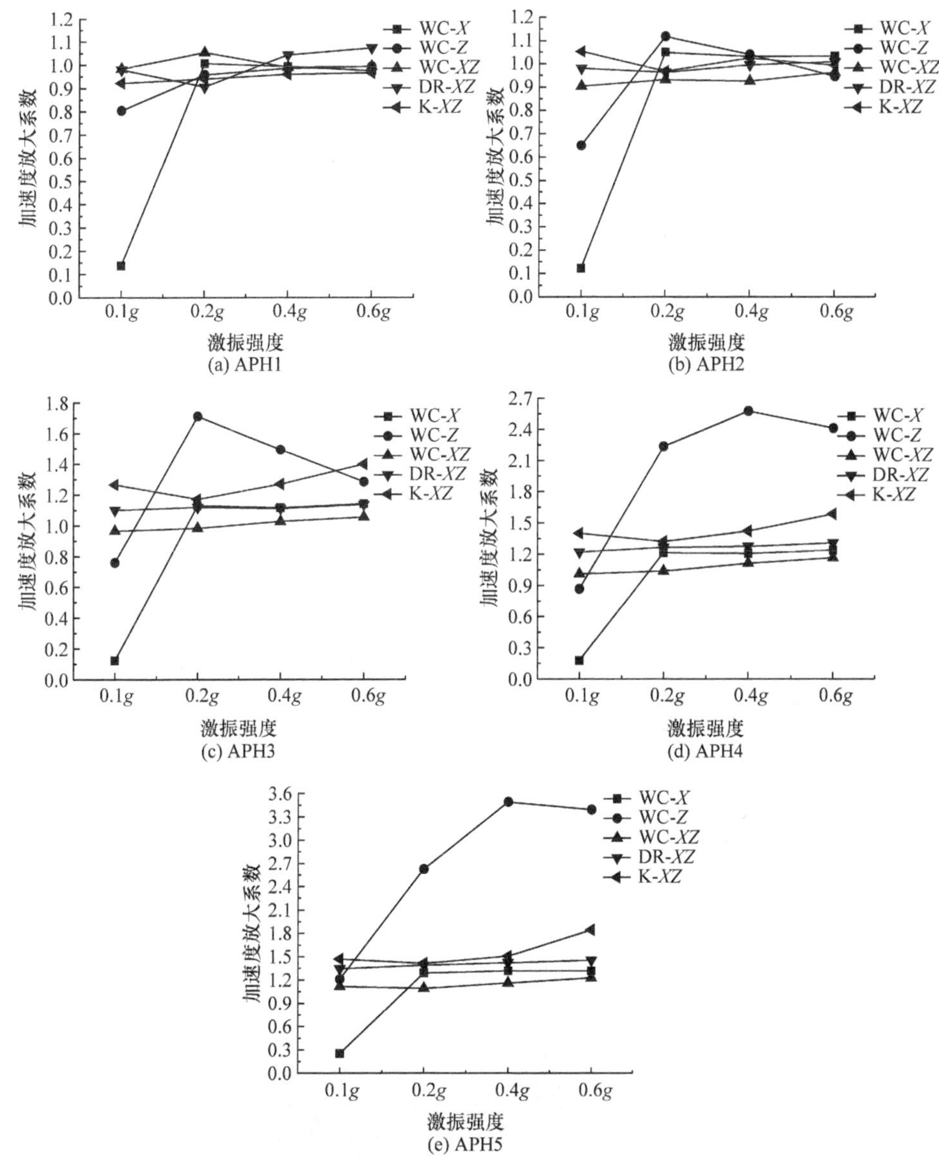

(a) APH1

(b) APH2

(c) APH3

(d) APH4

(e) APH5

图 5-10　不同强度地震波作用下的测点水平向加速度放大系数曲线

5.3.2　激振强度对边坡竖向加速度响应规律的影响

图 5-11 和图 5-12 分别给出在输入不同强度地震波作用时，三类地震波在各加载工况下的坡体竖向加速度响应峰值和加速度放大系数变化曲线。通过观察图 5-11 和图 5-12 中曲线的变化，可以得出如下结论。

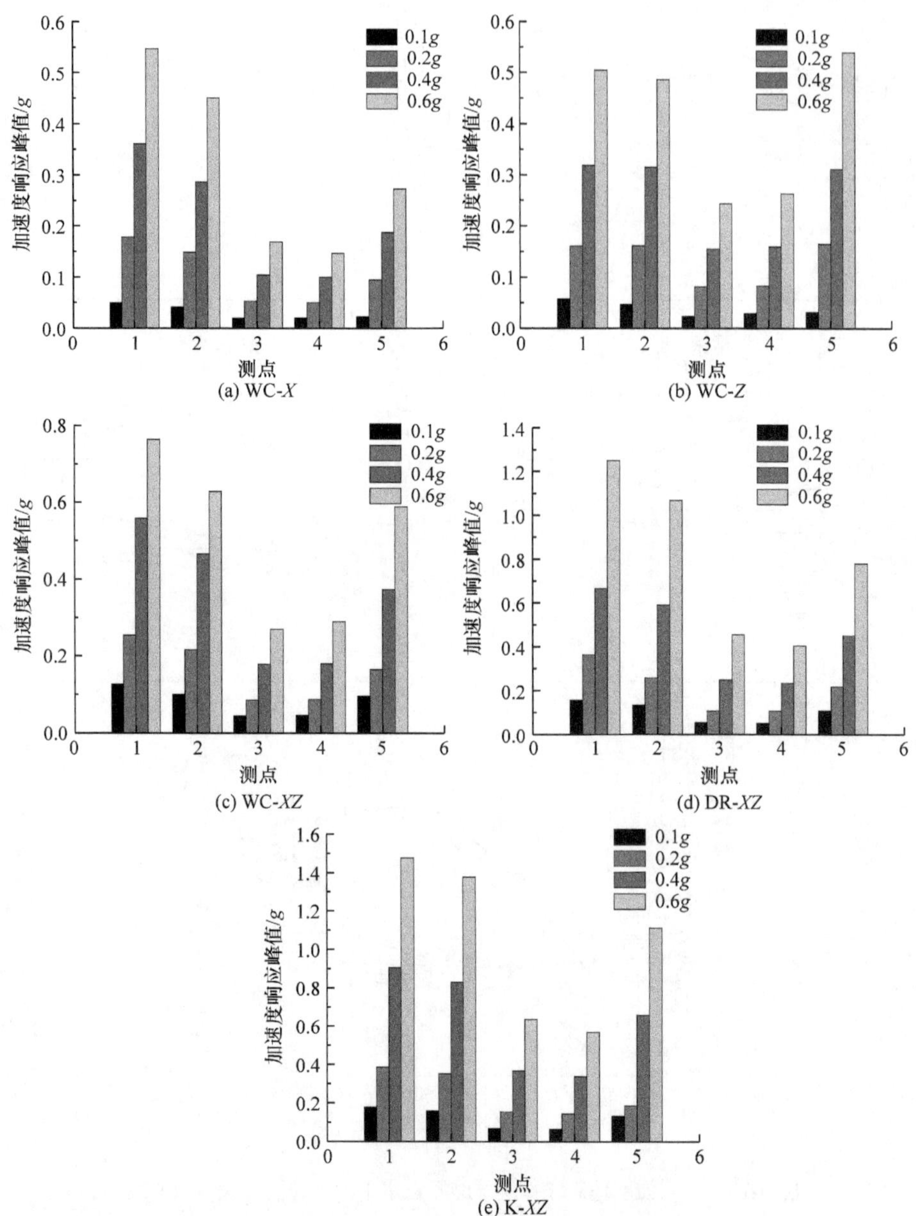

图 5-11　不同强度地震波作用下的测点竖向加速度响应峰值

(1) 在各种加载工况下，沿坡脚至坡顶边坡岩体竖向加速度响应程度随着激振强度的增加呈现出先减小后增大的变化规律，在 3 号测点，即软质岩层与上层弱风化岩层的分界面处响应程度最弱，同一高程处，岩体竖向加速度响应程度随着激振强度的增加不断增大。

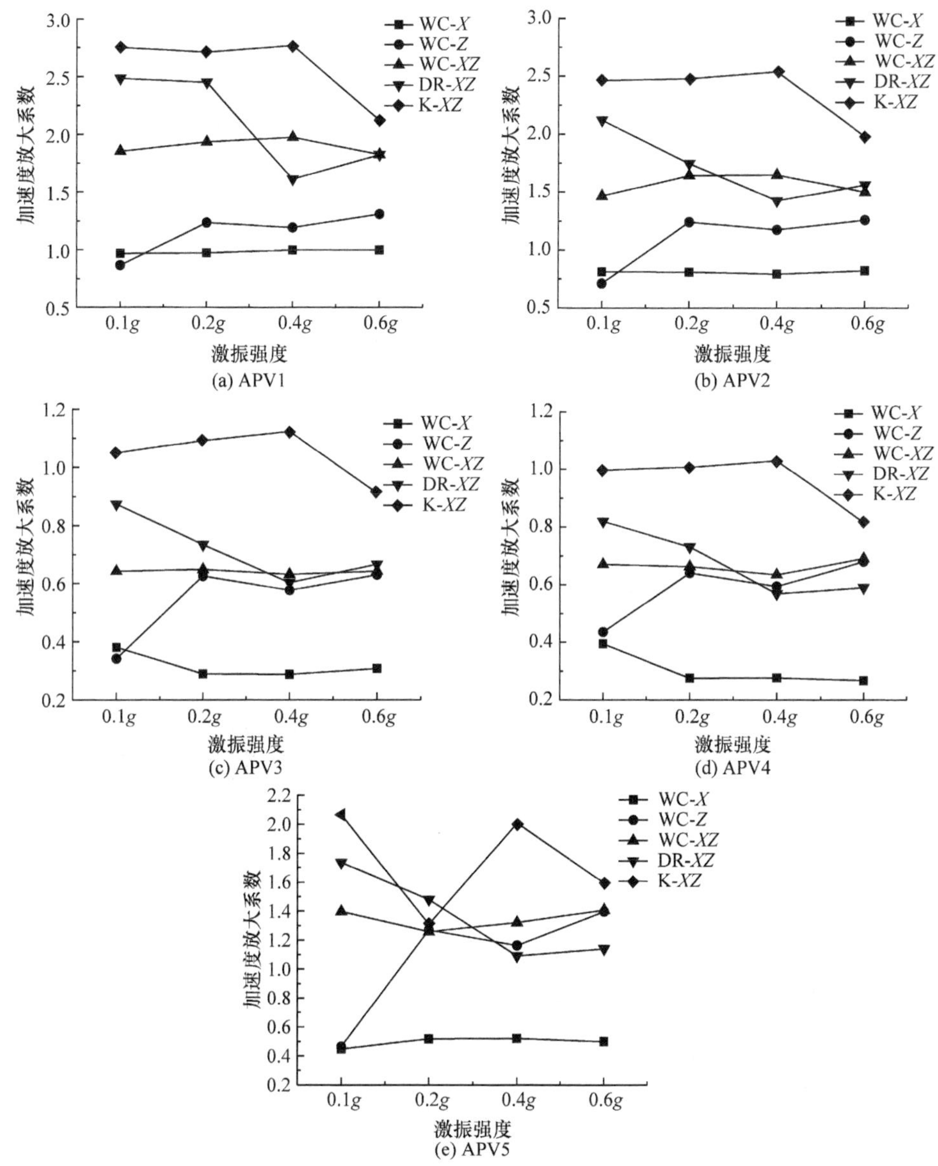

图 5-12　不同强度地震波作用下的测点竖向加速度放大系数曲线

(2) 整体上，双向激振下边坡岩体沿坡脚至坡顶引起的竖向加速度放大效果要比单向激振下产生的放大效果更加明显。当双向激振时，边坡岩体竖向加速度放大效果依次是 K-*XZ* >DR-*XZ* >WC-*XZ*。

(3) 在 WC-*X* 激振下，坡体 2/3 高程以下，岩体竖向加速度放大系数随着激振强度的增加无明显变化，在岩层分界面处，当激振强度小于等于 0.2g 时，随着激振强度的增加，岩体竖向加速度放大系数急剧减小，当激振强度大于 0.2g 时，随着激振强度的增加，岩体竖向加速度放大系数呈缓慢增大趋势；在 WC-Z 激振下，当激振强度小于等于 0.2g 时，沿坡脚至坡顶边坡岩体竖向加速度放大系数随激振强度的增大而线性增大，当激振强度大于 0.2g 时，随着激振强度的增加，岩体竖向加速度放大系数呈波动变化，整体上在增大。

(4) 对于双向加载的工况，在 WC-XZ 激振下，边坡岩体竖向加速度放大效果随激振强度的增加基本不发生变化；在 DR-XZ 激振下，沿坡脚至坡顶岩体竖向加速度放大系数随激振强度的增加呈先减小后增大的趋势；在 K-XZ 激振下，靠近坡顶部分岩体的竖向加速度放大系数随激振强度的增加呈波动变化，其他高程岩体的竖向加速度放大系数则随激振强度的增加呈现出先增大后减小的变化规律。

5.4　含隧道岩石边坡动位移响应特性

地震荷载作用下边坡土体的位移变化规律是直观表征边坡动力响应特性的重要物理量。图 5-13 给出坡面 2 号测点在激振强度等于 0.2g 时，单向激振(WC-X、

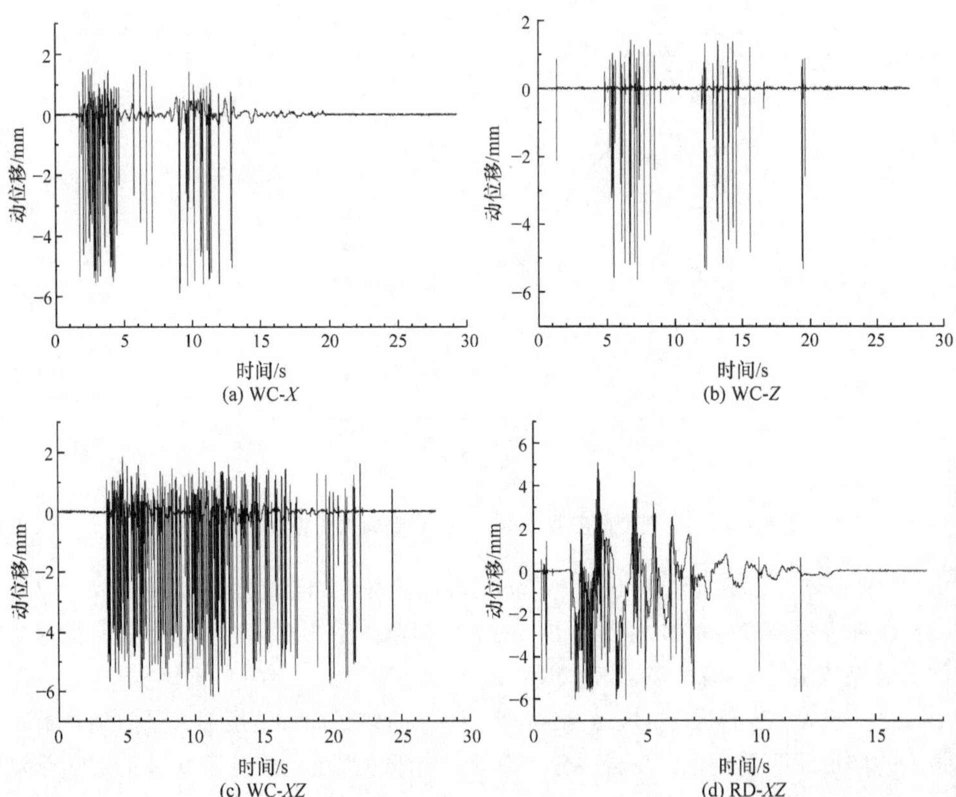

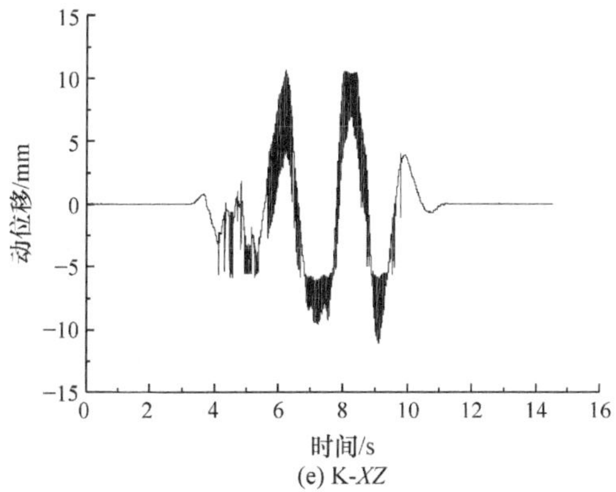

(e) K-XZ

图 5-13　测点 DHP2 的动位移响应时程曲线

WC-Z)及双向激振(WC-XZ、DR-XZ、K-XZ)作用下的水平向动位移响应时程曲线。在各加载工况下，坡面岩体的动位移响应峰值变化规律如图 5-14 所示。

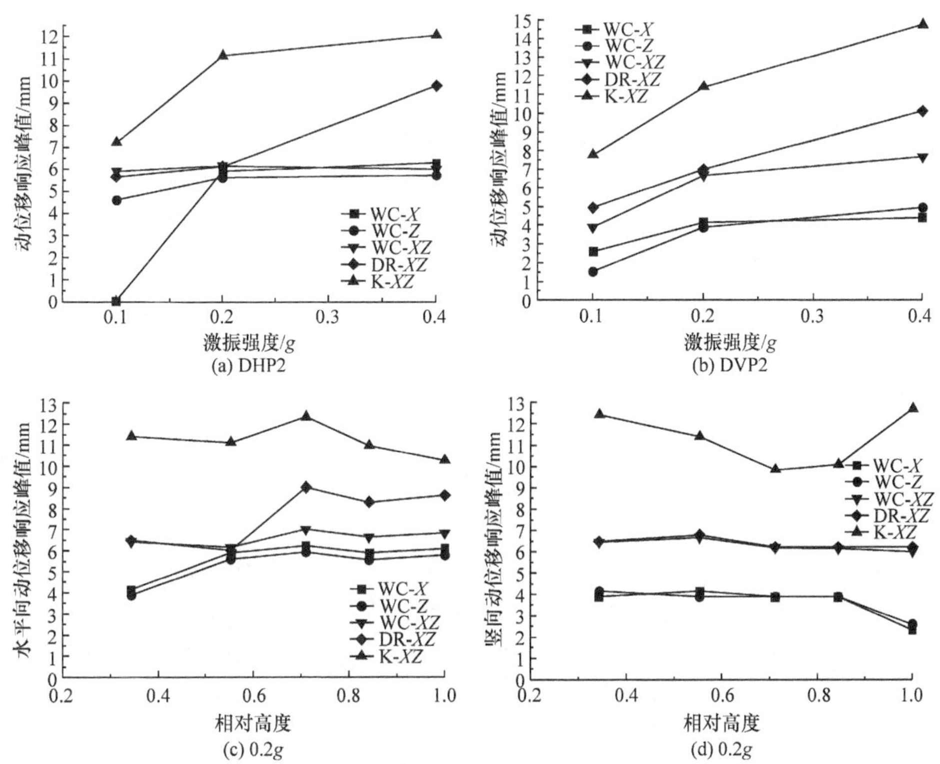

(a) DHP2　(b) DVP2　(c) 0.2g　(d) 0.2g

图 5-14　坡面测点动位移响应特性曲线

实验过程中，在准备加载 0.4g、0.6g 地震波时发现固定动位移计的支架出现故障，考虑到工作人员安全故放弃了 0.4g、0.6g 工况下的动位移测量通过观察图 5-13 和图 5-14 中曲线的变化，分析可得出以下结论。

(1) 在相同激振强度的汶川波激励下，WC-*X*、WC-*Z* 作用时的边坡动位移响应主要集中在输入激励波加速度达到峰值时刻，而 WC-*XZ* 作用时的边坡动位移响应贯穿整个激励过程，响应比较充分。

(2) 当单向地震波作用时，边坡水平向动位移沿坡脚向坡顶呈逐渐放大趋势，WC-*X* 作用下的动位移响应幅度要大于 WC-*Z* 引起的动位移响应幅度。边坡竖向动位移在 WC-*X* 和 WC-*Z* 作用下变化不大且幅度要小于同高度下水平向的值。随着激振强度的增大，边坡水平向和竖向动位移响应程度逐渐增强，水平向动位移更加明显。这表明，在单向地震波作用下，边坡岩体主要产生水平向动位移。

(3) 地震波在 *XZ* 双向激振时，随着激振强度的增加，边坡动位移响应幅度呈非线性放大趋势。对于坡脚附近的岩体，竖向动位移的这种放大趋势更强于水平向动位移。整体上，边坡岩体的动位移响应幅度依次是 K-*XZ* >DR-*XZ* > WC-*XZ*。

(4) 同一强度地震波激励下，在 K-*XZ* 作用时，沿坡脚到坡顶边坡的竖向动位移响应幅度有先减小后增大的变化趋势，软质岩层和上部弱风化岩层分界面处是转折点，而 WC-*XZ* 和 DR-*XZ* 作用时这种趋势相对较弱；在三种双向激振波作用下，沿坡脚到坡顶边坡的水平向动位移响应幅度都表现出先增大后减小的变化规律，转折点也出现在软质岩层和上部弱风化岩层分界面处。这是因为软质岩层的刚度小、强度低，在较低的应力水平下就进入非线性阶段，而上覆弱分化岩层的约束较弱，在地震波作用下软质岩层上下部表现出明显的非一致响应。这也说明，在双向激振地震波作用时，边坡软质岩层和上部弱风化岩层分界面处的岩体很容易产生剪切破坏，实际工程中应采取预加固处理措施，如喷锚支护、锚杆格构支护等。

5.5 本 章 小 结

本章基于相似比为 1∶10 的下伏隧道层状岩质边坡模型的振动台模型试验，重点分析了边坡岩体在不同地震波形、不同激振强度下的水平向、竖向加速度响应和动位移响应特性等；探明了地震波类型、地震动强度、测点位置等因素对水平向和竖向加速度响应规律及边坡岩体动位移响应规律的影响。本章主要结论如下。

(1) 下伏隧道水平层状岩石边坡在地震荷载作用下，边坡岩体加速度响应峰值随着输入地震波类型、激振强度、加载方式和岩层位置等因素的变化表现出明显的非线性放大趋势。

(2) 在单向地震波激励时，边坡岩体主要产生与地震波激振同向的震动响应；在地震波 *XZ* 双向激振时，边坡岩体振动响应程度依次是 K-*XZ* >DR-*XZ* >WC-*XZ*。边坡岩体竖向加速度放大系数沿坡脚到坡顶呈“U”形变化，在软质岩层与上部弱风化岩层分界面处取最小值，软质岩层对边坡岩体在竖向加速度的响应有显著影响。

(3) 整体上，边坡岩体的动位移响应幅度依次是 K-*XZ* >DR-*XZ* >WC-*XZ*，双向激振大于单向激振。当双向激振地震波作用时，边坡软质岩层与上部弱风化岩层分界面处的岩体很容易产生剪出破坏，实际工程中应采取预加固处理措施。

参 考 文 献

[1] Jibson R W. Methods for assessing the stability of slopes during earthquakes—A retrospective[J]. Engineering Geology, 2011, 122(1):43-50.

[2] Biondi G, Cascone E, Maugeri M, et al. Seismic response of saturated cohesionless slopes[J]. Soil Dynamics and Earthquake Engineering, 2000, 20(1):209-215.

[3] Park D S, Kim N R. Safety evaluation of cored rockfill dams under high seismicity using dynamic centrifuge modeling[J]. Soil Dynamics and Earthquake Engineering, 2017, 97:345-363.

第 6 章　基于振动台模型试验的含小净距隧道岩石边坡地震响应特性

6.1　水平向加速度响应基本规律

加速度测试结果表明，实测的振动台台面水平向和竖向加速度响应峰值与激振加速度峰值基本吻合，说明试验方案是可靠的。本章采用加速度响应峰值和加速度放大系数两个指标，对含小净距隧道边坡进行加速度响应分析，加速度放大系数的定义与第 5 章相同。在单向激振时，仅考虑在该方向上明显的动力响应，不考虑另一方向上不同程度的动力响应[1,2]。

本节以 WC-X 单向激振和 WC-XZ 双向激振下边坡模型的水平向加速度响应情况为例进行分析。在各加载工况下，汶川波激振下坡面各测点的加速度峰值如表 6-1 所示。图 6-1～图 6-3 给出激振强度为 0.4g 时，测点 JX1、JX2 和 JX5 分别在 X 向、Z 向和 XZ 向激振下的加速度响应时程曲线。

表 6-1　汶川波激振下坡面各测点的加速度响应峰值

工况		测点加速度响应峰值/g											
		TX	TZ	JX1	JZ1	JX2	JZ2	JX3	JZ3	JX4	JZ4	JX5	JZ5
0.1g	WC-X	0.0971	—	0.1022	0.1068	0.0969	0.0931	0.1190	0.0332	0.1209	0.0328	0.1320	0.0496
	WC-Z	—	0.0760	0.0206	0.0950	0.0275	0.0893	0.0225	0.0446	0.0290	0.0443	0.0336	0.0855
	WC-XZ	0.0972	0.0675	0.1007	0.1965	0.0877	0.1812	0.1358	0.0721	0.1255	0.0710	0.1453	0.1282
0.2g	WC-X	0.1909	—	0.2003	0.2117	0.1991	0.1915	0.2339	0.0679	0.2323	0.0649	0.2648	0.1160
	WC-Z	—	0.1323	0.0370	0.1618	0.0557	0.1507	0.0347	0.0786	0.0546	0.0824	0.0523	0.1648
	WC-XZ	0.1915	0.1440	0.1904	0.3971	0.1648	0.3670	0.2766	0.1480	0.2606	0.1465	0.3060	0.2693
0.4g	WC-X	0.3523	—	0.3731	0.4120	0.3609	0.3739	0.4311	0.1492	0.4391	0.1366	0.4887	0.2495
	WC-Z	—	0.2700	0.0725	0.3487	0.1099	0.3296	0.0713	0.1644	0.1080	0.1595	0.1049	0.3182
	WC-XZ	0.3541	0.3467	0.3586	0.6909	0.3117	0.6413	0.5055	0.2754	0.4887	0.2777	0.5715	0.5616
0.6g	WC-X	0.4910	—	0.5417	0.6470	0.5287	0.5486	0.6127	0.2278	0.6226	0.2113	0.6627	0.3899
	WC-Z	—	0.3962	0.1125	0.5307	0.1804	0.5074	0.1061	0.2491	0.1930	0.2495	0.1938	0.5020
	WC-XZ	0.5444	0.6547	0.5043	1.0915	0.4330	0.9877	0.7184	0.4109	0.7122	0.4364	0.8400	0.9331

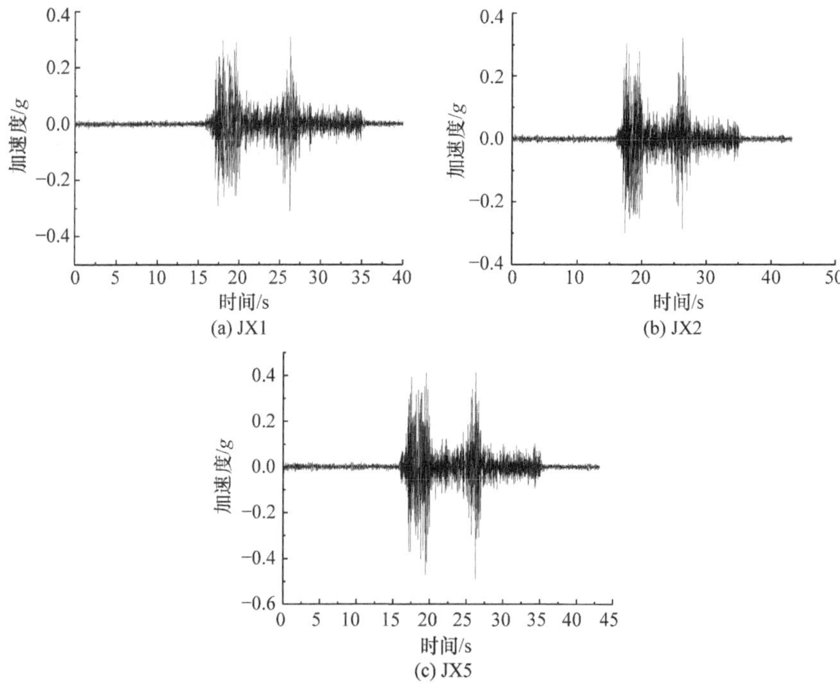

图 6-1　汶川波 X 向激振时的加速度响应时程曲线

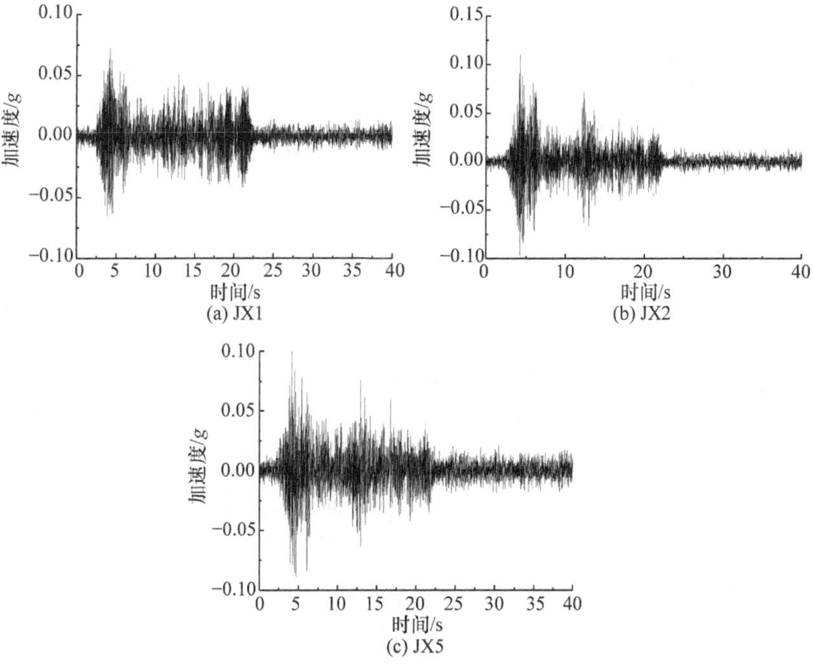

图 6-2　汶川波 Z 向激振时的加速度响应时程曲线

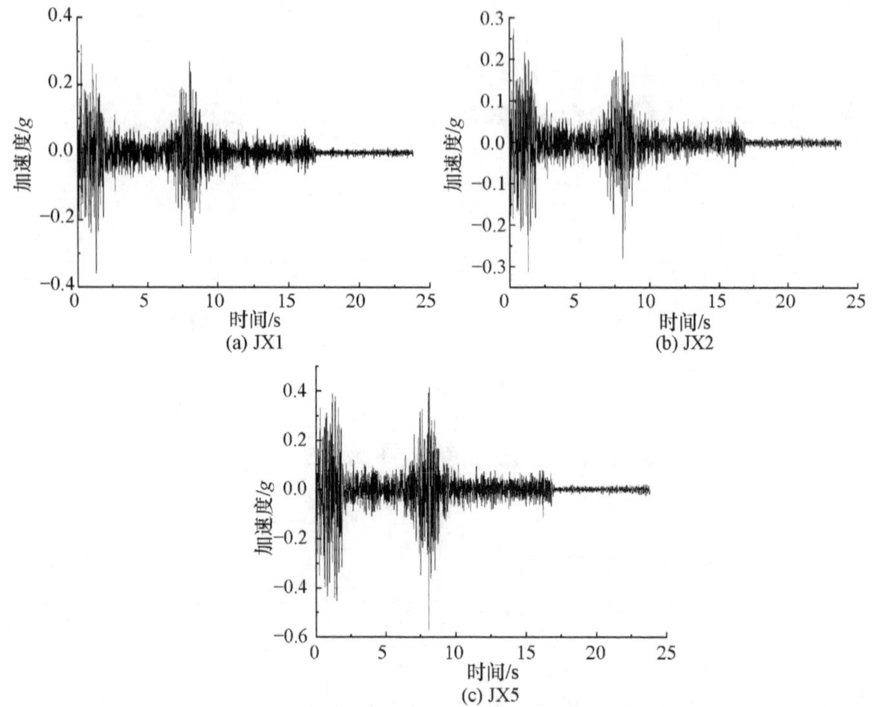

图 6-3　汶川波 *XZ* 向激振时的加速度响应时程曲线

从表 6-1 和图 6-1～图 6-3 可知，在 WC-*X* 单向激振下，各测点的水平向加速度峰值与激振峰值较为接近，而竖向加速度响应峰值仅在坡面中下段的测点 JZ1 和 JZ2 与激振峰值较为接近，其他测点均很小。在 WC-*Z* 单向激振下，各测点的水平加速度峰值均很小，而竖向加速度峰值与激振峰值较为接近。这说明在水平单向激振下，含小净距隧道边坡主要产生与激振方向同向的动力响应，但在坡脚会产生较大的竖向动力响应；在竖向单向激振下，主要产生与激振方向同向的动力响应，相较于竖向动力响应，水平向动力响应很小。这是因为水平向地震波为剪切波(S 波)，竖向地震波为压缩波(P 波)，坡脚测点距台面较近，可以记录到水平向地震波的 SV 波，即竖向平面上的振动。

图 6-4 给出坡面各测点水平向加速度放大系数随坡高的变化规律，坡面水平向加速度放大系数在 WC-*X* 和 WC-*XZ* 激振下随坡高的增加均呈现出非线性变化的特征。在 WC-*X* 单向激振和 WC-*XZ* 双向激振下，从坡脚到 3/5 (岩层分界面)坡高处，加速度放大系数逐渐减小到 1 以下，这是因为小净距隧道和输入地震波的耦合作用，边坡对水平向地震波产生抑制作用。在此高度以上，加速度放大系数在软质岩处急剧增大，当达到硬质岩后，增大趋势变缓甚至减小，在接近坡顶处又急剧增大。这说明围岩级别对放大效应也有影响，围岩完整性越差，水平向加

速度放大效应越明显。由弹性波散射理论可知，垂直从坡底入射的地震波传播到坡面时将产生波场分裂现象，分解为同类型的反射波和新类型的转换波，各种类型的波在临空面相互叠加形成复杂的地震波场，且在接近坡顶时，水平向加速度在地震波传播方向上受到的约束减少，使加速度响应在坡顶附近显著增大。

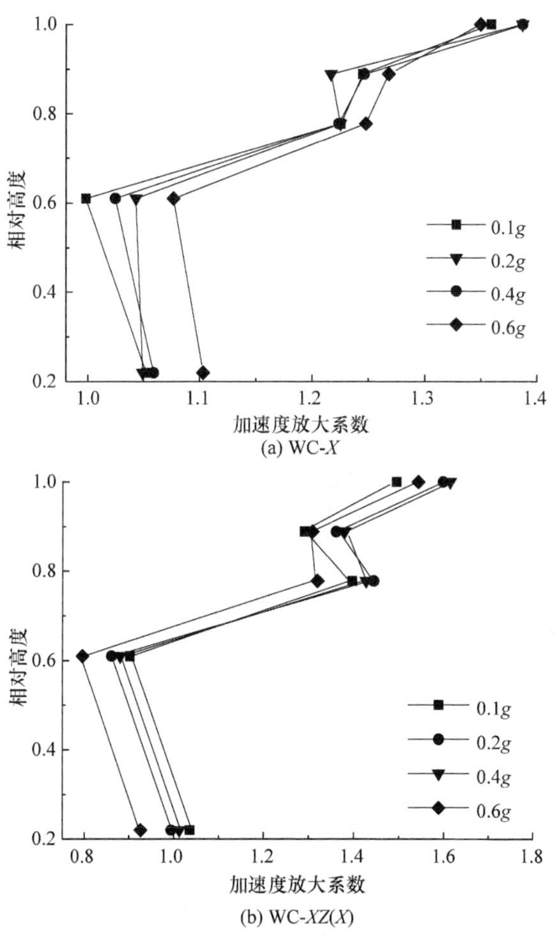

图 6-4 坡面各测点处水平向加速度放大系数随坡高的变化规律

图 6-5 为激振强度为 0.4g 时测点 JX0、JX3 和 JX5 在 X 单向激振下的实测加速度傅里叶谱，台面输入加速度卓越频率集中于 3～10Hz，坡面中部测点 JX3 处的卓越频率集中在 7～14Hz 和 23～30Hz 两个频段，坡顶测点 JX5 处的卓越频率集中在 8～15Hz 和 24～32Hz 两个频段。测点 JX3 和 JX5 的卓越频率幅值变小，这说明台面输入的地震波经边坡岩体和隧道耦合作用后，其频谱成分发生了明显的改变，因岩体自身材料阻尼的作用吸收了一部分地震波能量，隧道内衬砌也可

以吸收和反射一部分波的能量，所以边坡对地震波的高频段存在滤波作用。

(a) JX0

(b) JX3

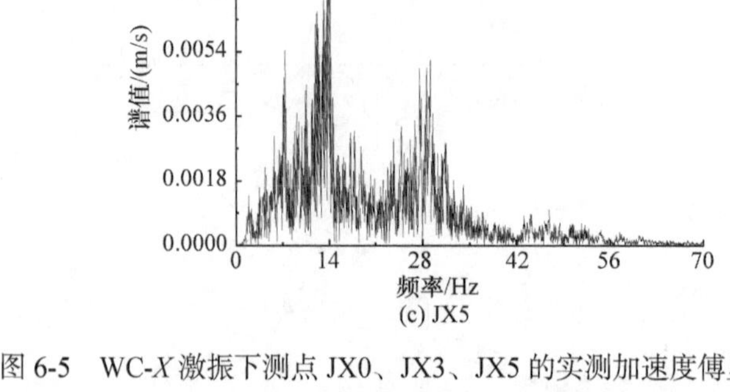

(c) JX5

图 6-5 WC-*X* 激振下测点 JX0、JX3、JX5 的实测加速度傅里叶谱

6.2 竖向加速度响应基本规律

本节以 WC-*Z* 单向激振和 WC-*XZ* 双向激振下的边坡模型竖向加速度响应情况为例进行分析。图 6-6～图 6-8 给出当激振强度为 0.4*g* 时，测点 JZ1、JZ2 和 JZ5 分别在 *X* 向、*Z* 向和 *XZ* 向激振下的加速度响应时程曲线。

对比输入的汶川波加速度时程曲线、不同激振方式下的水平向和竖向加速度时程曲线可知，坡面上各测点的加速度时程曲线与输入汶川波的加速度时程曲线特征相同，说明各测点记录的加速度时程准确，试验是可靠的。由图 6-6～图 6-8 可知，在 WC-*X* 单向激振下，坡面中下部测点 JZ1 和 JZ2 的加速度响应峰值与激振峰值较为接近，测点 JZ5 的加速度响应峰值则较小。在 WC-*Z* 单向和 WC-*XZ* 双向激振下，测点 JZ1、JZ2 和 JZ5 的加速度响应峰值均较大。这也验证了 6.1 节中所提到的，含小净距隧道边坡主要产生与激振方向同向的动力响应。但在与其垂直的方向上，水平向地震波会产生不同程度的响应，竖向地震波产生的响应则较小，这与地震波的类型及地震波的传播方式有关。

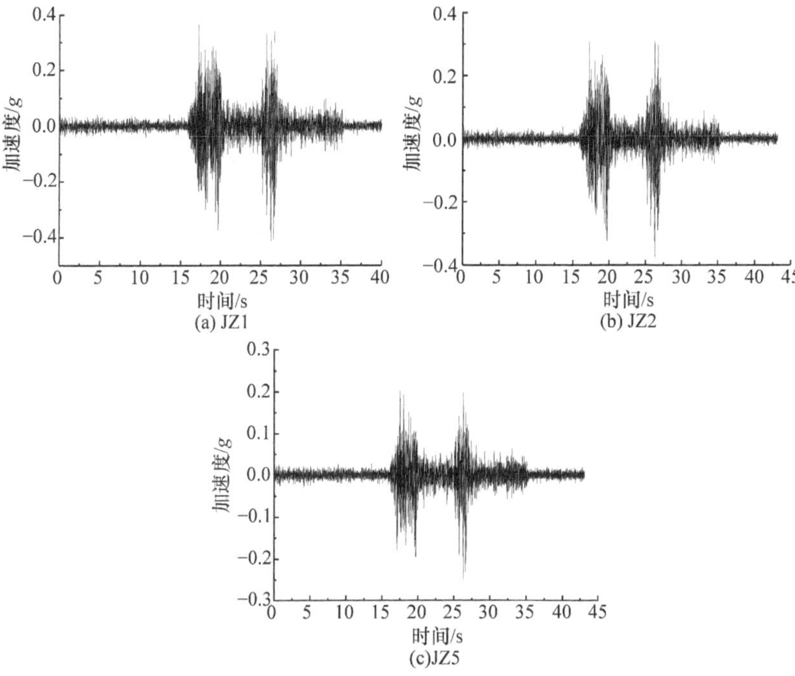

图 6-6 汶川波 X 向激振时的加速度响应时程曲线

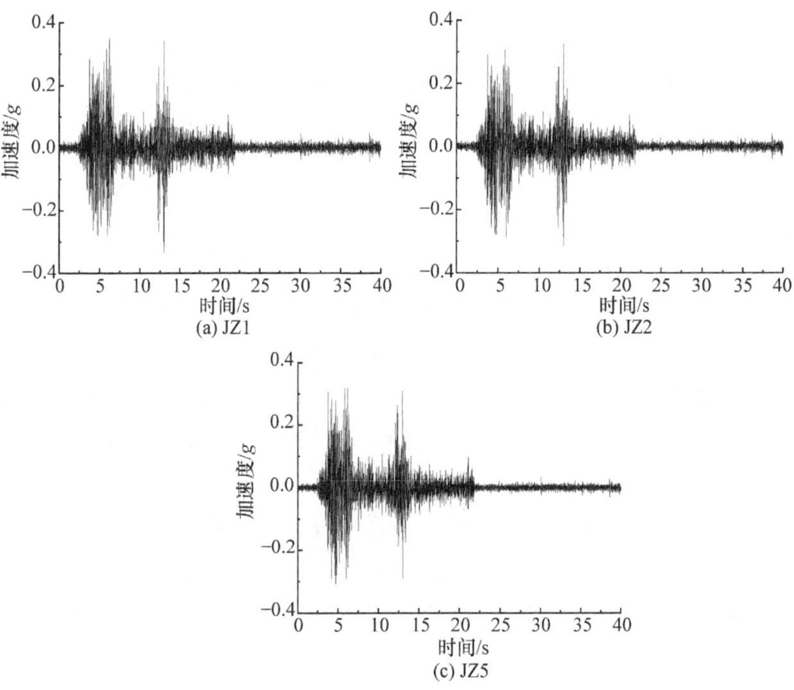

图 6-7 汶川波 Z 向激振时的加速度响应时程曲线

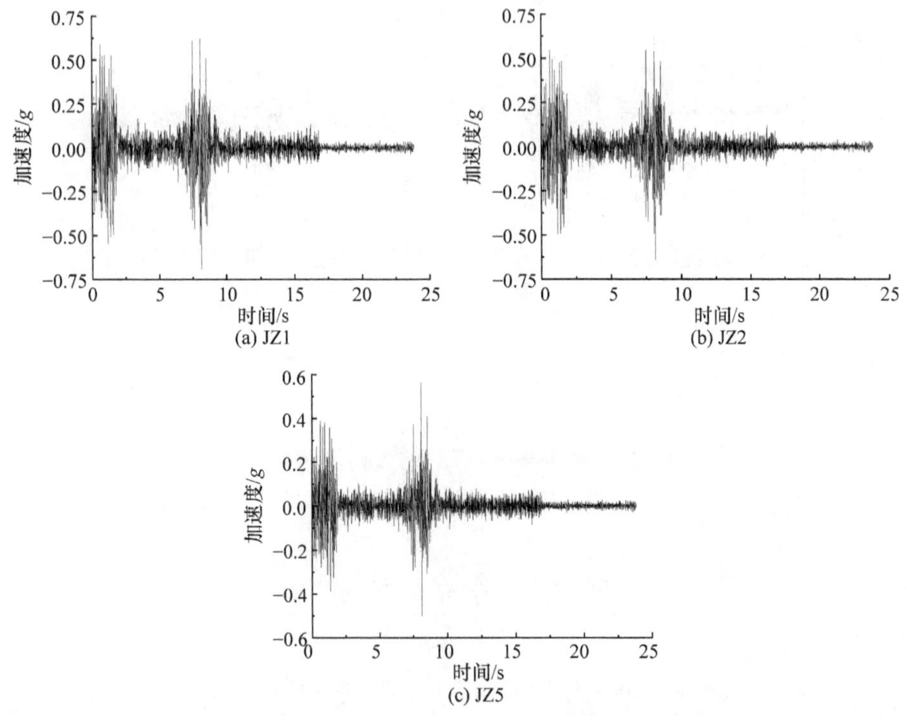

图 6-8　汶川波 *XZ* 向激振时的加速度响应时程曲线

图 6-9 给出了坡面各测点竖向加速度放大系数随坡高的变化规律。在 WC-*Z* 和 WC-*XZ* 激振下，竖向加速度放大系数在坡面上的分布总体上也表现出非线性变化的特征，这是因为加速度的放大效应受到小净距隧道、坡面、高程和岩性组合的影响。

在 WC-*Z* 单向和 WC-*XZ* 双向激振下，从坡脚到 3/5 坡高处，因小净距隧道和输入地震波耦合作用及岩体自重的影响，加速度放大系数呈现非线性减小的特征，且在穿过软质岩层时减小趋势最快；而在到达硬质岩层且快接近坡顶时，加速度放大系数急剧增加。这说明围岩级别对放大效应也有影响，围岩完整性越差，竖向加速度放大效应被抑制得越明显。边坡上部所受到的约束和自重效应较下部少，所以会发生更剧烈的运动。

此外，根据弹性波散射理论，地震波在传播过程中遇到不同介质分界面时，为了保持状态平衡将发生波场分裂现象，在自由表面，岩层分界面和隧道衬砌内壁会发生反射与折射叠加现象，在边坡坡面处形成不同的复合振动波场。

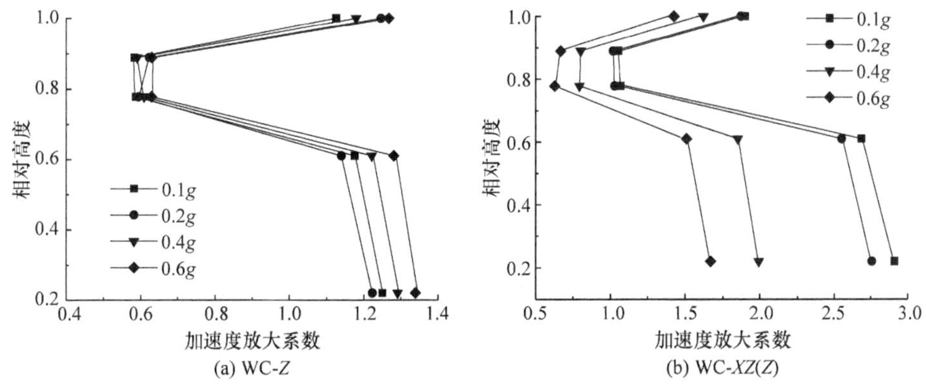

图 6-9　坡面各测点处竖向加速度放大系数随坡高的变化规律

对比图 6-4 和图 6-9 可知，岩体的非线性行为是竖向和水平向地震波作用下岩体结构动力响应差异的主要原因，相较于水平向加速度放大系数的高程效应，竖向加速度放大系数的高程效应表现出了更强的非线性特征，这主要与水平向剪切波和竖向压缩波的传播方式有关。在 WC-*XZ* 双向激振下，竖向加速度放大系数的最大值接近 3.0，因此在进行含小净距隧道边坡的抗震计算时，考虑竖向地震作用沿坡高的放大系数是有必要的。

图 6-10 给出当激振强度为 0.4*g* 时，WC-*Z* 激振下测点 JZ0、JZ3 和 JZ5 处的实测加速度傅里叶谱。台面输入的 *Z* 向地震波经边坡岩体传播后，其频谱成分和卓越频率幅值发生明显的改变，台面输入加速度卓越频率为 3～10Hz，测点 JZ3 处的卓越频率为 6～30Hz，测点 JZ5 处的卓越频率为 7～32Hz，且边坡中部测点 JZ3 和坡顶测点 JZ5 的谱值明显减小。这说明，边坡对竖向地震波的高频段也存在滤波作用。

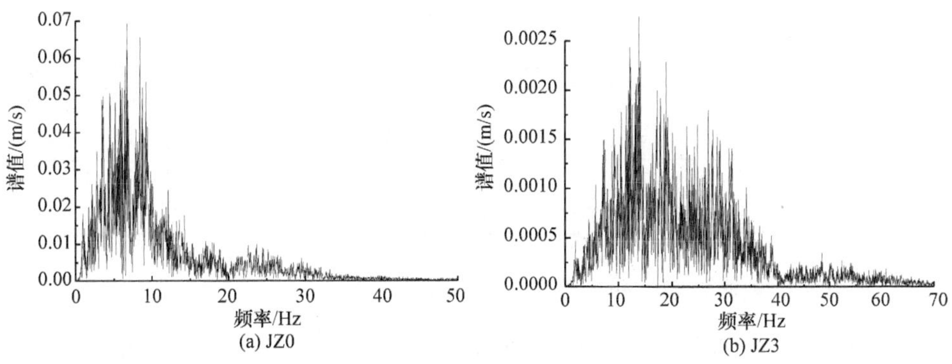

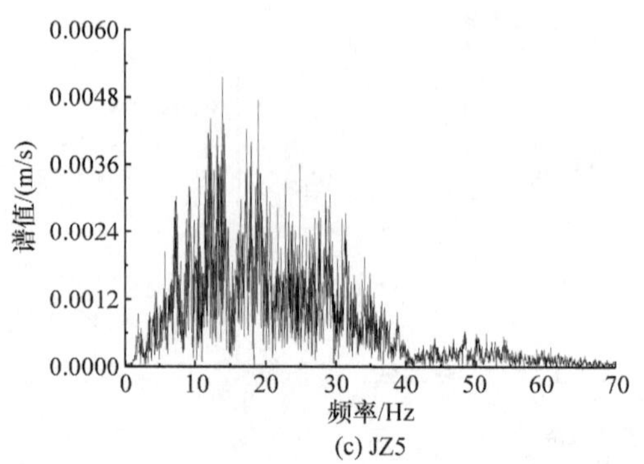

(c) JZ5

图 6-10　WC-*Z* 激振下测点 JZ0、JZ3、JZ5 处的实测加速度傅里叶谱

6.3　地震波类型对含小净距隧道岩石边坡加速度响应规律的影响

本节以汶川波、大瑞波和 Kobe 波三种地震波作为台面输入地震波，汶川波采用三种激振方式：水平向(*X*)单向、竖向(*Z*)单向、水平向和竖向(*XZ*)双向；大瑞波和 Kobe 波采用水平向和竖向(*XZ*)双向这一种激振方式，探明地震波类型对加速度响应规律的影响。表 6-2 给出 DR-*XZ* 波和 K-*XZ* 波激振下坡面各测点的加速度响应峰值。

表 6-2　DR-*XZ* 波和 K-*XZ* 波激振下坡面各测点的加速度响应峰值

工况		测点加速度响应峰值/*g*											
		TX	TZ	JX1	JZ1	JX2	JZ2	JX3	JZ3	JX4	JZ4	JX5	JZ5
0.1*g*	DR-*XZ*	0.1037	0.0688	0.0912	0.1572	0.0790	0.1480	0.1175	0.0572	0.1064	0.0610	0.1274	0.1091
	K-*XZ*	0.0928	0.0754	0.0835	0.1793	0.0847	0.1656	0.1381	0.0637	0.1301	0.0664	0.1492	0.1221
0.2*g*	DR-*XZ*	0.1935	0.1433	0.1946	0.3163	0.1576	0.3021	0.2251	0.1175	0.2106	0.1259	0.2461	0.2281
	K-*XZ*	0.1798	0.1536	0.1663	0.4059	0.1534	0.3704	0.2594	0.1534	0.2373	0.1549	0.2770	0.2670
0.4*g*	DR-*XZ*	0.3607	0.3382	0.4128	0.6211	0.3361	0.6127	0.4319	0.2476	0.4166	0.2686	0.4803	0.4853
	K-*XZ*	0.3405	0.3322	0.2934	0.9934	0.2693	0.9205	0.5623	0.3655	0.5394	0.3815	0.6558	0.6417
0.6*g*	DR-*XZ*	0.5793	0.6008	0.5726	1.0949	0.4944	0.9843	0.6451	0.4071	0.6283	0.4273	0.7115	0.7546
	K-*XZ*	0.4922	0.6367	0.4273	1.7484	0.4689	1.5565	0.9293	0.5917	0.9156	0.6020	1.1430	1.0171

6.3.1　地震波类型对边坡水平向加速度响应规律的影响

以 WC-*X* 单向激振和 WC-*XZ*、DR-*XZ*、K-*XZ* 双向激振下的边坡模型水平向加速度响应情况为例进行分析。图 6-11 和图 6-12 给出激振强度为 0.4*g* 时，测点 JX1、JX2 和 JX5 分别在 DR-*XZ*、K-*XZ* 双向激振下的加速度响应时程曲线。

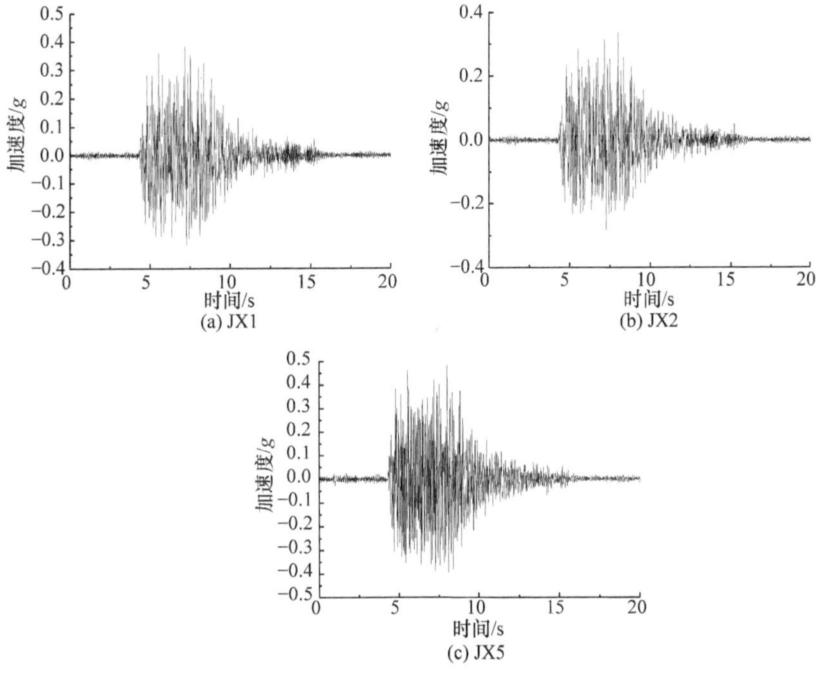

图 6-11　DR-*XZ* 向激振时的加速度响应时程曲线

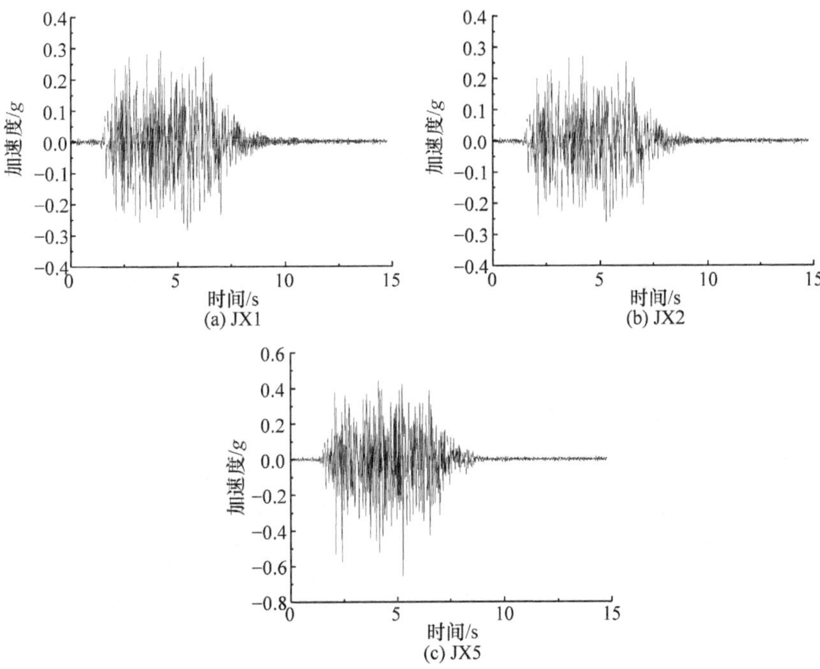

图 6-12　K-*XZ* 向激振时的加速度响应时程曲线

对比图 4-9 与图 6-11、图 4-10 与图 6-12 可知，输入的激振波加速度时程曲线与各测点记录的加速度时程曲线特征相同，且各测点水平向加速度峰值与激振峰值较为接近，表明振动台模型试验是可靠的。

图 6-13 为不同激振峰值下，坡面各测点的水平向加速度放大系数沿坡高的分布情况。

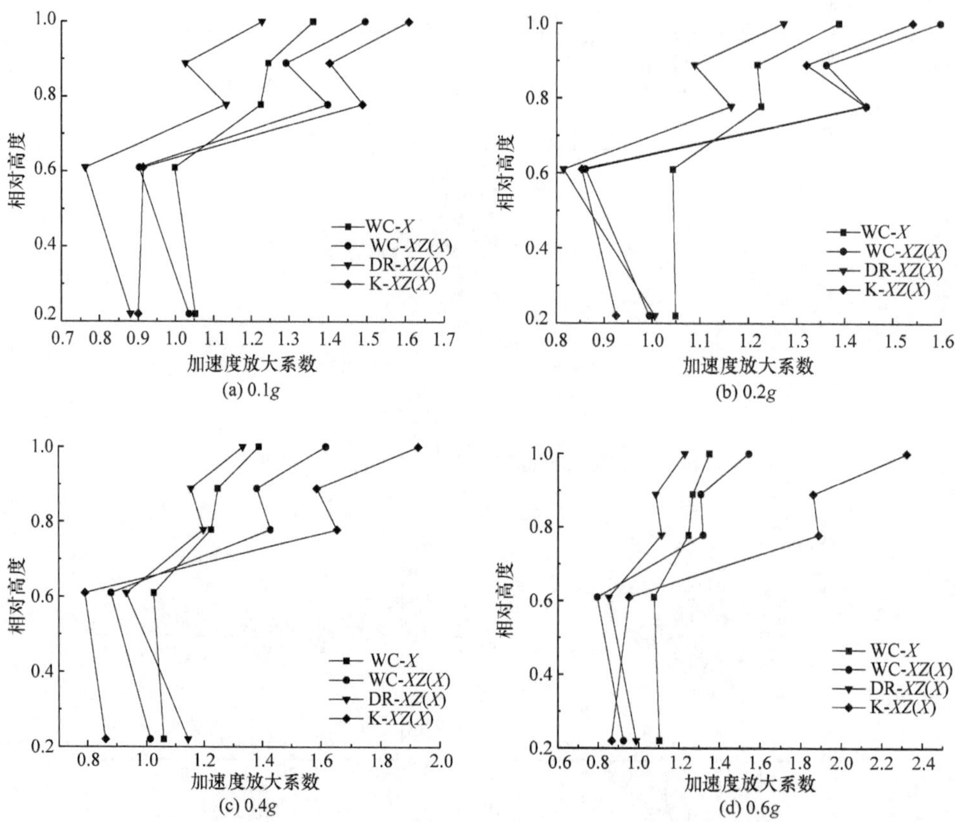

图 6-13　坡面各测点处水平向加速度放大系数随坡高的变化规律

由表 6-2 和图 6-13 可得如下结论。

(1) 在不同地震波激振下，水平向加速度放大系数沿坡高均表现为非线性增大的特征，且变化趋势基本相同。但是在不同岩层处，同一激振强度下水平向加速度放大系数的增大或减小速率都明显不同，这与地震波的频谱特性有关。随着振幅的增加，不同类型地震波作用下边坡水平向加速度放大系数沿坡高的变化规律只在量值上发生变化。

(2) 在汶川波 X 单向激振下坡面各测点加速度放大系数的变化范围为 0.998～

1.387，Z 单向激振下为 0.583～1.339，XZ 双向激振下为 0.795～1.614；大瑞波 XZ 双向激振下为 0.762～1.332；Kobe 波 XZ 双向激振下为 0.791～2.322。

(3) 在汶川波 XZ 双向激振下，坡面各测点加速度放大系数是汶川波 X 单向激振下的 0.74～1.18 倍，较为接近，是 Z 单向激振下的 1.05～2.91 倍。上述结果表明，在汶川波 XZ 双向激振时的边坡水平向加速度响应峰值总体上稍大于 X 单向激振时的，而 Z 单向激振时的竖向加速度响应峰值整体上小于 XZ 双向激振时的。这说明边坡的加速度响应主要受水平向地震波的影响，但竖向地震波的影响也不能忽视。

(4) 在大瑞波 XZ 双向激振下，坡面各测点加速度放大系数是汶川波 XZ 双向激振下的 0.79～1.13 倍，是汶川波 X 单向激振下的 0.76～1.08 倍。这说明大瑞波 XZ 双向激振时的边坡加速度响应峰值总体上小于汶川波 X 单向、XZ 双向激振时的。

(5) 在 Kobe 波双向激振下，坡面各测点加速度放大系数是汶川波 XZ 双向激振下的 0.85～1.51 倍，是汶川波 X 单向激振下的 0.77～1.72 倍，是大瑞波 XZ 双向激振下的 0.75～1.89 倍。这说明 Kobe 波 XZ 双向激振时的边坡加速度响应峰值总体上大于汶川波 X 单向、XZ 双向激振和大瑞波 XZ 双向激振时的。可见，边坡的水平向加速度放大效应与地震波类型、地震波加载方向、测点相对位置有关。

(6) 当激振强度不大于 0.4g(地震烈度不大于Ⅸ度)时，汶川波 X 单向、XZ 双向激振时和 Kobe 波 XZ 双向激振时的水平向加速度放大系数的平均值基本相同，为 1.22 左右，而大瑞波 XZ 双向激振时的水平向加速度放大系数平均值为 1.08。因此，在采用拟静力法确定水平向地震惯性力时，在综合考虑地震波类型和激振方向的基础上，拟静力地震加速度放大系数可取 1.10～1.30。

6.3.2　地震波类型对边坡竖向加速度响应规律的影响

以 WC-Z 单向激振和 WC-XZ、DR-XZ、K-XZ 双向激振下的边坡模型竖向加速度响应情况为例进行分析。图 6-14 和图 6-15 分别给出激振强度为 0.4g 时，测点 JZ1、JZ2 和 JZ5 在 DR-XZ、K-XZ 双向激振下的加速度响应时程曲线。

由图 6-14 和图 6-15 可知，坡面各测点的加速度时程曲线与相应的激振地震波时程曲线特征相同，且测点加速度响应峰值与激振峰值较为接近。在 K-XZ 双向激振下坡面下部的竖向加速度响应峰值较大，最大值达到 0.9934g。

图 6-16 为不同激振强度下，坡面各测点的竖向加速度放大系数沿坡高的分布情况。由表 6-2 和图 6-16 可得如下结论。

(1) 在不同地震波激振下，竖向加速度放大系数沿坡高均表现为非线性增大的特征，且变化趋势基本相同。但是在不同岩层处，同一激振峰值下竖向加速度放大系数的增大或减小速率都明显不同，这与地震波的频谱特性有关。随着振幅的增加，不同类型地震波作用下边坡竖向加速度放大系数沿坡高的变化规律也只在量值上发生变化。

(2) 以激振强度为 0.4g 时的边坡模型竖向加速度响应为例进行分析。汶川波 XZ 双向激振时和大瑞波 XZ 双向激振时的边坡加速度响应峰值总体上较为接近，Kobe 波 XZ 双向激振时的边坡加速度响应峰值最大，汶川波 Z 向单向激振时最小。这说明边坡的竖向加速度放大效应也与地震波类型、地震波加载方向以及测点相对位置有关。

(3) 对比图 6-13 和图 6-16 发现，水平向和竖向加速度放大系数均沿坡高呈现先减小后增大的非线性变化特征。在坡体的中、下部由于小净距隧道的存在，边坡对水平向和竖向地震波有抑制作用，且竖向加速度放大系数的减小程度大于水平向加速度放大系数的减小程度，这与边坡结构和水平向、竖向地震波的耦合作用有关。在坡体上部，边坡对水平向和竖向地震波具有放大作用，且越接近坡顶，放大作用越明显，这是由在接近坡顶时，加速度在地震波传播方向上受到的约束减少所致。

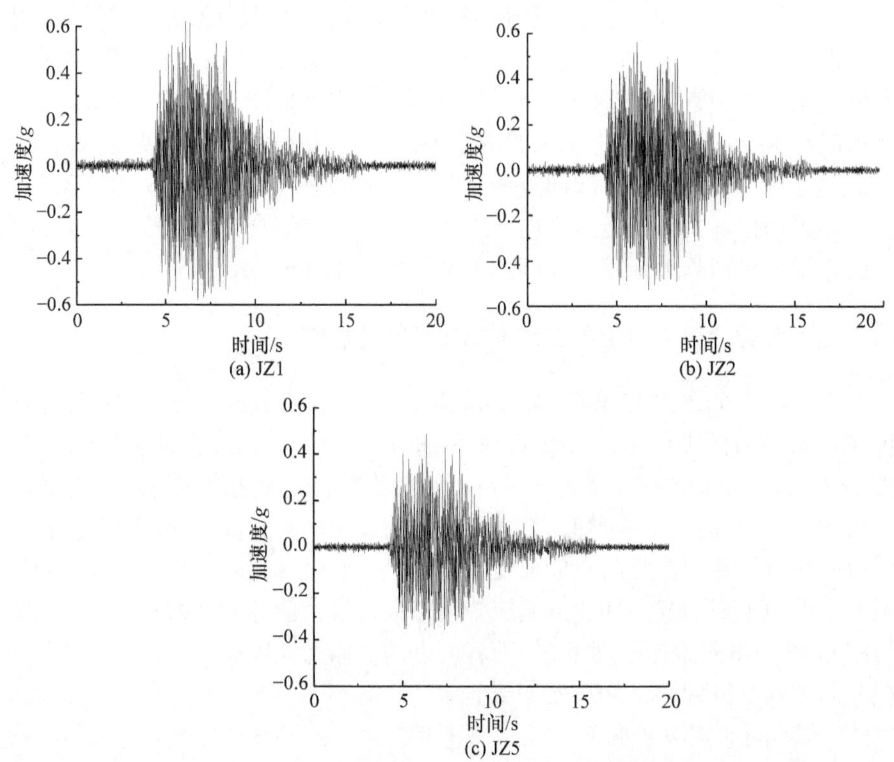

图 6-14 DR-XZ 双向激振时的加速度响应时程曲线

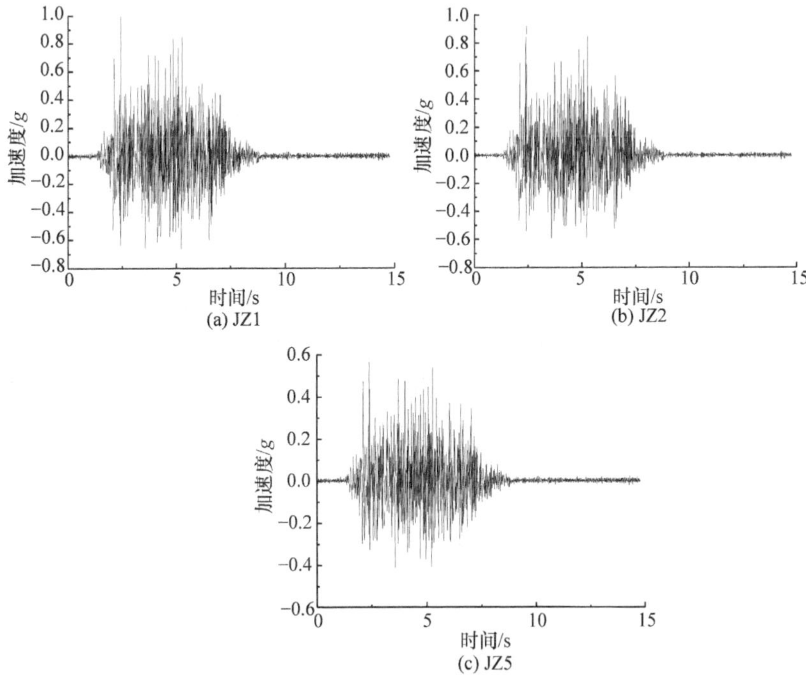

图 6-15　K-*XZ* 双向激振时的加速度响应时程曲线

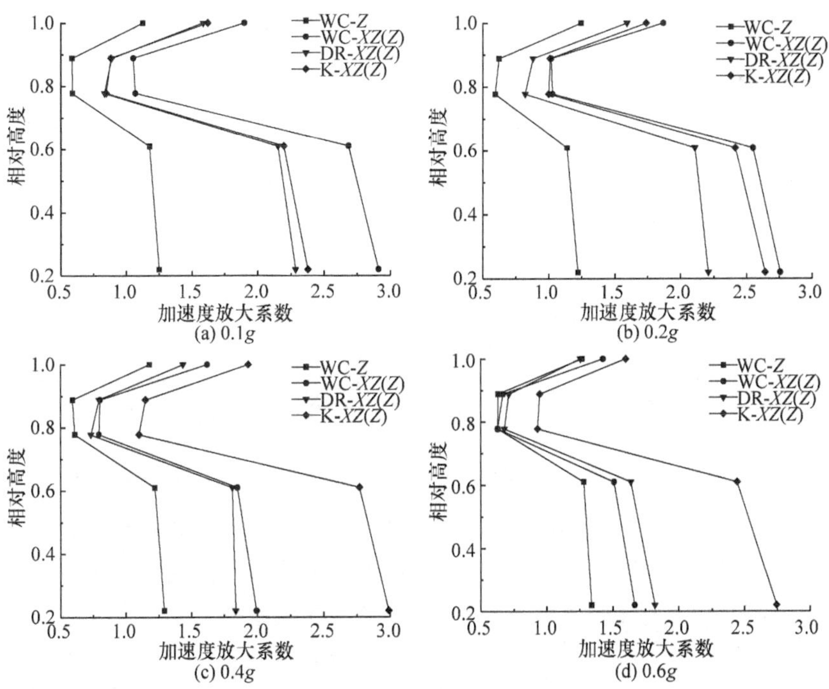

图 6-16　坡面各测点处竖向加速度放大系数随坡高的变化规律

6.4 激振方向和激振强度对含小净距隧道岩石边坡加速度响应规律的影响

6.4.1 激振方向对边坡加速度响应规律的影响

保持激振强度和地震波类型一致，对比分析含小净距隧道边坡在 WC-*X* 和 WC-*Z* 单向激振，以及 WC-*XZ*、K-*XZ* 和 DR-*XZ* 双向激振下水平向和竖向加速度放大系数沿坡高的变化规律，探明不同激振方向对边坡加速度响应规律的影响。图 6-17 为当激振强度为 0.4*g* 时，坡面各测点的水平向和竖向加速度放大系数沿坡高的分布情况。图中，各地震波类型代号后括号中的 *X* 表示水平向，*Z* 表示竖向。

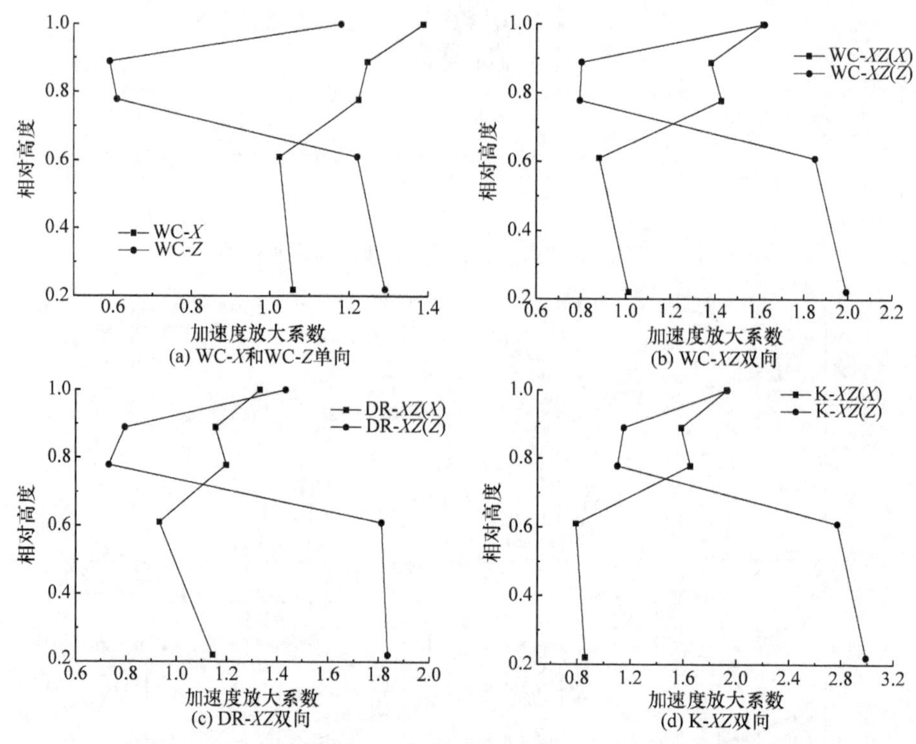

图 6-17 坡面各测点水平向和竖向加速度放大系数随坡高的变化规律

(1) 由图 6-17 可知，在 WC-*X* 和 WC-*Z* 单向激振下，边坡对水平向地震波和竖向地震波具有不同的放大特性。边坡在水平向地震波的作用下加速度放大系数均大于 1，而在竖向地震波作用下，从坡脚到约 3/5 坡高处加速度放大系数逐渐减小到 1 以下，在坡顶附近才增大到 1 以上。在坡顶处，WC-*X* 激振下的水平向加速度放大系数大于 WC-*Z* 激振下的竖向加速度放大系数。因坡体下部隧道和输入地震波耦合作用的影响，在 3/5 坡高以下，边坡对水平向地震波的放大作用小于对竖向地震波的放大作用，在此高度以上则刚好相反。

(2) 在 WC-*XZ*、DR-*XZ* 和 K-*XZ* 双向激振下，水平向和竖向加速度放大系数沿坡高表现出与单向地震波作用下相同的变化规律。但在 3/5 坡高以下，水平向加速度放大系数与竖向加速度放大系数之间的差值变大，K-*XZ* 激振下差值最大。在此高度以上，水平向加速度放大系数与竖向加速度放大系数之间的差值变小，在坡顶处，竖向加速度放大系数已非常接近甚至超过水平向加速度放大系数。不同激振方向下最大竖向加速度放大系数均出现在坡面中下部，而最大水平向加速度放大系数则出现在坡顶。这可能与不同方向地震波和坡内隧道的耦合作用有关。

6.4.2　激振强度对边坡加速度响应规律的影响

保持激振方向和地震波类型一致，对比分析含小净距隧道边坡在 WC-*X* 和 WC-*Z* 单向，以及 WC-*XZ*、K-*XZ* 和 DR-*XZ* 双向激振下水平向和竖向加速度放大系数沿坡高的变化规律，探明不同激振强度对边坡加速度响应规律的影响。

图 6-4 和图 6-9 给出了 WC-*X*、WC-*Z* 及 WC-*XZ* 激振下，坡面各测点的水平向和竖向加速度放大系数随激振强度的变化规律。现给出 DR-*XZ* 和 K-*XZ* 激振下水平向和竖向加速度放大系数随激振强度的变化规律，如图 6-18 所示。

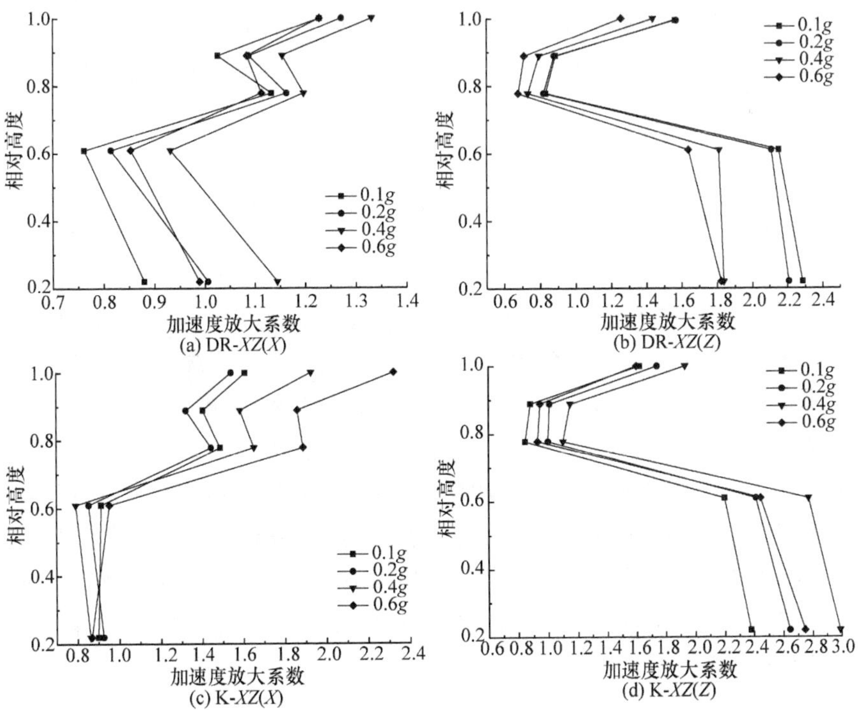

图 6-18　坡面各测点水平向和竖向加速度放大系数随坡高的变化规律

分析图 6-4 和图 6-9 可知，在 WC-*XZ* 双向激振下，水平向和竖向加速度放大系数随激振强度的增加，总体上表现为递减趋势。在 WC-*X* 和 WC-*Z* 单向激振下，水平向和竖向加速度放大系数随激振强度的增加，总体上表现为递增趋势。

分析图 6-18 可知，在 DR-*XZ* 双向激振下，水平向加速度放大系数随着激振强度的增加逐渐增大，在激振强度为 0.4*g* 时达到最大，激振强度为 0.6*g* 时水平向加速度放大系数有所减小。竖向加速度放大系数随激振强度的增加逐渐减小。

在 K-*XZ* 双向激振下，除了激振强度为 0.1*g* 时的水平向加速度放大系数略大于 0.2*g* 时外，水平向加速度放大系数随激振强度的增加，总体上表现为递增趋势。竖向加速度放大系数随激振强度的增加，总体上表现为递增趋势，在激振强度为 0.4*g* 时达到最大，但当激振强度为 0.6*g* 时，竖向加速度放大系数有所减小，原因可能是边坡岩体逐渐进入非线性塑性阶段，刚度减小，阻尼增大，岩体材料对输入地震波的吸收能力增强。

以上现象与边坡材料的非线性及阻尼特性、隧道和地震波的耦合作用及地震波激振方向有关。当地震波峰值增加时，坡体的应变增大，剪切模量降低，坡体的自振频率会下降，阻尼比增大，岩体会表现出非线性塑性特征，且结构面和隧道内临空面对地震波产生反射和折射作用，出现各种波的相互叠加，从而在坡面形成复杂的振动波场[3]。

6.5 含小净距隧道岩石边坡的动位移响应基本规律

由于试验测试的竖向动位移数据不是很理想，在此仅对水平向动位移数据进行分析。本节以 WC-*X*、WC-*Z*、WC-*XZ*、DR-*XZ* 和 K-*XZ* 激振下的水平向动位移响应峰值为例，分析含小净距隧道边坡的水平向动位移响应特征。

表 6-3 为坡面各测点的水平向动位移响应峰值。图 6-19 给出当激振强度为 0.4*g* 时，测点 WX2 分别在以上五种地震波激振下的水平向动位移响应时程曲线。图 6-20 给出测点 WX2 和 WX5 水平向动位移随激振强度的响应特性。图 6-21 给出不同工况下坡面各测点水平向动位移峰值随坡高的变化规律(在 0.6*g* 的 WC-*XZ* 地震波加载后，发现位移计固定支架出现松动，未对 0.6*g* 的 DR-*XZ* 和 K-*XZ* 的位移进行测量)。

表 6-3　各测点水平向动位移响应峰值

工况		测点水平向动位移响应峰值/mm				
		JX1	JX2	JX3	JX4	JX5
0.1*g*	WC-*X*	2.0731	2.3322	2.8504	4.5904	5.0716
	WC-*Z*	2.0731	2.5913	3.1096	4.564	4.6966
	WC-*XZ*	2.5913	2.5913	2.3322	5.0035	5.095
	DR-*XZ*	2.8504	3.1096	3.3687	5.7967	6.4545
	K-*XZ*	4.6644	5.1826	6.2192	5.8187	8.2285
0.2*g*	WC-*X*	2.8504	2.8504	2.5913	5.6576	5.4642
	WC-*Z*	2.5913	2.5913	1.8139	4.6614	4.772
	WC-*XZ*	2.3322	2.8504	2.3322	5.7528	5.6605
	DR-*XZ*	4.6644	4.9235	5.7009	5.8678	8.2842
	K-*XZ*	8.2922	8.2922	11.6609	8.0835	9.7477
0.4*g*	WC-*X*	3.6278	3.7687	4.287	5.8129	7.1364
	WC-*Z*	2.5913	2.9731	3.5461	4.513	4.7354
	WC-*XZ*	3.7687	3.6278	4.3461	6.8158	7.8119
	DR-*XZ*	7.7739	7.7739	8.8835	9.2833	9.892
	K-*XZ*	13.9931	22.0262	20.4714	11.0016	13.3829
0.6*g*	WC-*X*	4.4052	4.9235	5.4418	5.8964	7.5217
	WC-*Z*	2.5913	2.3322	5.7009	4.9778	4.764
	WC-*XZ*	4.4052	4.4052	5.7009	5.837	8.5669

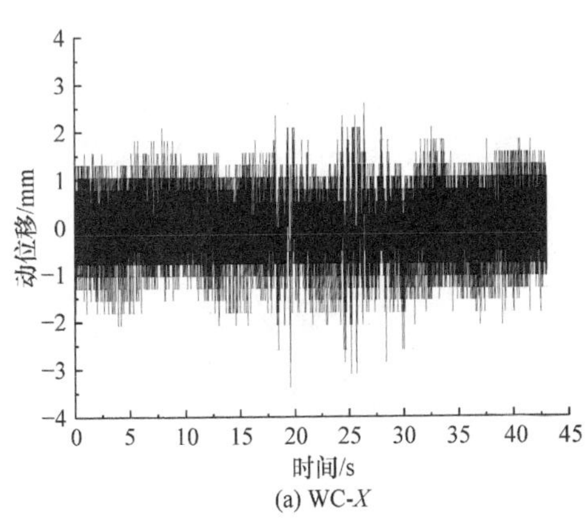

(a) WC-*X*

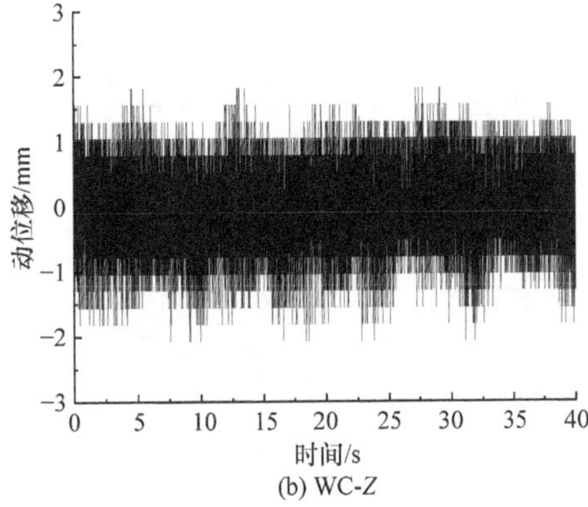

(b) WC-*Z*

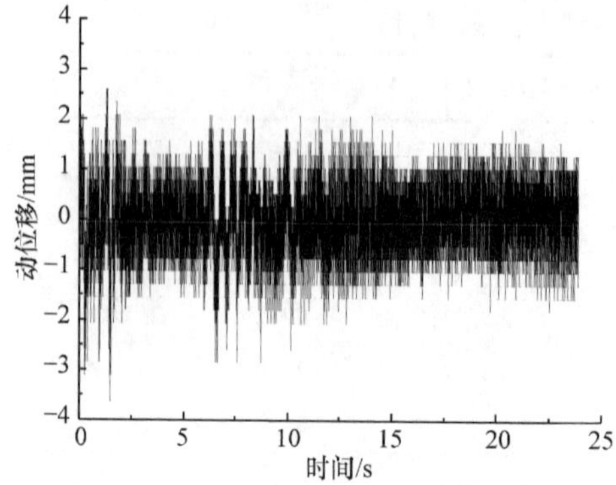

(c) WC-*XZ*

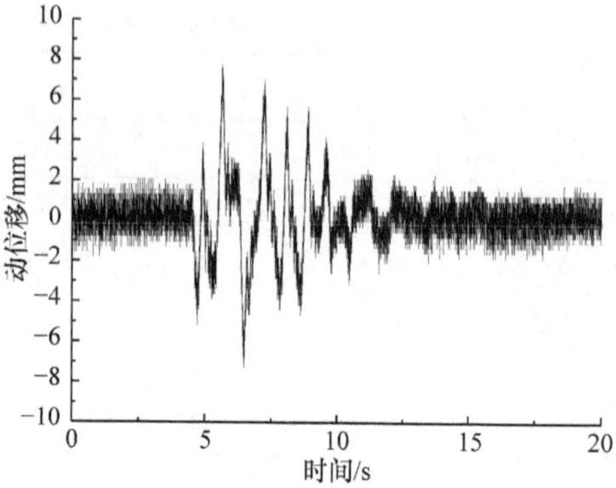

(d) DR-*XZ*

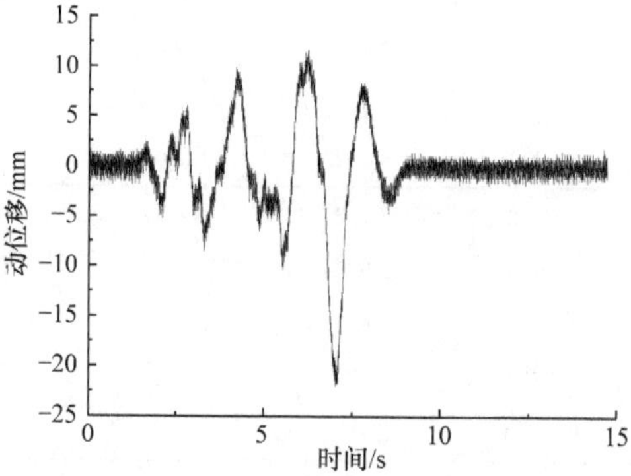

(e) K-*XZ*

图 6-19　测点 WX2 的水平向动位移响应时程曲线

由图 6-20 可知，当 Z 向激振时，随着激振强度的增大，测点 WX2 和 WX5 的水平向动位移响应峰值几乎没有变化，而 X 向激振和 XZ 双向激振时的动位移

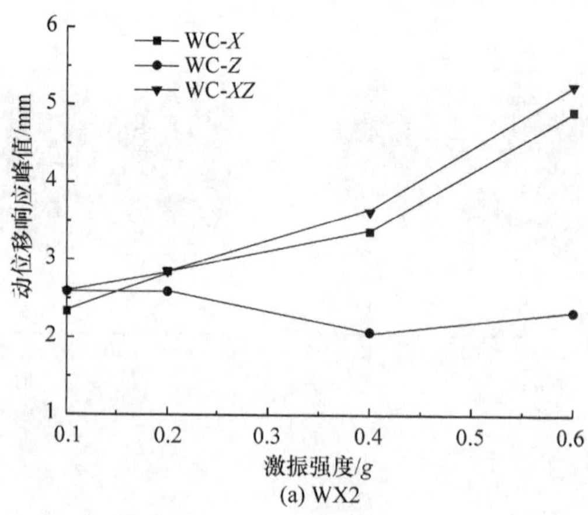

(a) WX2

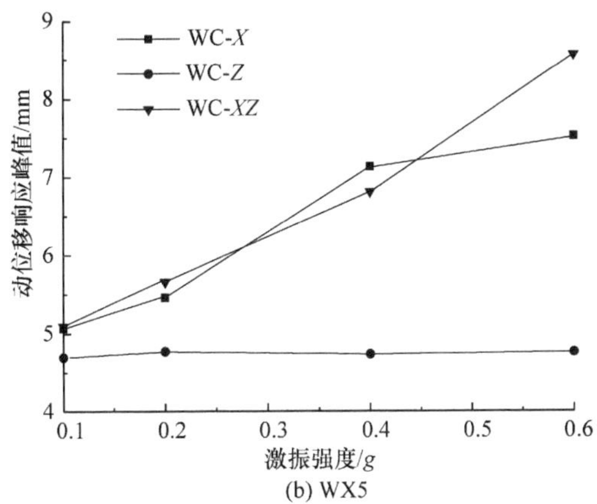

(b) WX5

图 6-20　测点 WX2 和 WX5 水平向动位移随激振强度的响应特性

峰值呈现非线性增大的趋势，且 XZ 双向激振时的动位移峰值略大于 X 向激振时的动位移峰值。这说明含小净距隧道边坡水平向位移主要受水平向地震波的影响，且随着激振强度的增大而增大。分析图 6-21 可知：

(1) 在不同激振强度下，水平向动位移响应峰值在 4/5 坡高以下增大趋势缓慢，在此高度以上，动位移响应峰值急剧增大，在坡顶处的动位移响应峰值达到最大值。这说明动位移峰值随坡高的增加呈现出非线性增大的特征。坡顶附近水平向动位移增大趋势明显。边坡在地震波作用下坡顶会产生较大的水平向动位移，容易发生岩体抛掷破坏现象，这与实际地震作用下的边坡滑坡破坏现象相吻合。

(2) 当激振强度小于等于 0.4g 时，K-XZ 双向激振时的水平向动位移响应峰值最大，其次是 DR-XZ 双向激振时的水平向动位移峰值，不同加载方向的汶川波激振时的水平向向动位移峰值最小。汶川波与 Kobe 波和大瑞波水平向动位移峰值之间的差值随着激振强度的增加而增大。

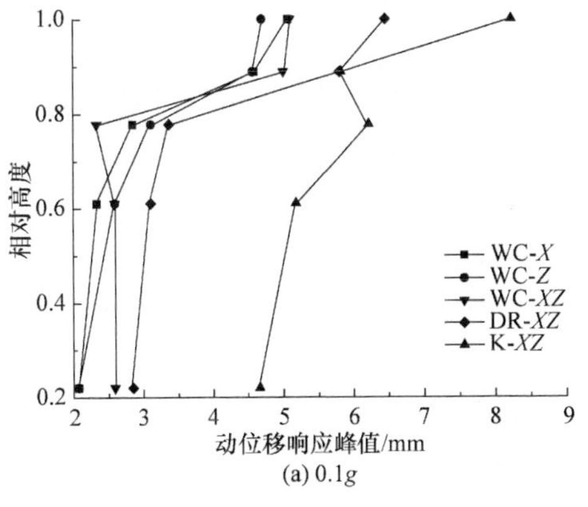

(a) 0.1g

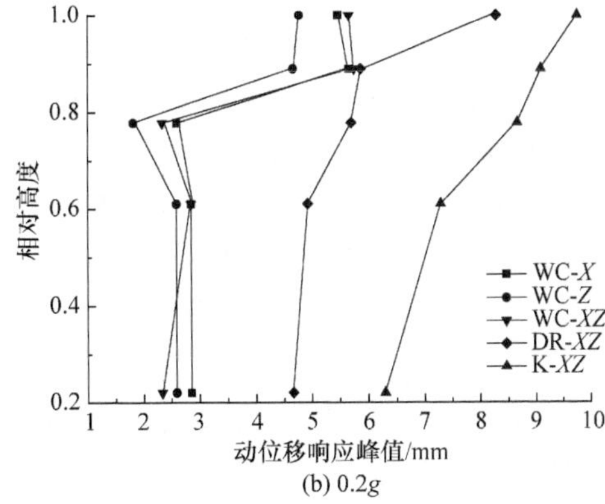

(b) 0.2g

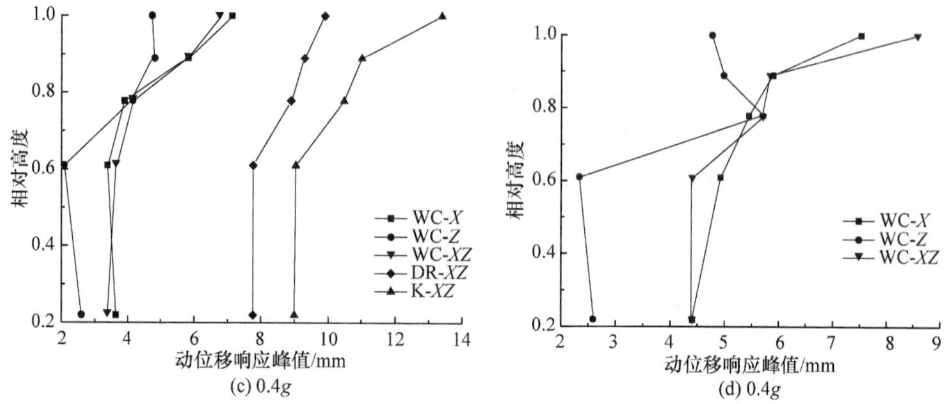

图 6-21 不同工况下坡面各测点水平向动位移峰值沿坡高的分布情况

(3) WC-*XZ* 双向激振时的水平向动位移响应峰值总体上稍大于 WC-*X* 单向激振时的，而 WC-*Z* 单向激振时的动位移响应峰值最小。分析可知，含小净距隧道边坡的动位移响应与地震波的激振方向和测点位置有关。

6.6 本章小结

本章利用振动台模型试验对含小净距隧道岩石边坡的加速度响应基本规律、频谱特征和动位移响应规律进行了讨论，对比分析了不同地震波、激振强度和激振方向下边坡的加速度和动位移响应规律，主要结论如下。

(1) 含小净距隧道边坡加速度放大系数沿坡面向上呈现出先减小后增大的非线性变化特征。其变化规律主要受小净距隧道和输入地震波的耦合作用、围岩级别、结构面组合和激振方向等因素的影响。围岩完整性越差，对加速度放大效应的影响越明显。台面输入的地震波经边坡岩体和隧道耦合作用后，其频谱成分会发生明显的改变，边坡对高频段地震波存在滤波作用。

(2) 在坡体的中、下部，含小净距隧道边坡对水平向和竖向地震波存在抑制作用，在坡体上部，边坡对水平向和竖向地震波具有放大作用，且越接近坡顶放大作用越明显。由于加速度放大系数呈现出沿坡高非线性变化的特征，在采用拟静力法进行边坡抗震设计时，应考虑水平向和竖向地震惯性力拟静力值的放大系数以及隧道和边坡的耦合作用、激振强度和激振方向对拟静力值放大系数的影响。

(3) 在 3/5 坡高以下，边坡对水平向地震波的放大作用小于对竖向地震波的放大作用，在此高度以上则刚好相反。不同类型地震波和不同激振方式下，加速度放大系数随激振强度的增加变化规律各不相同。在 WC-*X* 和 WC-*Z* 单向激振下随着激振强度的增大而增大，在 WC-*XZ* 双向激振下随着激振强度的增大而减小。在 DR-*XZ* 双向激振下，水平向加速度放大系数随激振强度的增加逐渐增大，竖向加速度放大系数随激振强度的增加逐渐减小。在 K-*XZ* 双向激振下，水平向加速度放大系数随激振强度的增加，总体上表现为递增趋势；竖向加速度放大系数随着激振强度的增加，总体上表现为递增趋势。这种放大效应与地震波频谱特性和激振方式有关。

(4) 含小净距隧道边坡的水平向位移主要受水平向地震波的影响，且随激振强度的增大而增大。动位移响应与地震波的激振方向和测点位置有关。含小净距隧道边坡的动位移峰值随坡高的增加呈现出非线性增大的特征。在 4/5 坡高以下增大趋势缓慢，在此高度以上，动位移响应峰值急剧增大，在坡顶处会产生最大的水平向动位移，此时坡顶易发生滑坡等破坏现象。

参 考 文 献

[1] 姚虞, 王睿, 刘天云, 等. 高面板坝地震动非一致输入响应规律[J]. 岩土力学, 2018, 39(6): 2259-2266.

[2] 程嵩. 土石坝地震动输入机制与变形规律研究[D]. 北京: 清华大学, 2012.

[3] 高玉峰. 河谷场地地震波传播解析模型及放大效应[J]. 岩土工程学报, 2019, 41(1):1-25.

第 7 章　基于 MIDAS GTS/NX 的含单洞隧道岩石边坡地震响应特性与稳定性分析

7.1　有限元动力分析基本原理

7.1.1　动力响应分析方法

基于一般强度折减方法的边坡稳定分析可用于静力状态的稳定性评价。但是，边坡容易受到地震、爆破震动等动力荷载的作用。在动力状态中，岩土受到的应力不仅有自重，还有震动的惯性力。有限元软件 MIDAS GTS/NX 采用“非线性时程+强度折减法(strength reduction method, SRM)”，可以对这种动力平衡状态的边坡进行稳定分析。在非线性时程中，处于输入时间点的岩土应力状态，可作为边坡稳定分析的初始值。针对地震荷载，可采用下列动力平衡方程:

$$\boldsymbol{M}\ddot{u}(t)+\boldsymbol{C}\dot{u}(t)+\boldsymbol{K}u(t)=P(t) \tag{7-1}$$

式中，$\boldsymbol{M}$ 为结构的质量矩阵；$\boldsymbol{C}$ 为结构的阻尼矩阵；$\boldsymbol{K}$ 为结构的刚度矩阵；$P(t)$ 为动力荷载；$\ddot{u}(t)$ 为相对位移；$\dot{u}(t)$ 为速度；$u(t)$ 为加速度。

结构的阻尼主要与材料的特性有关，在结构与地基相互作用的问题中，地基的阻尼往往大于结构本身的阻尼，对于结构和地基应分别采用不同的质量阻尼系数和刚度阻尼系数。此时，不同的振型对于阻尼矩阵不再是正交的，导致不同振型之间不能解耦[1,2]。考虑到刚度和阻尼的非线性特点，采用收敛性较好的 Newmark 直接积分法，阻尼矩阵 $\boldsymbol{C}$ 采用瑞利(Rayleigh)型，即

$$\boldsymbol{C}=\alpha\boldsymbol{K}+\beta\boldsymbol{M} \tag{7-2}$$

式中，α 为质量阻尼系数；β 为刚度阻尼系数。

根据振型分解法有

$$\alpha=\frac{2\zeta_i\omega_j-\zeta_j\omega_i}{\omega_j^2-\omega_i^2}\omega_i\omega_j \tag{7-3}$$

$$\beta=\frac{2\zeta_i\omega_j-\zeta_j\omega_i}{\omega_j^2-\omega_i^2} \tag{7-4}$$

式中，ζ_i、ζ_j 分别为第 i、j 阶振型的阻尼比；ω_i、ω_j 分别为第 i、j 阶振型的自振频率。工程中常取前两阶振型进行计算。

7.1.2　有限元强度折减法

传统定义上的边坡安全系数为滑裂面上的全部抗滑力矩与全部滑动力矩的比值，即

$$F_{\mathrm{s}}=\frac{M_{\mathrm{r}}}{M_{\mathrm{s}}} \tag{7-5}$$

式中，M_{r} 为抗滑力矩；M_{s} 为滑动力矩。

在 1955 年，Bishop[3]根据极限平衡理论重新定义边坡的安全系数为沿整体滑裂面上的岩土体抗剪强度与实际产生的剪应力的比值，即

$$F_{\mathrm{s}}=\frac{\tau_{\mathrm{f}}}{\tau} \tag{7-6}$$

不管滑动面为何种情况，只要将滑裂面上的岩土体抗剪强度和剪应力沿滑裂面分别进行积分就可以得到抗滑力和滑动力，从而使以剪应力定义的安全系数的物理意义更加明确。积分表达式如下：

$$F_{\mathrm{s}}=\frac{\int_0^l \tau_{\mathrm{f}}\mathrm{d}l}{\int_0^l \tau\mathrm{d}l}=\frac{\int_0^l (c+\tan\varphi)\mathrm{d}l}{\int_0^l \tau\mathrm{d}l} \tag{7-7}$$

将式(7-7)两边同时除以 F_{s}，有

$$1=\frac{\int_0^l \left(\frac{c}{F_{\mathrm{s}}}+\frac{\tan\varphi}{F_{\mathrm{s}}}\right)\mathrm{d}l}{\int_0^l \tau\mathrm{d}l}=\frac{\int_0^l (c'+\tan\varphi')\mathrm{d}l}{\int_0^l \tau\mathrm{d}l} \tag{7-8}$$

$$c'=\frac{c}{F_{\mathrm{s}}} \tag{7-9}$$

$$\varphi'=\arctan\left(\frac{\tan\varphi}{F_{\mathrm{s}}}\right) \tag{7-10}$$

式中，c 、c' 为岩土体折减前后的黏聚力；φ 、φ' 为岩土体折减前后的内摩擦角。

式(7-8)表明，当边坡达到临界破坏状态时，岩土体产生的临界抗剪强度与剪应力相等，此过程可以描述为在外荷载不变的情况下，岩土体的强度参数 c 、φ 以某一折减系数按式(7-9)和式(7-10)不断折减得到新的强度参数 c' 、φ' ，直到边坡达到临界破坏状态。此时的折减系数为边坡的安全系数 F_{s}，这就是强度折减法的基本原理。图 7-1 为强度折减法的原理。

采用有限元强度折减法，无须事先假定滑动面的位置和形状，只要通过不断折减岩土体强度参数，使边坡岩土体因抗剪强度不能抵抗剪应力而产生破坏，并得到最危险的滑动面和安全系数。相比传统定义上的边坡安全系数，有限元强度

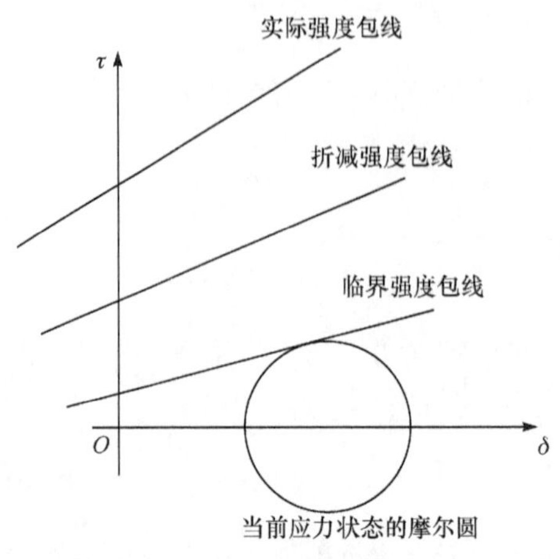

图 7-1　强度折减法的原理

折减法既具有数值分析技术适用性广的优点，又具有极限分析法贴近岩土工程技术、实用性强的优点。

7.1.3　动力响应模型边界条件处理

地震荷载作用问题分为波源问题和散射问题。岩土工程中动力分析涉及半无限地基的模拟问题，合理设置人工边界成为解决土体与结构相互作用问题的关键。目前，广泛应用的有黏性边界、黏弹性边界、透射边界等动力人工边界，这些边界主要是基于单侧波动概念的时域局部人工边界而来的[4,5]。

黏性边界概念清楚、简单方便，但只有一阶精度，仅考虑了对散射波的吸收，忽略了地基的弹性恢复能力，且存在低频失稳问题。比较常用的透射边界的精度在二阶以内，也存在稳定性问题。相比而言，黏弹性边界可以约束动力问题中的零频分量，能够模拟人工边界外半无限介质的弹性恢复性能，具有良好的稳定性和较高的精度[6]。图 7-2 为黏弹性边界的物理模型示意图。

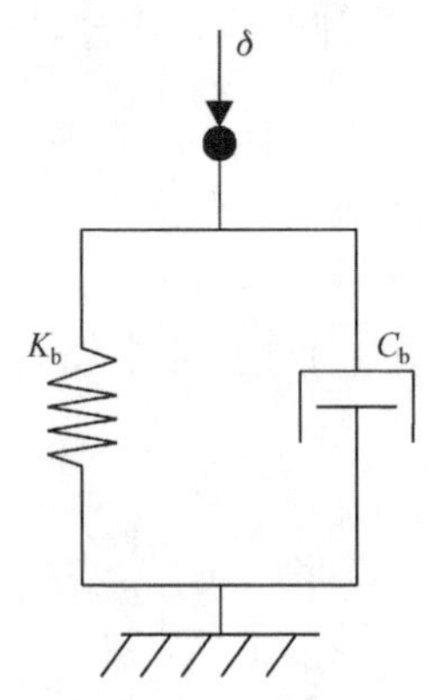

图 7-2　黏弹性边界的物理模型示意图

在动力分析过程中，模型的黏弹性边界的弹簧系数 K_b 和阻尼系数 C_b 分别如下。

出平面切向时：

$$K_b = \alpha_{T0}\frac{G}{R}A_s,\quad C_b = \rho c_S A_s \tag{7-11}$$

平面内切向时：

$$K_b = \alpha_T\frac{G}{R}A_s,\quad C_b = \rho c_S A_s \tag{7-12}$$

法向时：

$$K_b = \alpha_N\frac{G}{R}A_s,\quad C_b = \rho c_P A_s \tag{7-13}$$

式中，α_T 和 α_{T0} 分别为平面内和出平面切向黏弹性边界参数；α_N 为法向黏弹性边界参数；c_P、c_S 分别为 P 波和 S 波的波速；ρ 为介质密度；R 为波源至人工边界点的距离；A_s 为有限元网格的面积。

法向和切向的波速 V 按照人工边界设置的方向不同取值，分别如下：

$$V = c_P = \sqrt{\frac{\lambda + 2G}{\rho}} \tag{7-14}$$

$$V = c_S = \sqrt{\frac{G}{\rho}} \tag{7-15}$$

式中，λ 为体积弹性系数，$\lambda=\dfrac{\mu E}{(1+\mu)(1-2\mu)}$；$G$ 为体积弹性系数，$G=\dfrac{E}{2(1+\mu)}$；E 为弹性模量；μ 为泊松比。

7.2　下伏隧道层状岩质边坡地震动力数值模拟

7.2.1　边坡概况

本章以某山岭高速公路隧道穿越边坡为例，建立三维数值模型。该边坡坡高近 20m，坡度约为 35°，地处中低山丘陵地貌区，地势起伏较大。工程地质岩层呈层状构造，上层主要为弱风化岩层，中间为Ⅳ类软质岩，隧道穿越层主要为Ⅲ类硬质岩，因地下水主要储存于深层基岩裂隙中，在振动台模型试验时忽略了地下水的影响，所以在数值模拟时也将不考虑地下水的作用。根据第 4 章相似关系设计并查阅《公路隧道设计规范》[7]确定岩体材料参数如表 7-1 所示，隧道衬砌(喷射混凝土)计算参数如表 7-2 所示。

表 7-1　岩体材料参数

岩体类别	弹性模量 E /MPa	泊松比 μ	内摩擦角 φ /(°)	黏聚力 c /kPa	容重 γ /(kN/m³)	抗拉强度 σ_t /kPa	厚度 b /m
弱风化岩	6000	0.25	39	700	23	1500	5
软质岩	1300	0.3	27	200	20	500	3
基岩	1.89×10^5	0.3	50	1500	25	3000	13

表 7-2　隧道衬砌(喷射混凝土)计算参数

弹性模量 E/GPa	泊松比 μ	容重 γ/(kN/m³)	厚度 b/m
34.5	0.167	24	0.4

7.2.2　计算模型

利用 MIDAS GTS/NX 软件的“非线性时程”求解模块对边坡进行动力有限

元分析，岩体材料采用实体单元进行模拟，隧道衬砌采用平面板单元进行模拟。为了更好地模拟地震波波动能量在边界上的反射特点，将模型四周设置为黏弹性边界，底部设置为固定边界，分界面处和衬砌周围进行网格细化，共划分了 20700 个节点、27180 个单元。计算模型如图 7-3 所示。

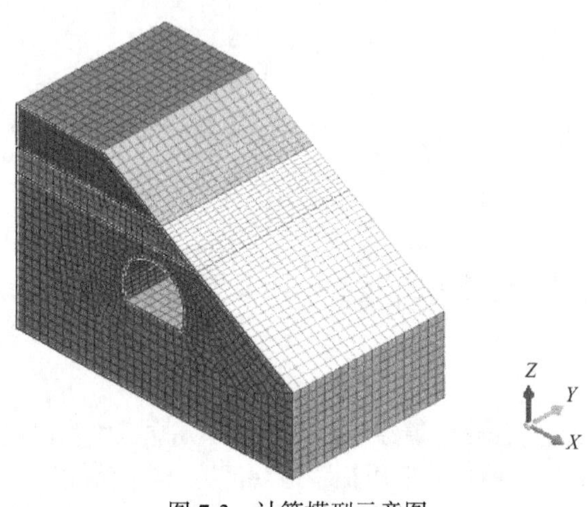

图 7-3　计算模型示意图

在进行动力有限元分析时，采用理想弹塑性本构模型，采用莫尔-库仑强度屈服准则，屈服函数如下：

$$f_s = \delta_1 - \sigma_3 N_\varphi + 2c\sqrt{N_\varphi} \tag{7-16}$$

$$f_1 = \delta_3 - \delta' \tag{7-17}$$

$$N_\varphi = \frac{1+\sin\varphi}{1-\sin\varphi} \tag{7-18}$$

式中，c 为黏聚力；φ 为内摩擦角；δ' 为土体抗拉强度；δ_1、δ_3 分别为最大、最小主应力。

当土体内某一点应力满足 $f_1>0$ 时，发生拉伸破坏；当 $f_s<0$ 时，发生剪切破坏。

7.2.3　测点布置和地震波的选取

在进行非线性时程分析之前先对模型进行特征值分析，得到边坡系统的前两阶自振周期 t_1=0.0962s，t_2=0.07855s。地震的持续时间不同，使得能量的耗散与积累也不同，研究中常选取包含地震记录最强部分的尽量足够长的时间(一般不小于结构的一阶自振周期的 10 倍)作为地震作用时间。根据第 4 章振动台模型试验地震波加载方案，选取激振强度为 0.2g 时各加载工况(WC-X, WC-Z, WC-XZ, DR-XZ, K-XZ)及 WC-XZ 作用下各激振强度(输入加速度峰值为 0.1g、0.2g、0.4g、0.6g)

的工况作为模型计算的输入地震波，利用 MIDAS GTS/NX 软件的地震波数据生成器得到地震波的加速度时程曲线如图 7-4 所示，所有加载工况的地震动参数如表 7-3 所示。为了验证地震荷载作用下隧道岩石边坡的动力响应规律，在坡面设置相应历程测点进行监测。测点布置如图 4-7(a) 所示。

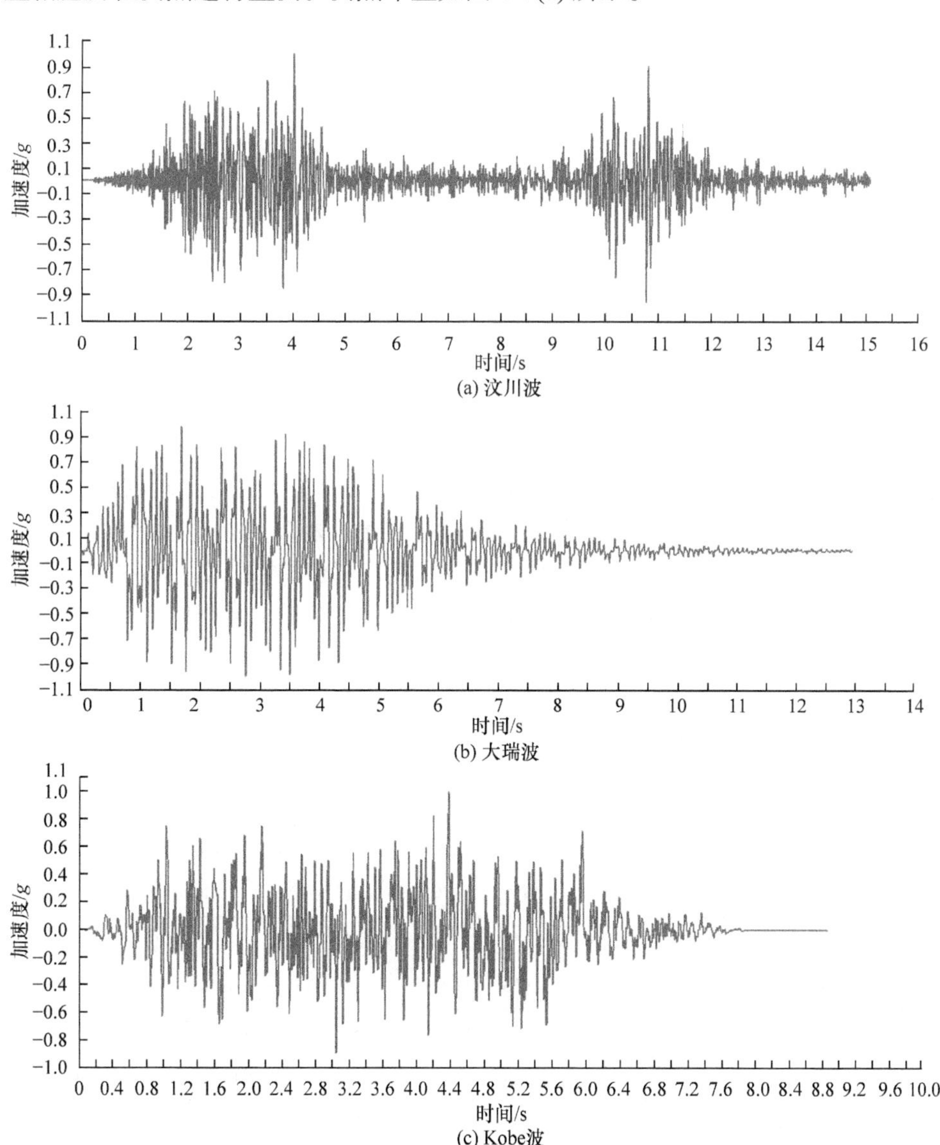

图 7-4　输入地震波的加速度时程曲线

表 7-3 各加载工况的地震动参数

工况序号	地震波	加速度峰值/g		时间压缩比	持续时间/s
		X 向	*Z* 向		
1	WC-*X*	0.2	—	3.16	14
2	WC-*Z*	—	0.133	3.16	14
3	WC-*XZ*	0.2	0.133	3.16	14
4	DR-*XZ*	0.2	0.133	3.16	13
5	K-*XZ*	0.2	0.133	3.16	9
6	WC-*XZ*	0.1	0.067	3.16	14
7	WC-*XZ*	0.4	0.267	3.16	14
8	WC-*XZ*	0.6	0.4	3.16	14

7.3 下伏隧道对层状岩质边坡地震响应的影响分析

7.3.1 振动台模型试验与数值模拟结果对比分析

本节以激振强度为 0.2*g* 时的各加载工况(WC-*X*,WC-*Z*,WC-*XZ*, DR-*XZ*,K-*XZ*)为例，分析不同地震波作用下边坡的加速度响应规律。表 7-4 列出激振强度为 0.2*g* 时各加载工况下坡面测点水平向和竖向加速度响应峰值的数值模拟结果与模型试验结果。图 7-5 和图 7-6 给出激振强度为 0.2*g* 时各加载工况下坡面测点加速度放大系数的数值模拟与模型试验结果。

表 7-4 测点加速度响应峰值数值模拟与模型试验结果

工况		测点加速度响应峰值/g									
		APH1	APV1	APH2	APV2	APH3	APV3	APH4	APV4	APH5	APV5
WC-*X*	试验	0.2003	0.1782	0.2087	0.1484	0.2247	0.0530	0.2415	0.0504	0.2564	0.0946
	模拟	0.1955	0.1074	0.2168	0.1357	0.2792	0.0621	0.3359	0.0649	0.3020	0.1048
WC-*Z*	试验	0.0252	0.1602	0.0294	0.1610	0.0450	0.0813	0.0588	0.0832	0.0691	0.1648
	模拟	0.0327	0.1295	0.0442	0.1073	0.0856	0.0905	0.1034	0.0928	0.1308	0.1765
WC-*XZ*	试验	0.1827	0.2537	0.1698	0.2155	0.1793	0.0851	0.1892	0.0869	0.1991	0.1648
	模拟	0.1973	0.1245	0.2105	0.2314	0.2775	0.1088	0.3469	0.1861	0.2922	0.2761
DR-*XZ*	试验	0.1923	0.3628	0.1934	0.2587	0.2247	0.1087	0.2541	0.1083	0.2793	0.2190
	模拟	0.1917	0.1393	0.2367	0.3118	0.3055	0.1969	0.2909	0.2071	0.2528	0.2235
K-*XZ*	试验	0.1713	0.3853	0.1762	0.3525	0.2133	0.1553	0.2407	0.1434	0.2575	0.1862
	模拟	0.2069	0.1472	0.2318	0.2510	0.3176	0.1855	0.3208	0.2210	0.2724	0.2498

通过比较激振强度为 0.2g 时，五种加载工况下边坡岩体加速度响应峰值的数值模拟与模型试验结果可以得到如下结论。

(1) 当汶川波单向作用时，坡脚附近的岩体在水平向和竖向加速度响应峰值的数值模拟结果与模型试验测得的结果很接近，随着坡体高程的增加，模型试验和数值模拟得到的岩体水平向加速度响应峰值均呈现逐渐增大的趋势，但是在坡顶测点处数值模拟得到的水平向加速度响应峰值突然下降；通过数值模拟和模型试验获得的坡体竖向加速度响应峰值随坡体高程的增加变化趋势基本相同，只是数值模拟结果显示在测点 2，即坡体 2/3 高程以下呈现增大趋势，而模型试验结果表现出下降的趋势。出现这种情况可能是因为本次试验的模型偏心距较大，大部分质量集中在坡体较高一侧，加上受模型箱边界条件的限制，地震波的传播特性发生改变，这也是后续的重要研究工作。

(2) 当三种地震波双向作用时，坡脚附近的岩土体水平向加速度响应峰值的数值模拟与模型试验结果拟合得比较好，但竖向加速度响应峰值数值模拟的结果要小于模型试验结果。随着坡体高程的增加，边坡岩土体加速度响应峰值的变化规律与汶川波单向作用时的变化规律基本一致。整体上岩土体加速度响应峰值的数值模拟结果要比模型试验结果在数值上大一些，但变化趋势大体一致。

观察和分析图 7-5 和图 7-6 中曲线的变化可知，不同地震波作用下，通过数值模拟和模型试验得到的边坡岩体水平向加速度放大趋势趋于一致，在坡脚附近二者的结果几乎相同，整体上数值模拟获得的水平向加速度放大效果要显著一些；坡体竖向加速度放大效果在地震波单向加载时数值模拟与模型试验的结果拟合程度非常好，在地震波双向加载时，除了在坡脚附近的岩体，数值模拟获得的竖向加速度放大效果没有模型试验结果明显，其他部位岩体竖向加速度放大系数的数值模拟结果与试验结果的变化趋势基本一致，数值上数值模拟结果要大于模型试验结果。原因在于，数值模拟中岩体是一种连续材料，而实际岩体是不连续的，存在结构构面和裂隙等；模型试验测试受很多因素影响，如围岩压实度、模型箱边界条件等，而数值模拟条件比较理想；数值模拟输入材料阻尼比为 0.05，其取值可能小于实际值。

下面以汶川波双向(WC-*XZ*)激振时激振强度为 0.1g、0.2g、0.4g、0.6g 的四种工况为例，分析在不同激振强度作用下边坡的加速度响应规律。表 7-5 列出汶川波双向加载时不同激振强度下坡面测点加速度响应峰值的数值模拟结果与模型试验结果。图 7-7 和图 7-8 给出不同激振强度的 WC-*XZ* 加载时坡面测点加速度放大系数的数值模拟及相应的模型试验结果。

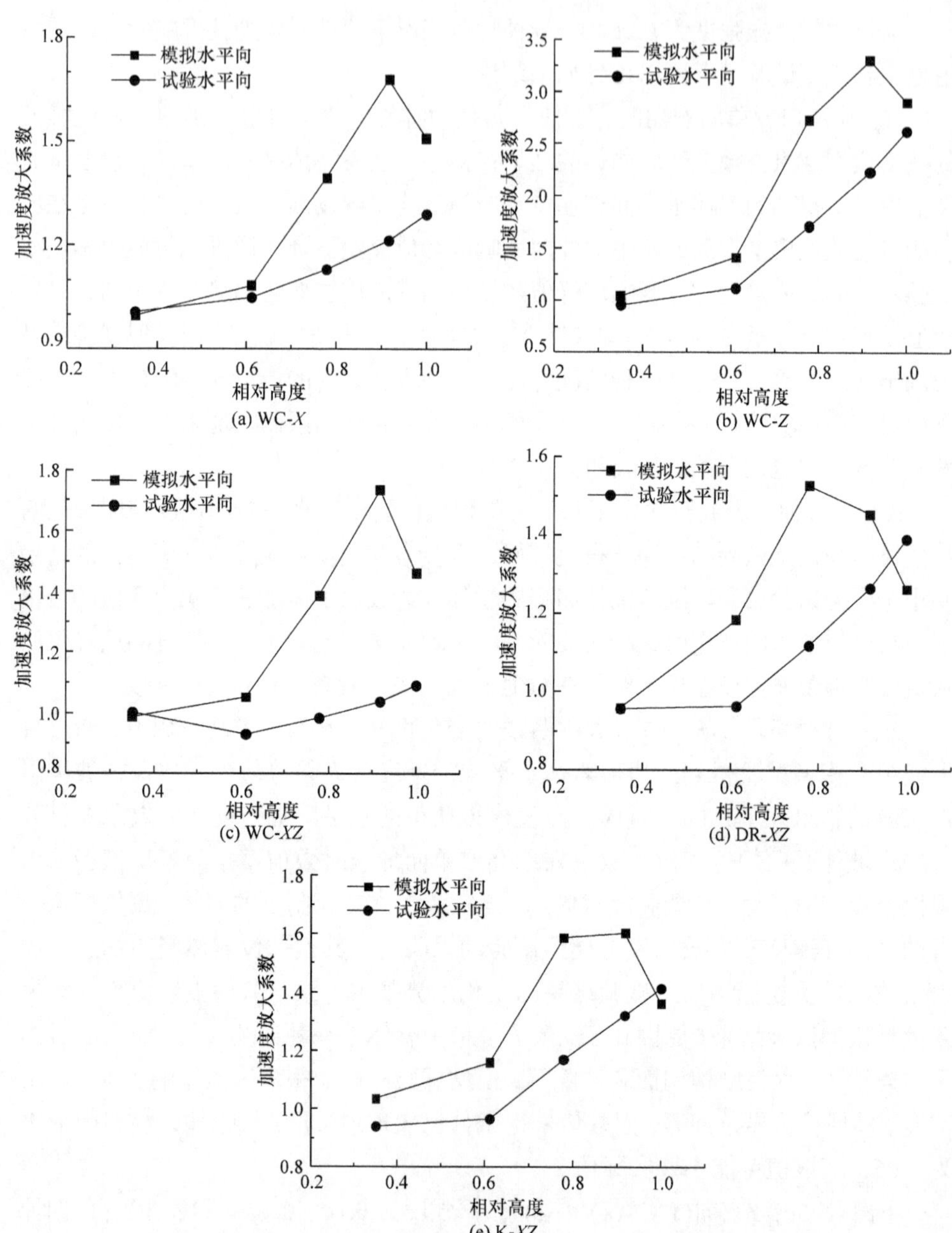

图 7-5　测点水平向加速度放大系数的数值模拟与模型试验结果

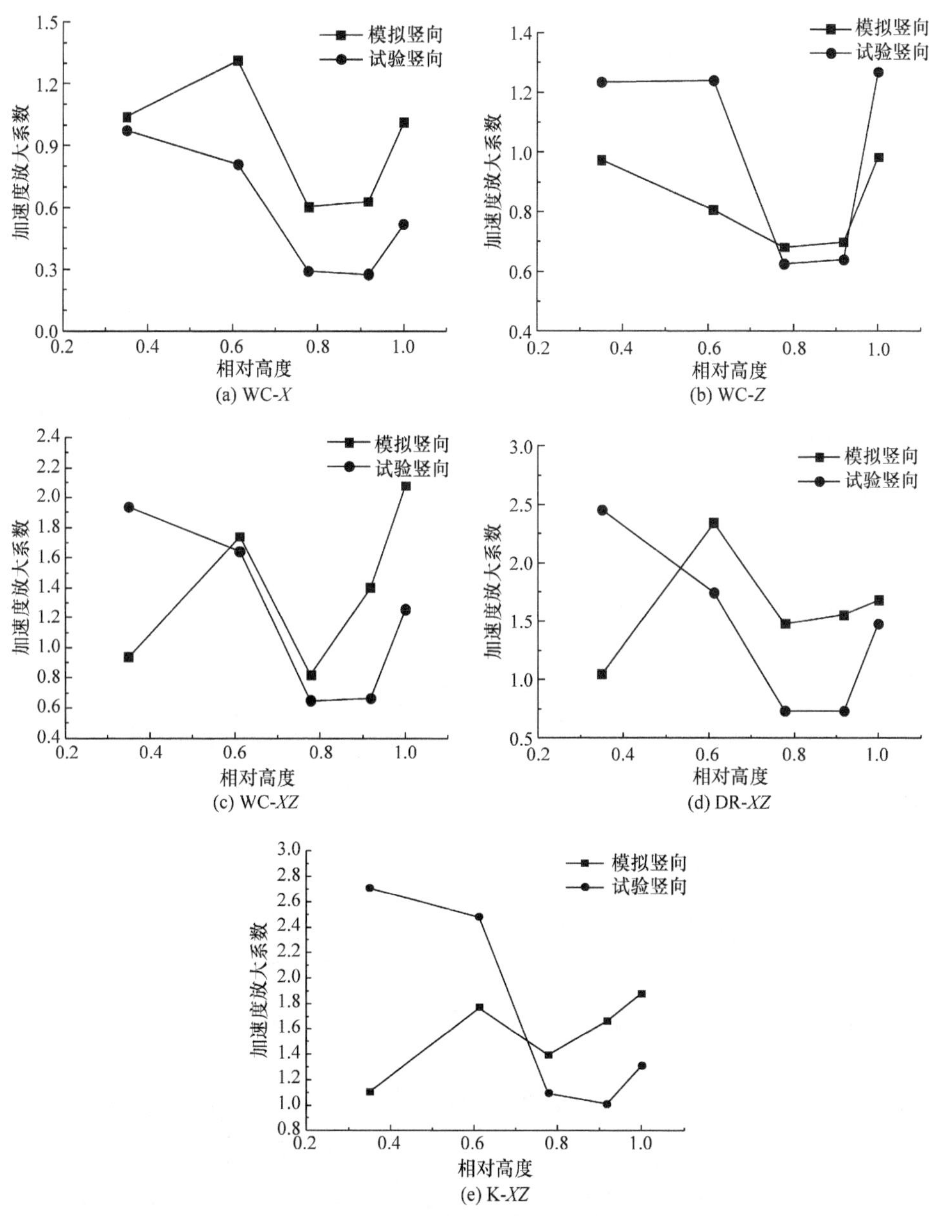

图 7-6　测点竖向加速度放大系数的数值模拟与模型试验结果

表 7-5　测点加速度响应峰值的数值模拟与实验结果

激振强度		测点加速度响应峰值/g									
		APH1	APV1	APH2	APV2	APH3	APV3	APH4	APV4	APH5	APV5
0.1g	试验	0.0958	0.1267	0.0880	0.1000	0.0940	0.0439	0.0984	0.0458	0.1087	0.0954
	模拟	0.0980	0.1062	0.1052	0.1358	0.1399	0.0945	0.1732	0.1434	0.1461	0.1584

续表

激振强度		测点加速度响应峰值/g									
		APH1	APV1	APH2	APV2	APH3	APV3	APH4	APV4	APH5	APV5
0.2g	试验	0.1827	0.2537	0.1698	0.2155	0.1793	0.0851	0.1892	0.0869	0.1991	0.1648
	模拟	0.1973	0.1245	0.2105	0.2314	0.2775	0.1088	0.3469	0.1861	0.2922	0.2761
0.4g	试验	0.3330	0.5577	0.3113	0.4658	0.3456	0.1785	0.3742	0.1793	0.3906	0.3731
	模拟	0.3947	0.3490	0.4210	0.4827	0.5510	0.3776	0.6937	0.4723	0.5844	0.5523
0.6g	试验	0.4643	0.7637	0.4494	0.6276	0.4929	0.2690	0.5448	0.2892	0.5738	0.5890
	模拟	0.5920	0.4745	0.6314	0.5951	0.8326	0.5674	1.0410	0.4603	0.8765	0.7306

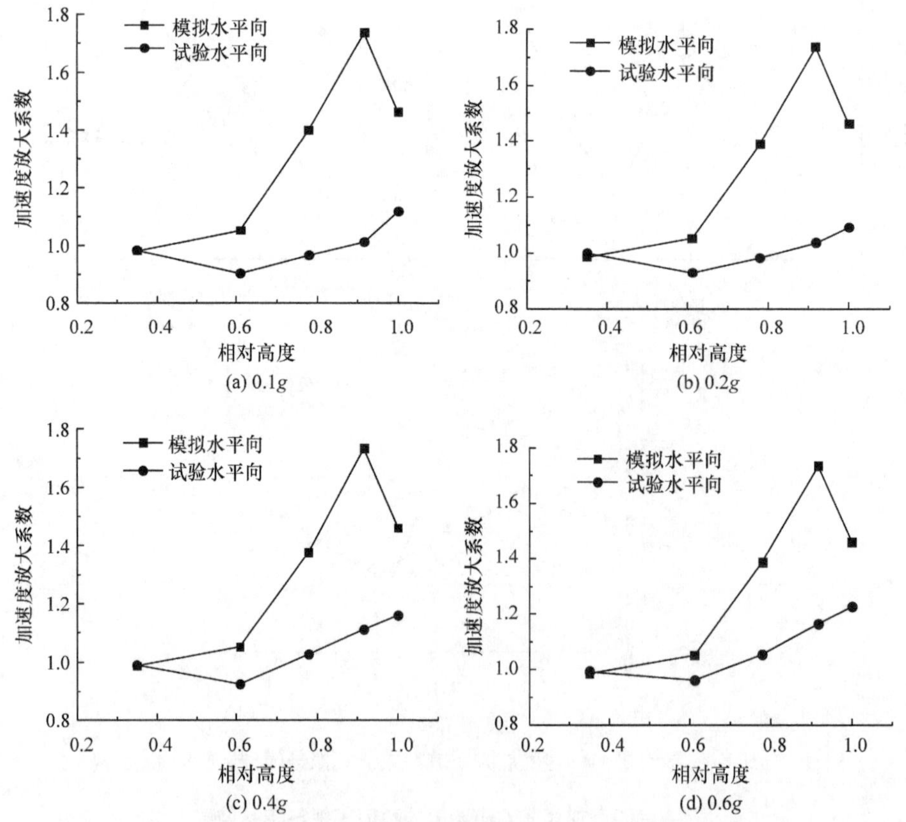

(a) 0.1g　(b) 0.2g　(c) 0.4g　(d) 0.6g

图 7-7　测点水平向加速度放大系数的数值模拟与模型试验结果

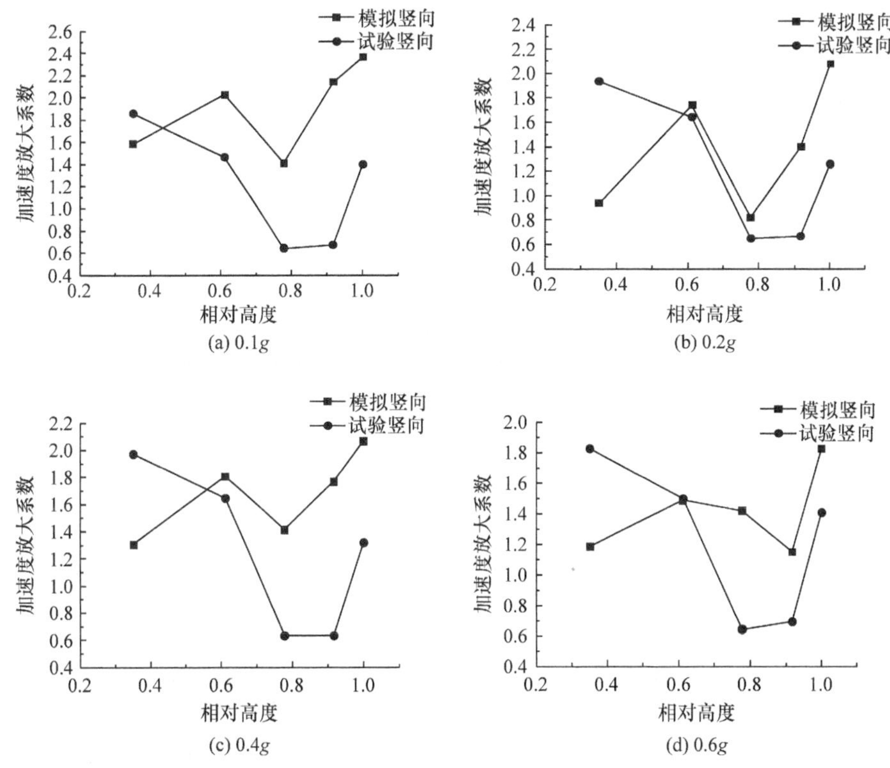

图 7-8　测点竖向加速度放大系数的数值模拟与模型试验结果

结合表 7-5，观察和分析图 7-7 和图 7-8 中曲线的变化可知，在不同激振强度的地震波作用下，坡脚附近的岩体不管是在加速度响应峰值上，还是在加速度放大系数上，其数值模拟结果和模型试验结果都很接近。在同一激振强度的地震波作用时，沿坡脚到坡顶，除个别测点外，边坡岩体的加速度放大系数变化趋势基本一致，而且岩体水平向加速度放大系数的数值模拟结果与模型试验结果更加契合。随着激振强度的增加，在坡体同一测点处，数值模拟和模型试验获得的岩体竖向加速度放大系数的差别呈现先减小后缓慢增大的规律，在激振强度为 0.2g 时二者契合得最好。整体上，不同激振强度的地震波作用下，数值模拟结果要比模型试验结果偏大，但变化趋势趋于一致。

7.3.2　有无隧道的层状岩质边坡地震响应数值模拟比较

根据 7.3.1 节的分析可知，下伏隧道层状岩质边坡的地震动力数值模拟结果与振动台模型试验结果的拟合程度是较为可观的。基于此，利用 MIDAS GTS/NX 软件建立无隧道层状岩质边坡的三维模型，计算地震作用下边坡的动力响应，并将结果与下伏隧道层状岩质边坡的地震动力数值模拟结果进行比较分析，探讨隧道的存在对边坡动力响应规律的影响。以汶川波双向加载为例，计算和分析激振强度为 0.1*g*、0.2*g*、0.4*g*、0.6*g* 四种工况下的边坡地震响应。地震波加载方案如表 7-3 所示。

1. 加速度响应

表 7-6 列出当汶川波双向加载时，不同激振强度作用下有隧道和无隧道两种岩质边坡的加速度响应峰值的数值模拟结果。

表 7-6　有无隧道边坡加速度响应峰值的数值模拟结果

激振强度		测点加速度响应峰值/*g*									
		APH1	APV1	APH2	APV2	APH3	APV3	APPH4	APV4	APH5	APV5
0.1*g*	无隧道	0.097	0.0617	0.1038	0.0711	0.1659	0.0953	0.1974	0.1684	0.1762	0.1622
	有隧道	0.0980	0.1062	0.1052	0.1358	0.1399	0.0945	0.1732	0.1434	0.1461	0.1584
0.2*g*	无隧道	0.1954	0.1266	0.2076	0.1411	0.3319	0.1886	0.3943	0.3347	0.3523	0.3229
	有隧道	0.1973	0.1245	0.2105	0.2314	0.2775	0.1088	0.3469	0.1861	0.2922	0.2761
0.4*g*	无隧道	0.3909	0.2513	0.3958	0.2462	0.5913	0.3422	0.7041	0.5433	0.6176	0.5275
	有隧道	0.3947	0.3490	0.4210	0.4827	0.5510	0.3776	0.6937	0.4723	0.5844	0.5523
0.6*g*	无隧道	0.5857	0.1876	0.5916	0.2023	0.9055	0.3122	1.031	0.4708	0.9136	0.4005
	有隧道	0.5920	0.4745	0.6314	0.5951	0.8326	0.5674	1.0410	0.4603	0.8765	0.7306

图 7-9 和图 7-10 给出不同激振强度的 WC-*XZ* 作用下，两种岩质边坡的加速度放大系数曲线。对比分析可知：

(1) 两种类型的边坡在坡脚附近的岩体水平向加速度响应程度几乎一样，都与输入地震波水平向加速度峰值很接近，岩体竖向加速度响应程度随着激振强度的增加，下伏有隧道的边坡较无隧道的边坡越来越显著。

(2) 当激振强度小于 0.2*g* 时，在坡体 2/3 高程以下的岩体，两种类型的边坡水平向响应程度和放大效果都很接近，随着高程的增加，无隧道岩质边坡岩体水平向加速度放大效果较下伏有隧道层状岩质边坡的水平向加速度放大效果更加明显，但二者的变化趋势相同，在坡顶处水平向加速度放大系数均有减小的现象。当激振强度大于 0.2*g* 时，沿坡脚到坡顶，两种类型的边坡岩体水平向加速度放大系数曲线几近重合，表明随着地震波强度的增加二者的放大效果差别不大。

(3) 无隧道层状岩质边坡岩体竖向加速度放大系数沿坡脚至坡顶呈不断增大

趋势，在坡顶处有减小趋势，而有隧道层状岩质边坡岩体竖向加速度放大系数则随着坡体高程的增加呈波形变化的规律，在隧道结构正上方的岩层，即 2 号测点和 3 号测点之间的岩体加速度放大系数曲线突降，随着坡体高程的增加加速度放大系数曲线再次呈现上升趋势。当激振强度小于等于 0.4g 时，在 3 号测点上方的岩体竖向加速度放大效果表现出无隧道边坡明显强于有隧道边坡。当激振强度达 0.6g 时，无隧道边坡的竖向加速度放大效果整体上明显弱于有隧道边坡。

整体上，在地震荷载作用下，无隧道边坡加速度的响应程度和放大效果都要比有隧道时更加显著。隧道的存在对边坡动力响应的影响主要体现在竖向地震波的传播特性上，水平向基本不改变加速度的变化趋势。因此，在隧道穿越边坡的设计和施工时要注意加强对隧道结构附近坡体的加固，在抗震设计时要特别考虑竖向地震波对这部分岩体的作用。

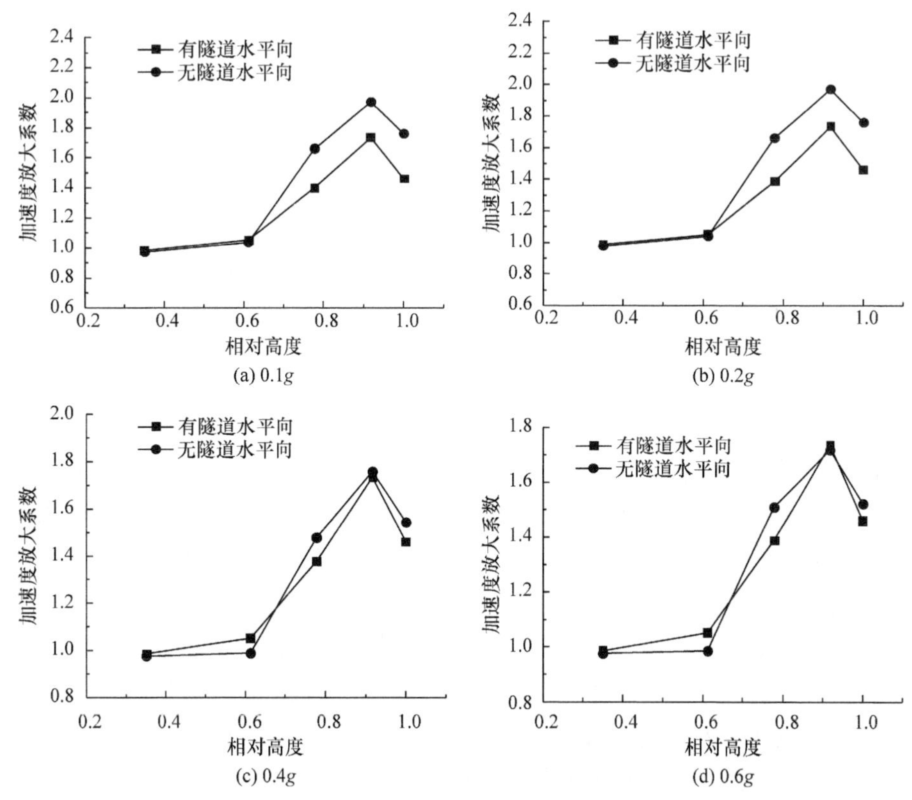

图 7-9　有无隧道边坡的水平向加速度放大系数曲线

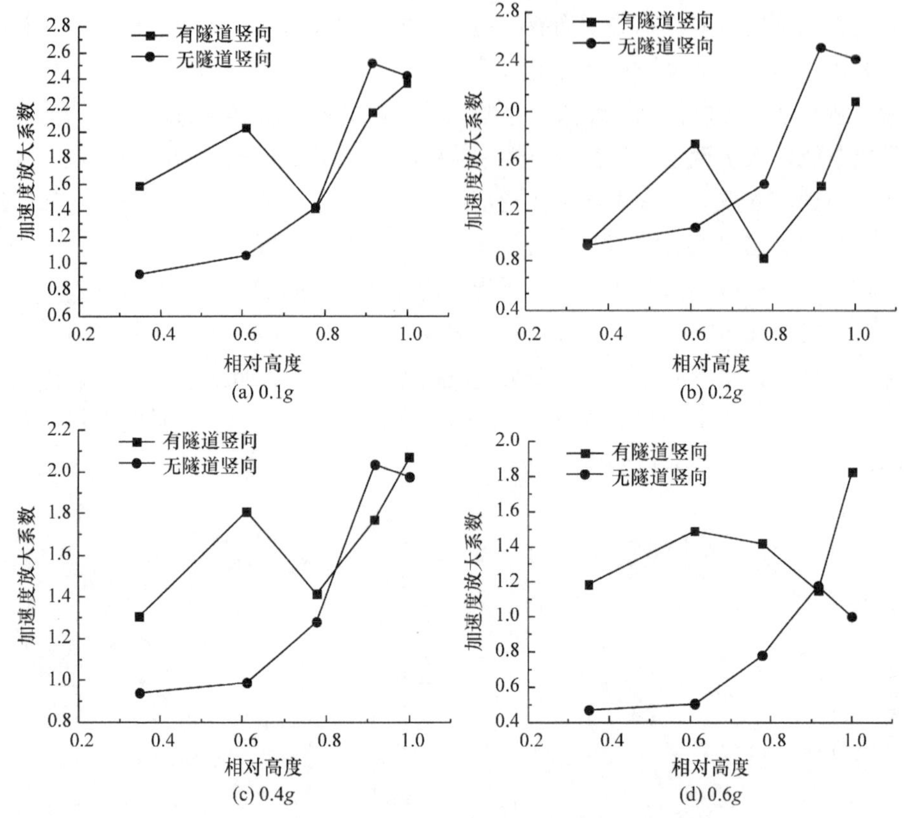

图 7-10　有无隧道边坡的竖向加速度放大系数曲线

2. 应力场分析

以激振强度为 0.6*g* 时 WC-*XZ* 加载工况下有无隧道两种类型边坡的地震响应为例，重点分析地震作用下坡体最大主应力和最大剪应力在有无隧道边坡内的分布情况。图 7-11～图 7-14 分别给出有无隧道边坡在静力状态和地震荷载作用下的最大主应力和最大剪应力云图。

从最大主应力云图中可以看出，在静力状态下，无隧道层状岩质边坡最大主应力由坡体表面向坡体内部表现为拉应力向压应力过渡，而且数值越来越大，下伏有隧道的边坡最大拉应力出现在隧道底部，在坡体表面和拱顶附近岩体也出现拉应力，岩体内部绝大部分呈现压应力状态，在数值上要比无隧道边坡大。在地震荷载作用下，无隧道边坡最大拉应力出现在靠近坡顶部位岩体处，达到 0.305MPa，而有隧道边坡出现在基岩层靠近坡表岩体和坡脚处，达到 0.248MPa，在隧道底部和偏压侧拱肩处围岩也出现了较大拉应力；无隧道边坡软质岩层附近岩体受力性质比较复杂，而有隧道边坡在偏压侧拱肩附近岩体受力状态比较复杂。

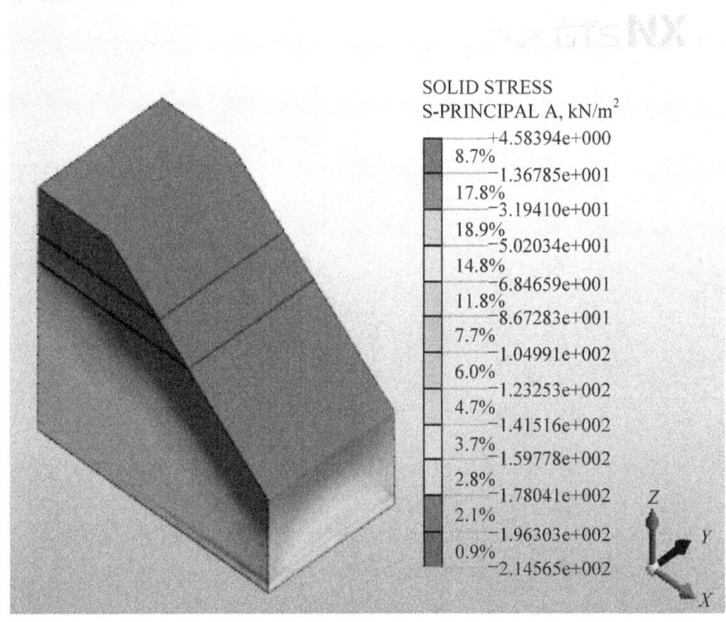

(a) 无隧道边坡最大主应力

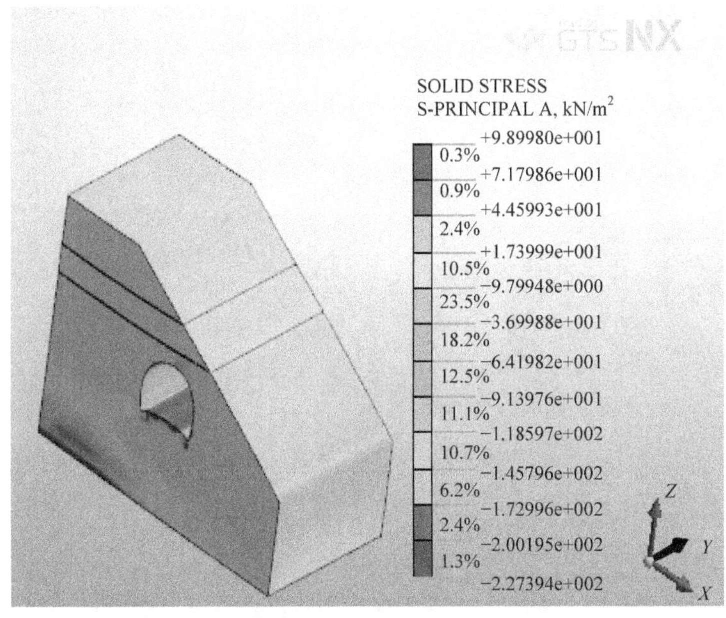

(b) 有隧道边坡最大主应力

图 7-11　静力状态下有无隧道边坡最大主应力云图

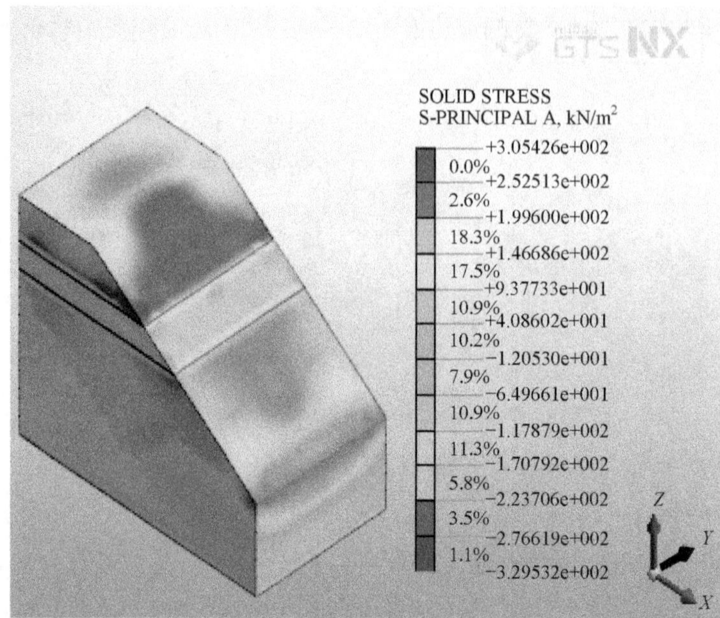

(a) 无隧道边坡最大主应力

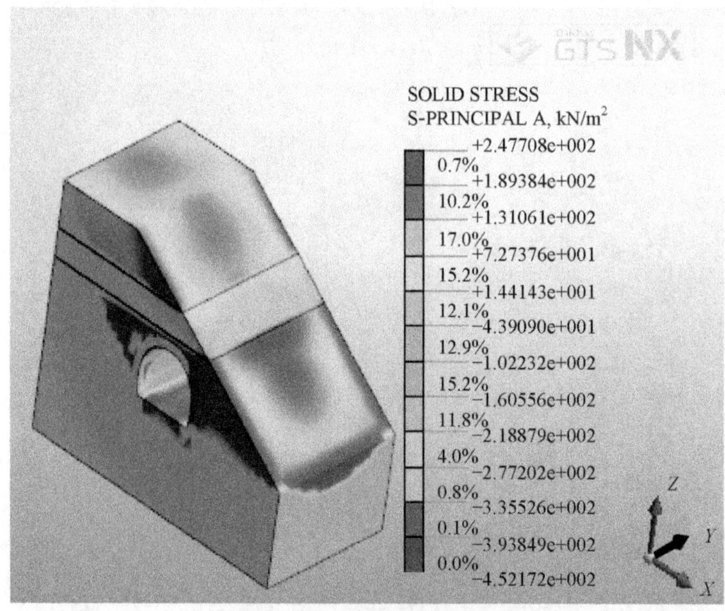

(b) 有隧道边坡最大主应力

图 7-12　地震荷载作用下有无隧道边坡最大主应力云图

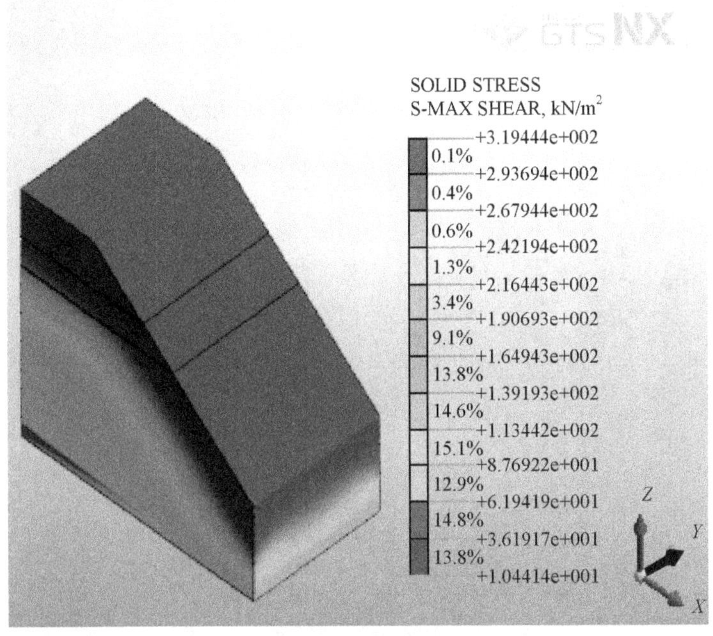

(a) 无隧道边坡最大剪应力

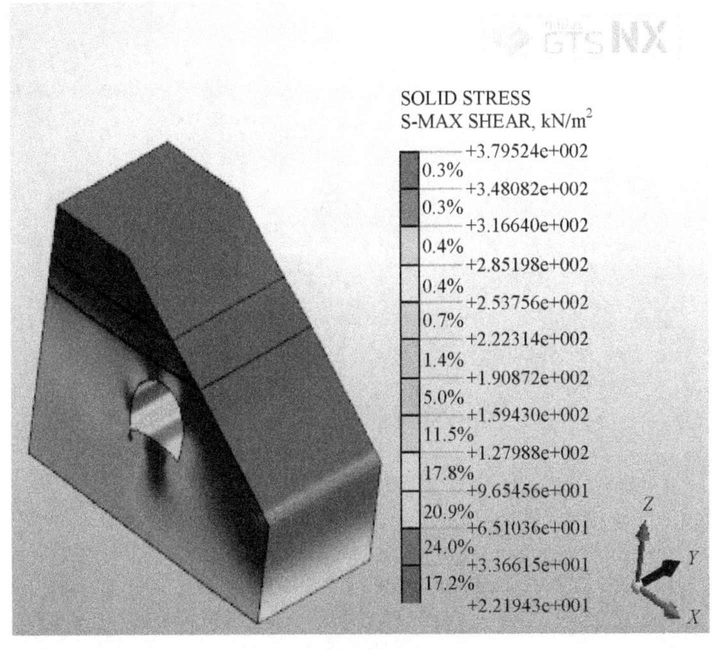

(b) 有隧道边坡最大剪应力

图 7-13　静力状态下有无隧道边坡最大剪应力云图

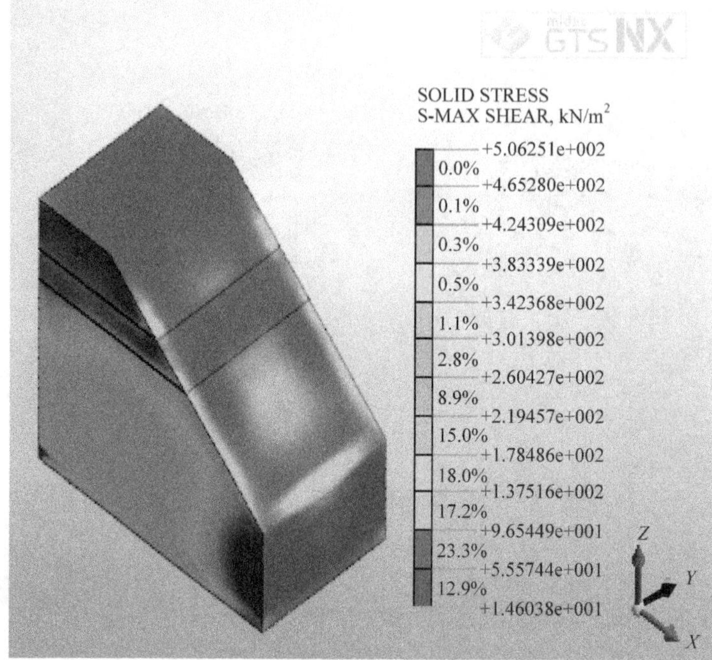

(a) 无隧道边坡最大剪应力

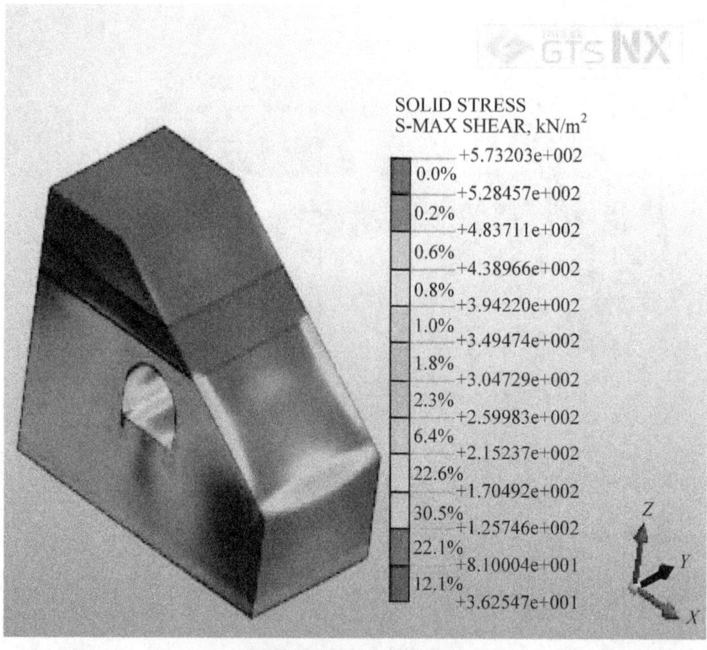

(b) 有隧道边坡最大剪应力

图 7-14　地震荷载作用下有无隧道边坡最大剪应力云图

从最大剪应力云图中可以看出，在静力状态下，无隧道边坡的最大剪应力由坡表向坡体内部表现出不断增大的过渡状态，下伏有隧道边坡的最大剪应力出现在偏压侧拱脚处，隧道底部中间和偏压侧拱肩附近的岩体受到的剪应力相对较小。在地震荷载作用时，两类边坡受到的剪应力相比自重荷载作用下更加复杂，无隧道边坡在岩层分界面处的剪应力分布呈不规律变化，在基岩底部达到最大值 0.506MPa，下伏有隧道边坡在两侧拱脚处和坡脚附近岩体剪应力较大，在偏压侧拱肩处达到最大值 0.573MPa。

3. 塑性区和安全系数

边坡的塑性状态直观反映了荷载作用下坡体材料的受力效果和变形程度，也是判断边坡是否发生失稳破坏的一个重要判据。根据强度折减法求出的边坡安全系数也是判断边坡稳定性的重要依据。

图 7-15 和图 7-16 给出静力状态下和地震荷载作用下，有无隧道边坡塑性应变云图。静力状态下和地震荷载作用下，有无隧道边坡的塑性区分布如图 7-17 和图 7-18 所示。表 7-7 列出有无隧道边坡在静力状态下以及地震荷载作用结束后边坡的安全系数。

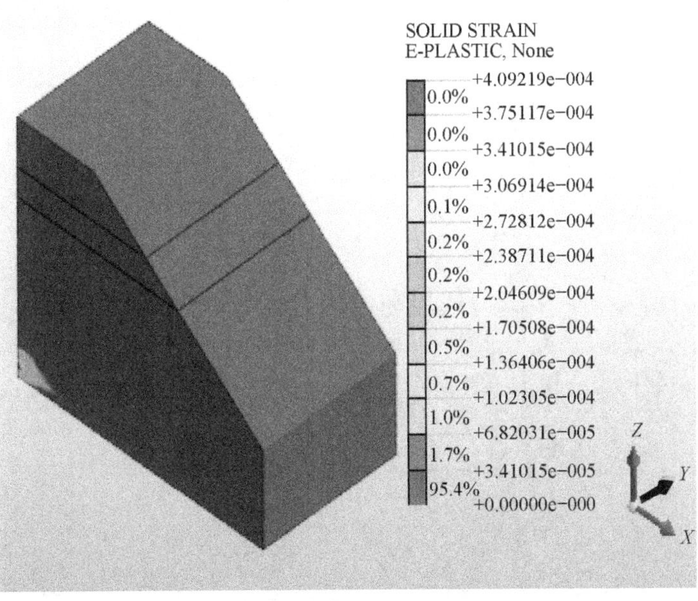

(a) 无隧道边坡塑性应变

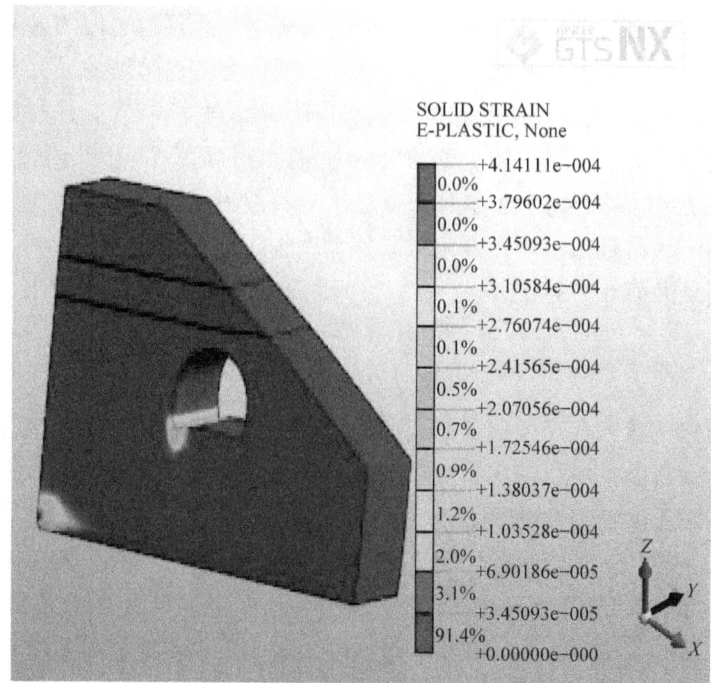

(b) 有隧道边坡塑性应变

图 7-15　静力状态下有无隧道边坡塑性应变云图

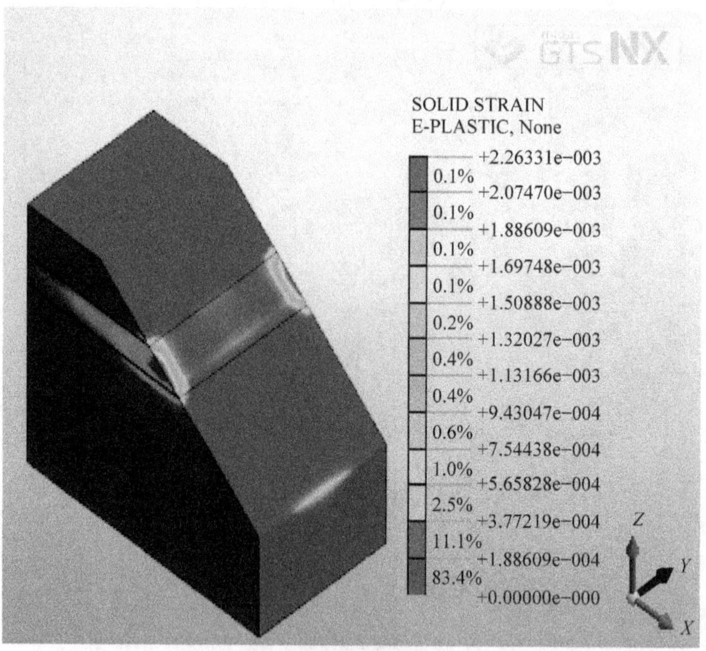

(a) 无隧道边坡塑性应变

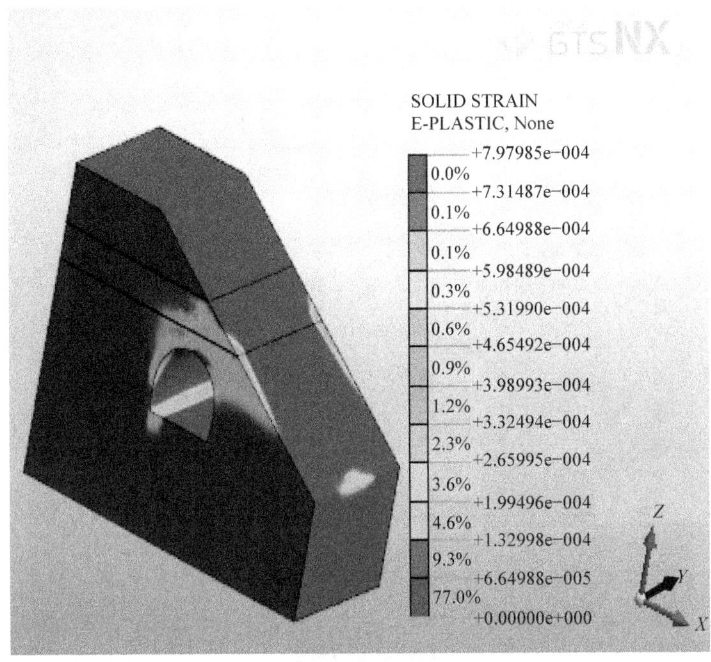

(b) 有隧道边坡塑性应变

图 7-16　地震荷载作用结束时刻有无隧道边坡塑性应变云图

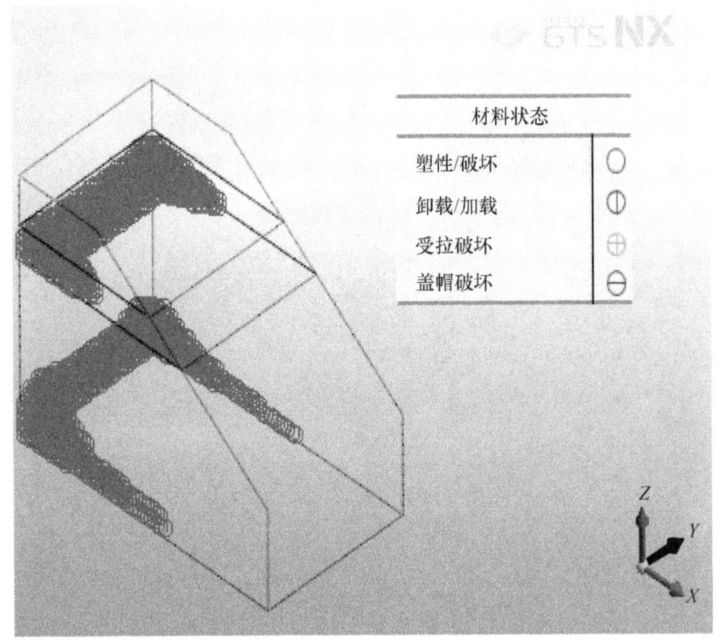

(a) 无隧道边坡塑性区

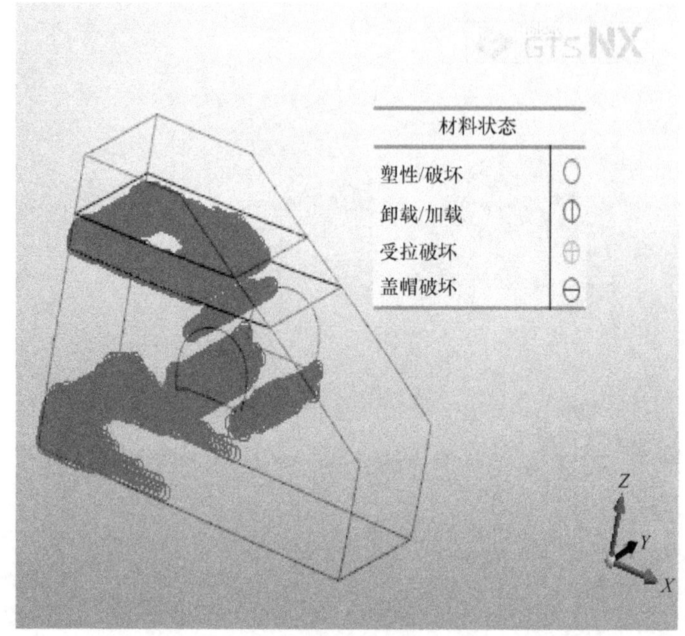

(b) 有隧道边坡塑性区

图 7-17　静力状态下有无隧道边坡塑性区分布

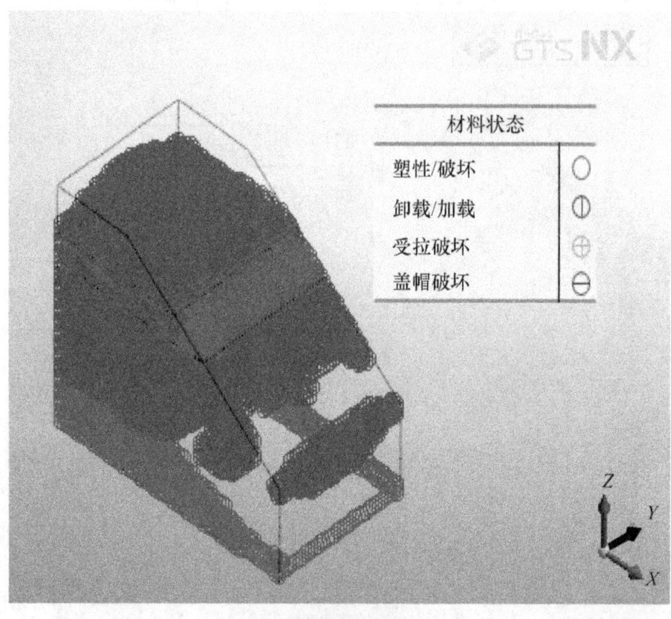

(a) 无隧道边坡塑性区

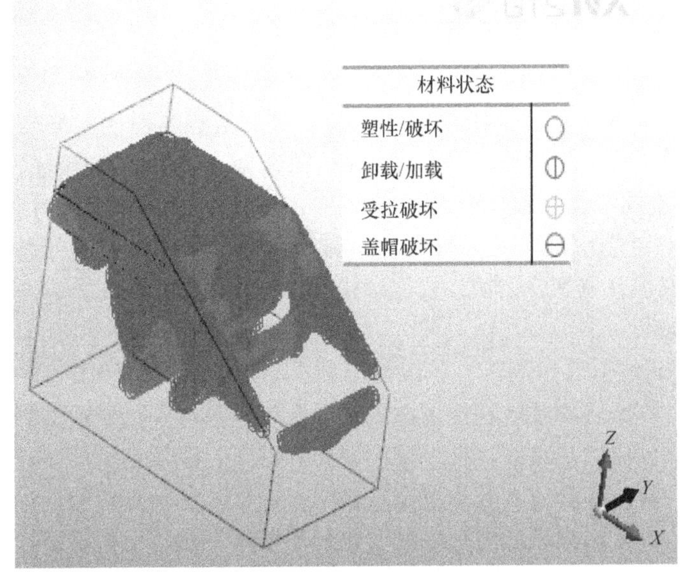

(b) 有隧道边坡塑性区

图 7-18　地震荷载作用结束时刻有无隧道边坡塑性区分布

分析图 7-15～图 7-18，在静力状态下，无隧道层状岩质边坡主要在基岩深层处产生塑性应变，在基岩底部和软质岩层内部出现塑性区并伴随向坡体外部发展的趋势，下伏有隧道边坡主要在偏压侧拱脚和基岩深层岩体产生塑性应变，塑性区也主要分布在基岩深层岩体和两侧拱脚岩体，相比无隧道边坡塑性区的面积明显扩大，而且在软质岩层的岩体塑性区发展较快。在地震荷载作用结束后，坡体的塑性应变和塑性区的分布较静力状态下显著，无隧道边坡的塑性应变主要集中到软质岩层靠近坡表和坡脚处，而下伏有隧道边坡在拱顶和软质岩层靠近坡表的岩体以及坡脚中部的岩体处产生了明显的塑性应变。无隧道边坡的塑性区在基岩底部和软质岩层基本形成贯通区，而下伏有隧道的边坡在拱脚两侧的塑性区向上延伸，软质岩层岩体塑性区不断扩大，在坡脚中部也出现了塑性区。结合表 7-7 中给出的有无隧道边坡在不同状态下的安全系数也可以得出，不管是在静力状态还是在地震荷载作用下，无隧道层状岩质边坡都要较下伏有隧道的边坡更稳定一些。

表 7-7　有无隧道边坡在不同状态下的安全系数

边坡类型	安全系数	
	静力状态	动力状态
有隧道边坡	1.889	1.338
无隧道边坡	2.055	1.357

7.4 本章小结

本章利用有限元软件 MIDAS GTS/NX 对下伏有隧道层状岩质边坡进行三维建模，以输入不同激振强度的 WC-*XZ* 和激振强度为 0.2*g* 时的不同地震波(WC-*X*, WC-*Z*, WC-*XZ*, DR-*XZ*, K-*XZ*)为例，对模型边坡进行动力有限元计算，将结果与振动台模型试验结果进行比较分析。在二者相互验证的基础上，建立无隧道层状岩质边坡的三维模型，探讨隧道的存在对边坡动力响应的影响。本章主要结论如下。

(1) 在不同地震波作用下，数值模拟和模型试验获得的边坡水平向加速度放大趋势趋于一致，岩体竖向加速度放大效果在地震波单向加载时数值模拟与模型试验的结果拟合程度非常好，在地震波双向加载时，除了在坡脚附近的岩体数值模拟获得的竖向加速度放大效果没有试验结果明显，其他部位竖向加速度放大系数的数值模拟结果与模型试验结果的变化趋势基本一致，数值上模拟结果要大于试验结果。

(2) 整体上，在不同激振强度的地震波作用下，数值模拟结果要比模型试验结果偏大，但变化趋势趋于一致。在地震荷载作用下，无隧道边坡加速度的响应程度和放大效果都要比有隧道时更加显著。隧道的存在对边坡动力响应的影响主要体现在竖向地震波的传播特性上，水平向基本不改变加速度的变化趋势。

(3) 在地震荷载作用下，无隧道层状岩质边坡在岩层分界面处受力比较复杂，下伏有隧道的层状岩质边坡则在隧道两侧拱脚和拱顶的围岩以及岩层分界面处受力较为敏感，不管是在静力状态还是在地震荷载作用下，无隧道层状岩质边坡都要较下伏有隧道的边坡更稳定一些。

参考文献

[1] 朱伯芳. 有限单元法原理与应用[M]. 北京: 中国水利水电出版社, 2009.

[2] 陈国兴, 陈忠汉, 马克俭. 工程结构抗震设计原理[M]. 北京: 中国水利水电出版社, 2002.

[3] Bishop A W. The use of the slip circle in the stability analysis of earth slopes[J]. Geotechnique, 1955, 5:7-17.

[4] 伍平, 于建华. 结构抗震设计中地震动输入的若干问题[J]. 西南交通大学学报, 2002, 37(11): 44-49.

[5] 杜修力. 工程波动理论与方法[M]. 北京: 科学出版社, 2009.

[6] 刘晶波, 谷音, 杜义欣. 一致粘弹性人工边界及粘弹性边界单元[J]. 岩土工程学报, 2006, 28(9):1070-1075.

[7] 招商局重庆交通科研设计院有限公司. JTG D70—2004 公路隧道设计规范[S]. 北京: 人民交通出版社, 2004.

第 8 章　基于 MIDAS GTS/NX 的含小净距隧道岩石边坡地震响应特性与稳定性分析

8.1　数值模拟模型的建立

8.1.1　计算模型与边界条件

本章计算模型以某山区高速公路小净距隧道穿越边坡为例建立，模拟范围是长×高×厚=63.8m×36.5m×30m 的区域，边坡高 H=15.5m，坡角β =45°，坡顶后缘长度 B=48.3m，工程地质岩层为层状结构，上部岩层为弱风化Ⅴ类硬质岩，中间为Ⅳ类软质岩，下部隧道穿越的岩层为Ⅲ类完整基岩，振动台模型试验和数值模拟均不考虑节理、断层、地下水等因素的影响。

利用 MIDAS GTS/NX 软件的动力分析模块对边坡进行有限元分析，采用实体单元模拟岩体材料，平面板单元模拟隧道衬砌，采用理想弹塑性本构模型和莫尔-库仑屈服准则。

为了模拟人工边界外半无限介质的弹性恢复能力，并约束动力问题中的零频分量，减小边界效应的影响，在动力分析中模型四周设置为自由场边界，顶部和坡面设置为自由边界，底部设置为静态边界。为满足动力条件下的计算精度要求[1,2]，在 X 方向后方边界至内侧隧道边墙距离取为约 5 倍的单洞跨度。在 Y 方向取长度为 30m，约为 4 倍的单洞跨度。在 Z 方向自由上边界取至坡面和地面，下边界取至距开挖洞底约 3 倍洞高处。在岩层分界面处和衬砌周围进行网格细化，共划分了 20700 个节点、33624 个四节点四面体单元。建立数值模型如图 8-1 所示。

模型两侧边界加速度响应傅里叶谱及底面的加速度时程曲线如图 8-2 所示。对比分析模型同一水平高度边界左右侧的速度响应和加速度响应，发现其时程和傅里叶谱差异性不大，说明动力边界条件施加合理，模拟效果良好。模型底部边界测点的加速度时程曲线与输入地震波的时程曲线吻合程度较好，说明地震波输入合理。

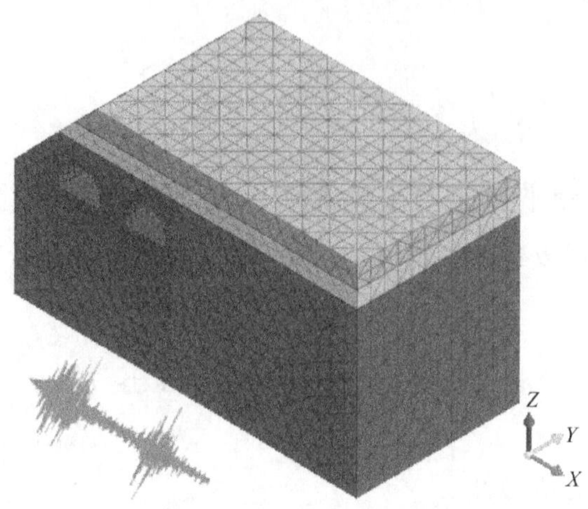

图 8-1　边坡动力分析数值模型

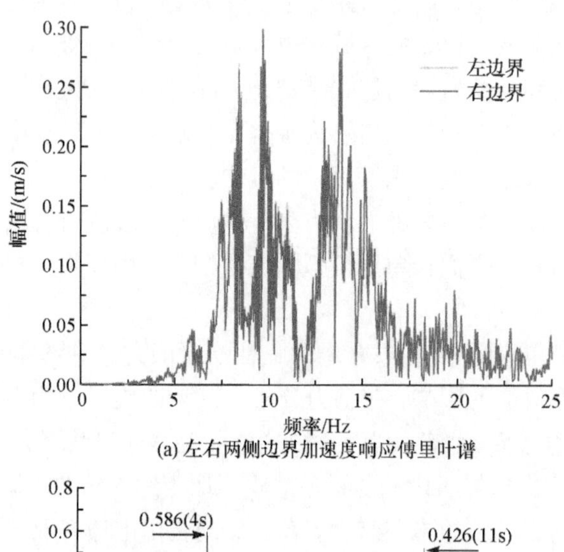

(a) 左右两侧边界加速度响应傅里叶谱

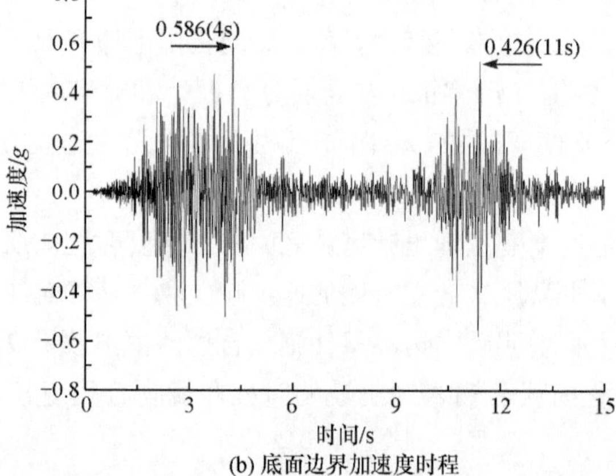

(b) 底面边界加速度时程

图 8-2　模型两侧边界上的加速度响应傅里叶谱及底面边界上的加速度时程曲线

8.1.2　计算参数确定与测点布置

根据相似关系设计和室内试验，并参照相关规范[3]和第 2 章中振动台模型试验的物理力学参数，得到岩层的主要物理力学参数如表 8-1 所示，隧道衬砌的计算参数如表 8-2 所示。参考 Lin 和 Wang[4]的振动台模型试验，在坡面布置了 5 个测点，岩层分界面和坡顶布置了 3 条水平测线，两隧道中间和坡体后方布置了 2 条竖向测线，边界条件设置及测点布置如图 8-3 所示。

表 8-1　岩体材料参数

岩体类别	弹性模量 E/GPa	泊松比 μ	内摩擦角 φ/(°)	黏聚力 c/MPa	容重 γ/(kN/m³)
硬质岩	5.724	0.3	50	0.7	23
软质岩	1.642	0.3	27	0.2	20
基岩	19.23	0.25	65	1.5	25

表 8-2　衬砌(喷射混凝土)计算参数

弹性模量 E/GPa	泊松比 μ	容重 γ/(kN/m³)	厚度 b/m
34.5	0.167	24	0.4

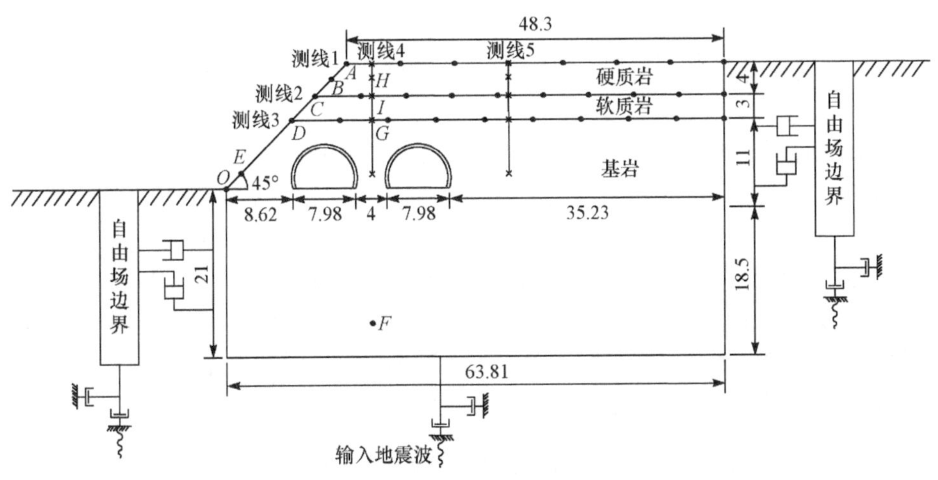

图 8-3　边坡测点位置分布(单位：m)

8.1.3　地震波输入与加载方案

试验以汶川波、Kobe 波和大瑞波作为地震波输入。对汶川波采用水平向(X)单向、水平向和竖向(XZ)双向 2 种激振方式，对 Kobe 波和大瑞波采用水平向和竖向(XZ)双向 1 种激振方式，讨论不同加载方式及地震波类型对含小净距隧道岩石边坡响应的影响。对汶川波采用不同的加速度峰值和时间压缩比，讨论同一类型地震波加速度峰值和频率对含小净距隧道岩石边坡响应的影响。对 Kobe 波采用不同的激振时间，讨论持续时间对含小净距隧道岩石边坡响应的影响。各工况下的输入地震动参数如表 8-3 所示。各地震波的加速度时程曲线如图 7-4 所示。竖向地震波、水平向和竖向双向地震波的加载方式与振动台模型试验的加载方式相同。

表 8-3　各工况下的输入地震动参数

工况编号	地震波类型	加速度峰值/g	时间压缩比	持续时间/s
M1/2-1	WC-*X*/*XZ*	0.1	3.16	20
M1-2	WC-*X*/*XZ*	0.2	3.16	20
M1-3/M4-1	WC-*X*/*XZ*	0.4	3.16	20
M1-4	WC-*X*/*XZ*	0.6	3.16	20
M2-2	WC-*X*/*XZ*	0.1	1	63.2
M2-3	WC-*X*/*XZ*	0.1	1.78	35.5
M2-4	WC-*X*/*XZ*	0.1	5.62	11.2
M3-1	DR-*XZ*	0.4	3.16	10
M3/4-2	DR-*XZ*	0.4	3.16	20
M3-3	DR-*XZ*	0.4	3.16	30
M4-3	K-*XZ*	0.4	3.16	20
M5	静力	—	—	—

8.2　振动台模型试验与数值模拟结果对比分析

本节以振动台模型试验中激振强度为 0.2g 和 0.4g 的各地震波加载工况为例(加载方案见表 4-3)，对振动台模型试验和 MIDAS GTS/NX 数值模拟的边坡加速度响应峰值进行对比，以验算数值计算模型的有效性。数值模型的测点 A～E 分别对应振动台模型的测点 5～1。表 8-4 列出激振强度为 0.2g 时模型试验和数值模拟的坡面水平向和竖向加速度响应峰值。图 8-4 给出激振强度为 0.4g 时模型试验和数值模拟的坡面水平向加速度放大系数。图 8-5 给出激振强度为 0.4g 时振动台模型试验和数值模拟的坡面竖向加速度放大系数。

表 8-4　数值模拟与模型试验坡面加速度响应峰值比较

工况		各测点加速度响应峰值/g									
		JX1	JZ1	JX2	JZ2	JX3	JZ3	JX4	JZ4	JX5	JZ5
WC-*X*	试验	0.200	0.212	0.199	0.192	0.234	0.068	0.232	0.065	0.265	0.116
	模拟	0.231	0.195	0.208	0.193	0.257	0.092	0.258	0.098	0.277	0.125

续表

工况		各测点加速度响应峰值/g									
		JX1	JZ1	JX2	JZ2	JX3	JZ3	JX4	JZ4	JX5	JZ5
WC-Z	试验	0.037	0.162	0.056	0.151	0.035	0.079	0.055	0.082	0.052	0.165
	模拟	0.045	0.209	0.061	0.212	0.057	0.105	0.064	0.109	0.060	0.232
WC-XZ	试验	0.190	0.397	0.165	0.367	0.277	0.148	0.261	0.147	0.306	0.269
	模拟	0.209	0.402	0.180	0.387	0.308	0.255	0.302	0.260	0.394	0.317
DR-XZ	试验	0.195	0.316	0.158	0.302	0.225	0.118	0.211	0.126	0.246	0.228
	模拟	0.197	0.327	0.169	0.310	0.227	0.127	0.229	0.131	0.266	0.249
K-XZ	试验	0.166	0.406	0.153	0.370	0.259	0.153	0.259	0.155	0.277	0.267
	模拟	0.170	0.402	0.167	0.398	0.285	0.221	0.290	0.217	0.306	0.299

由表 8-4 可知，当激振强度为 0.2g 时，各加载工况下数值模拟结果稍大于模型试验结果，原因可能是：①在数值分析中，模型材料为理想的连续材料，而实际的振动台模型材料为不连续体，内部含有结构面和裂缝等；②数值模拟的条件比较理想，而模型试验受孔隙水压力、压实度和边界条件等因素影响；③数值模拟中采用的阻尼比为 5%，可能小于实际值。当数值模拟与试验结果的误差在一个数量级时，可认为数值模拟结果是合理的。表 8-4 中的数值模拟结果和模型试验结果相差不大，误差在允许范围之内且各测点变化规律基本相同，可以说明数值模拟结果是可靠的。

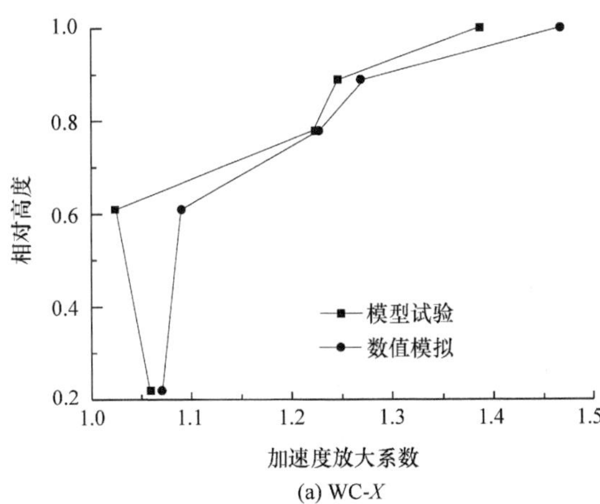

(a) WC-X

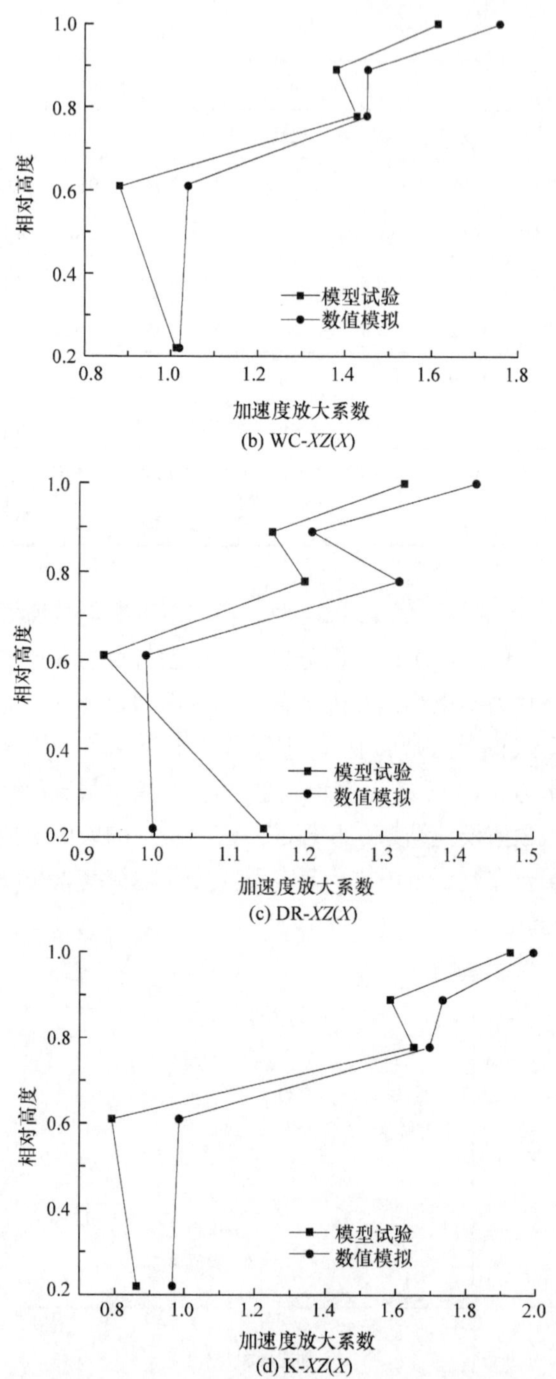

图 8-4　测点水平向加速度放大系数的数值模拟与模型试验结果

由图 8-4 可知，当激振强度为 0.4g 时，各工况下坡面水平向加速度放大系数数值模拟结果与振动台模型试验结果的变化规律基本一致，随坡面测点高度的增加均呈现出非线性增大的趋势，且数值模拟结果整体上略大于模型试验结果。在相对高度 0.6 以下，模型试验的水平向加速度放大系数有减小趋势，而数值模拟的加速度放大系数变化幅度较小，模型试验和数值模拟结果都说明了坡面测点的加速度响应受小净距隧道和输入地震波耦合作用的影响。在相对高度 0.6 以上，模型试验加速度放大系数在软质岩层处有减小趋势，而数值模拟加速度放大系数仅在 DR-*XZ* 激振下表现为减小趋势，在 WC-*X*、WC-*XZ* 和 K-*XZ* 激振下表现为增大速率变小。

相较于数值模拟结果，模型试验加速度放大系数的变化幅度较大。这是因为数值模型的整体性更好，各结构单元节点耦合连接，而振动台模型各岩层、隧道与围岩之间会出现相互错动，使得不同部位的响应大不相同。

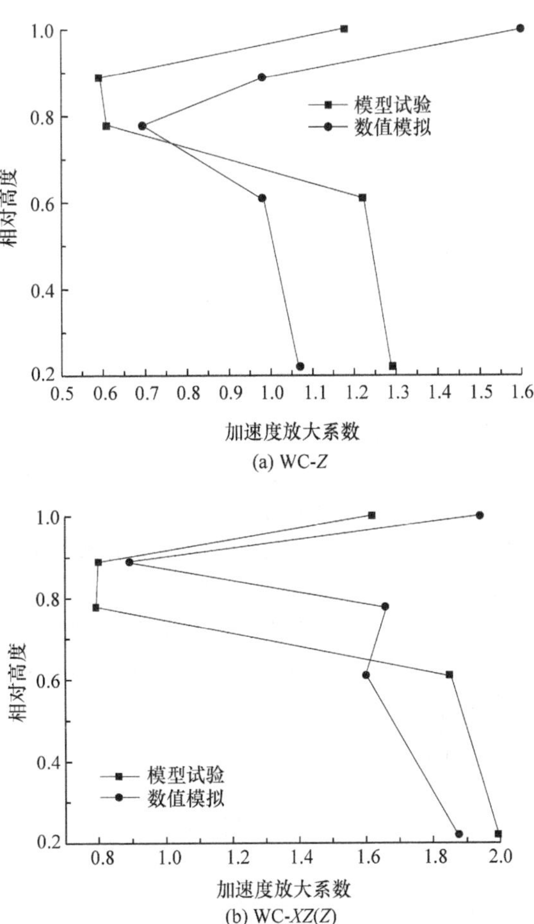

(a) WC-*Z*

(b) WC-*XZ*(*Z*)

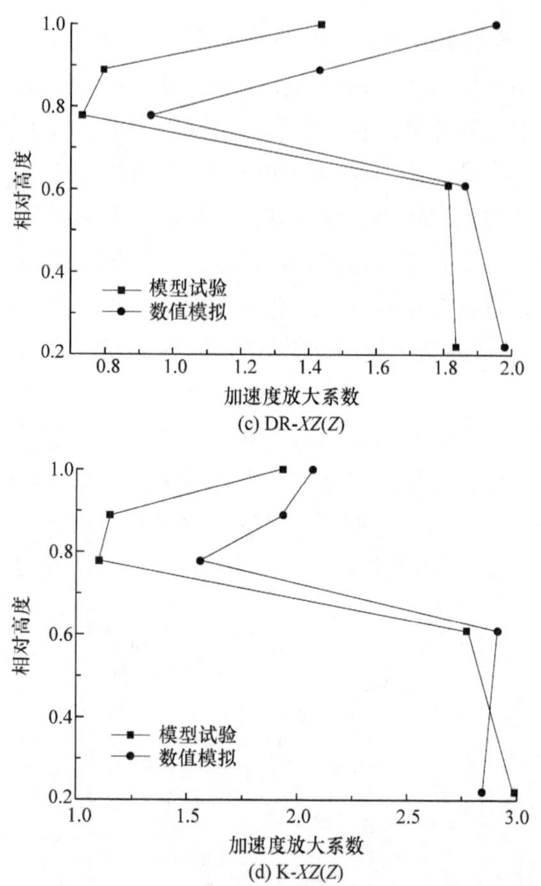

图 8-5　测点竖向加速度放大系数的数值模拟与模型试验结果

由图 8-5 可知，坡面竖向加速度放大系数的数值模拟与模型试验结果随着坡高的增加均呈现先减小后增大的非线性变化趋势，二者的变化规律大体一致，放大系数也较接近，数值模拟结果稍大于模型试验结果。在不同地震波激振下，边坡中下部和坡顶部位的竖向加速度放大系数均较大，说明边坡所受的竖向惯性力也较大，在边坡抗震设计中不应忽略竖向地震作用。

综合分析图 8-4 和图 8-5 可知，数值模拟结果和模型试验结果的坡面加速度放大系数变化规律基本一致，结果较为相近，说明数值模拟与模型试验得到了较好的相互验证。对于边坡在地震作用下的动力响应分析，表明振动台模型试验是合理的，数值模拟是可靠的。

8.3　地震作用下含小净距隧道边坡的动力响应规律

在第 6 章中通过振动台模型试验分析讨论了含小净距隧道边坡坡面的动力响

应规律，由于试验条件的限制，没有采集坡内相关数据。因此，本节采用数值模拟方法对振动台模型试验进行补充，对边坡内部的动力响应规律、地震稳定性及相关影响因素进行分析。

8.3.1　水平向位移响应

对表 8-3 的 M1 地震波加载工况进行数值模拟分析，发现边坡具有相似的动力响应规律。现以工况 M1-3(WC-*X* 和 WC-*XZ* 波，幅值 0.4*g*，持续时间 20s)的位移响应情况为例进行分析。

图 8-6 分别为 WC-*X* 和 WC-*XZ* 激振下的边坡各测点位移曲线。以关键点位移曲线是否收敛作为边坡是否失稳的主要判据，以位移曲线的突变作为边坡动力响应的辅助判据。选取坡肩和坡顶处的测点 4、5 为关键点，由图 8-6 可知，测点 4、5 的位移时程曲线在起始阶段发生了较大的位移波动，在地震波峰值时刻

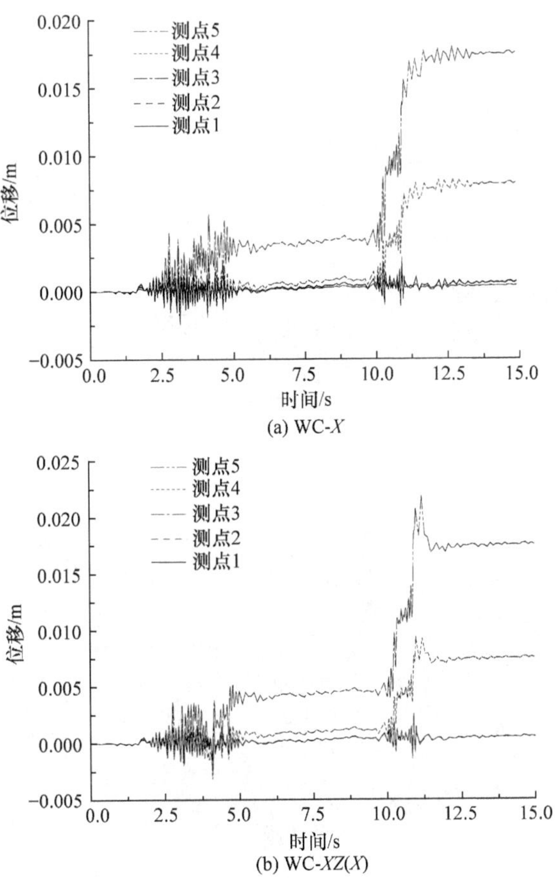

图 8-6　WC-*X* 和 WC-*XZ* 激振下的坡面各测点位移曲线

t=4s 和 t=10.6s 时产生了较大的位移突变，此后位移波动幅度不大，逐渐趋于稳定，在地震动结束时产生收敛的永久位移，边坡并没有失稳破坏，说明在地震刚发生，即边坡岩体由静态到动态发生系统改变时，以及在地震动峰值时刻边坡均受到了强烈的扰动，边坡处于最危险的状态。在 WC-*XZ* 双向激振下边坡的永久位移产生了少量的回弹，但是在 WC-*X* 单向激振下没有产生。这可能与竖向地震波和坡内结构的耦合作用有关。

图 8-7 为 WC-*X* 和 WC-*XZ* 激振下的计算终态边坡水平向位移云图。从图 8-7 可以看出，两种方式激振下的位移场分界面为结构面，不同岩层处的位移场明显不同，在坡顶处均产生了最大水平向位移，水平向地震作用下最大水平向位移为 17.19mm，耦合地震作用下最大水平向位移为 18.92mm，二者最大数值差不多，说明边坡水平向位移主要受水平向地震波的影响。岩质边坡位移场与土质边坡不同[5]，土质边坡最大水平向位移发生在坡脚处，而岩石边坡最大水平向位移发生在坡顶及岩层结构面附近，结构面对边坡的动力响应起控制作用。

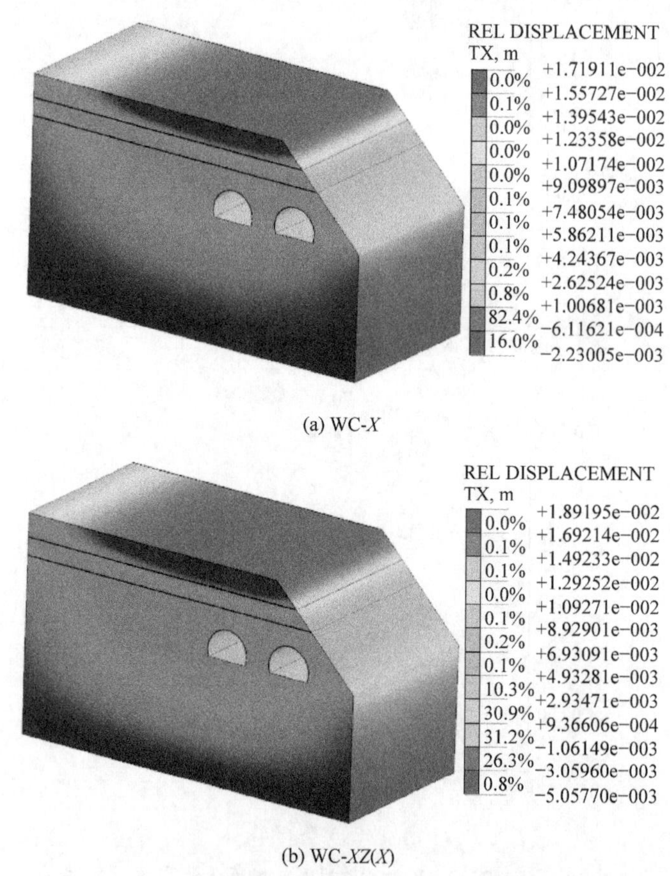

(a) WC-*X*

(b) WC-*XZ*(*X*)

图 8-7　计算终态边坡水平向位移云图

8.3.2　加速度响应

采用加速度响应峰值和加速度放大系数两个指标，对含小净距隧道边坡进行加速度响应分析。为了更好地描述坡面加速度响应规律，选择坡脚 O 点为基准点，事实上，各工况下坡脚加速度响应峰值较输入地震波加速度峰值已有不同程度的放大，规定数值模拟的加速度放大系数为：当 XZ 双向作用时，X、Z 向加速度放大系数分别为测点水平向加速度响应峰值与坡脚 O 点水平向加速度响应峰值的比值、测点竖向加速度响应峰值与坡脚 O 点竖向加速度响应峰值的比值。如图 8-3 所示，水平向在坡顶和岩层分界面分别布置 3 条测线，竖向在两隧道中间和坡体后方分别布置两条测线。图 8-8(a) 给出 WC-XZ 双向激振下测线 1～3 的坡体水平向加速度放大系数分布规律，图 8-8(b) 和 (c) 给出 WC-XZ 双向激振下测线 4、5 的坡体竖向和坡面方向的竖向和水平向加速度放大系数分布规律。

由图 8-8(a) 可知，测线 1～3 上的水平向加速度放大系数从坡体远端至坡面，均呈现出线性增大的特征，说明边坡存在临空面放大作用。由弹性应力波理论，台面输入的剪切波分量垂直偏振横波(SV 波)传播到岩层分界面、衬砌结构面、坡面时将发生波场分裂现象，形成新的胀缩波(P 波)和相同的垂直偏振横波，地震波相互叠加在坡面和坡肩附近产生复杂的地震波场，使其加速度峰值明显增大。

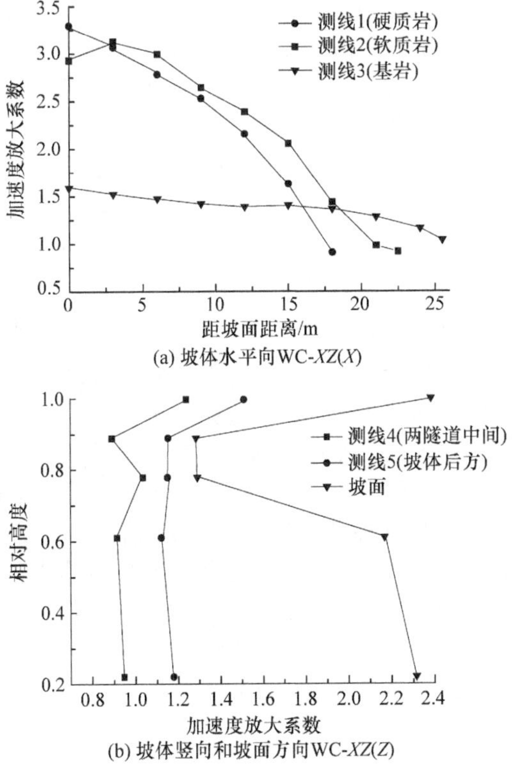

(a) 坡体水平向WC-XZ(X)

(b) 坡体竖向和坡面方向WC-XZ(Z)

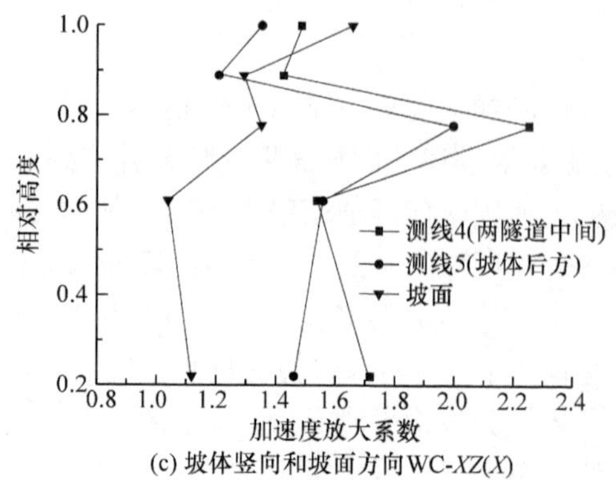

(c) 坡体竖向和坡面方向WC-*XZ*(*X*)

图 8-8　边坡竖向、水平向和坡面各点加速度放大系数

图 8-8(b) 给出了坡面、两隧道中间和坡体后方的竖向加速度放大系数在 WC-*XZ* 双向激振下随高程的变化规律。加速度放大系数总体上表现出非线性变化的特征。坡面的加速度放大系数从坡脚到 4/5 坡高(硬质岩和软质岩分界面)处，因小净距隧道和输入地震波耦合作用及上部岩体自重的影响，边坡对竖向地震波产生抑制作用，加速度放大系数呈现递减趋势，在软质岩层递减幅度稍大；而在此高度以上，加速度放大系数随着高程的增加而增大，在坡肩附近急剧增大。这说明围岩级别对放大效应有影响，围岩完整性越差，竖向加速度放大效应被抑制得越明显。坡体上部受到的约束较下部较少，在底部地震动的作用下，会产生更剧烈的运动。两隧道中间和坡体后方的竖向加速度放大系数随高程的增加并未表现出增大或者减小的趋势，仅在坡肩至坡顶处表现出明显的递增趋势。这是因为加速度的动力响应规律受到坡面、高程和围岩类型的影响。此外，根据弹性波散射理论，地震波在传播过程中遇到异质界面时为了保持状态平衡将发生波场分裂现象，在自由表面、岩层分界面和隧道衬砌内壁会发生反射和折射叠加现象，所以在坡面和坡体内部形成不同的复合振动波场。

从图 8-8(c) 可以看出，坡面、两隧道中间和坡体后方的水平向加速度放大系数在 WC-*XZ* 双向激振下随坡高的增加均呈现出非线性变化的特征。从坡脚到 3/5 坡高处，坡面和两隧道中间的水平向加速度放大系数逐渐减小，而坡体后方加速度放大系数逐渐增大，这是因为小净距隧道和输入地震波的耦合作用，边坡对水平向地震波产生抑制作用，而坡体后方因无耦合作用的存在，故加速度放大系数增大；而在此高度以上，坡面的加速度放大系数在软质岩处急剧增大，当到达硬质岩后，增大趋势变缓甚至减小，在接近坡顶处又急剧增大，两隧道中间和坡体后方的加速度放大系数均表现出相同的变化趋势。这说明围岩级别对放大效应也有影响，围岩完整性越差，水平向加速度放大效应越明显。坡面的加速度放大系数呈现出较强的线性规律，而两隧道中间和坡体后方的加速度放大系数并未表现出一定的增大或减小趋势，时而增大、时而减小，呈现出不规则变化的特征。综合分析坡面和坡体内部的变化规律可以发现，坡面上质点加速度放大系数沿高程的分布,实际上是坡体内质点动力响应沿高程方向和水平向变化规律共同作用的结果。

图 8-9 为同一高程的坡面 *C* 点和坡体中间 *I* 点的竖向加速度响应时程曲线，*I* 点的竖向加速度响应峰值仅为 2m/s^2，经过坡体传播到坡面 *C* 点，竖向加速度响应峰值达到 5.8m/s^2，充分说明了这一现象。测线 2 软质岩层和测线 1 硬质岩层加速度放大系数整体上大于测线 3 基岩层，这与岩层有关，测线 1 和 2 刚好位于岩层分界面，地震作用下受剪切作用较强，故对应的加速度放大效应明显。

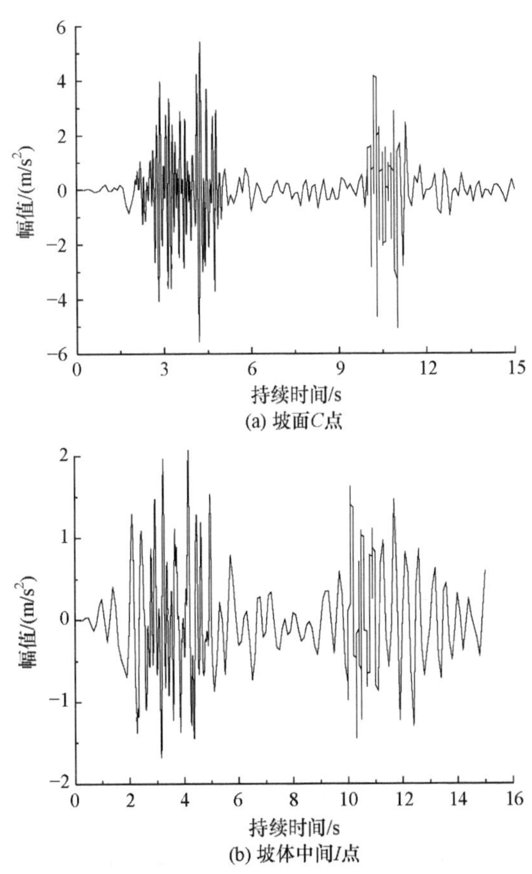

图 8-9　坡体同一高程不同位置的竖向加速度响应时程曲线

图 8-10 为坡底 *F* 点、坡中 *G* 点、坡顶 *H* 点加速度响应的傅里叶谱。*F* 点加速度卓越频率集中在 1.5～4Hz，*G* 点卓越频率集中在 0.5～3.5Hz，*H* 点卓越频率集中在 0.4～2Hz。*G* 点和 *H* 点卓越频率幅值变小。这说明坡底输入的地震波经过边坡岩体介质和隧道传播后，其频谱成分发生了明显的改变，因岩体自身材料阻尼的作用吸收了一部分地震波能量，隧道内衬砌也吸收和反射一部分波的能量，所以边坡对地震波的高频段存在滤波作用。坡体由底部到顶部的加速度响应傅里

叶谱谱值在 5～15Hz 内逐渐减小，在 1.2～4Hz 内逐渐增大。这说明边坡对地震波的低频段存在放大作用，使得加速度放大系数沿坡面向上呈现出先减小后增大的趋势。

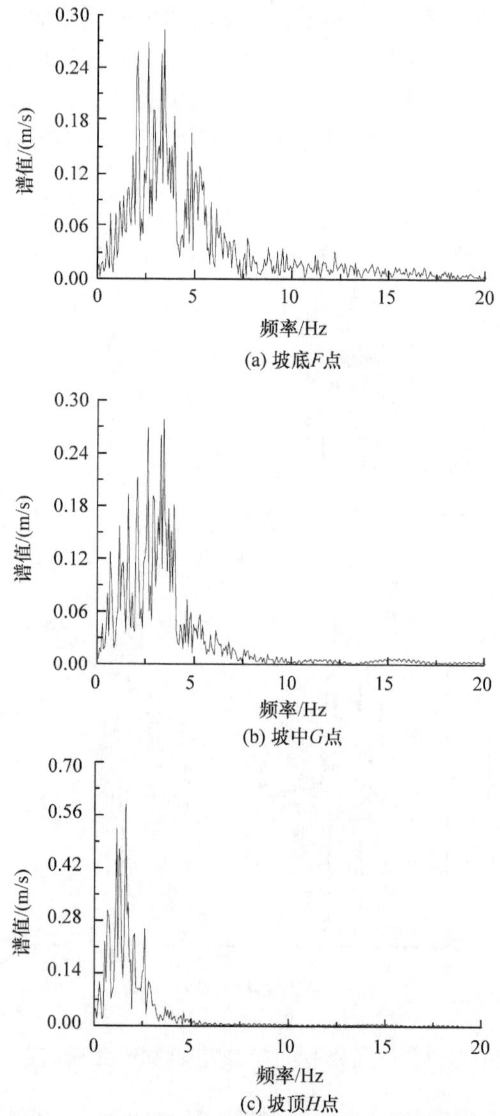

(a) 坡底 F 点

(b) 坡中 G 点

(c) 坡顶 H 点

图 8-10　边坡坡底、坡中和坡顶的加速度响应傅里叶谱

8.3.3　边坡应力场分析

图 8-11 分别为 WC-X 和 WC-XZ 激振下的边坡最大主应力云图。从图中可知，在两种方式激振下边坡均处于拉应力工作环境，应力从坡顶到坡脚逐渐增大，在

坡脚处出现应力集中现象，且二者最大数值相差不多；在隧道周围出现明显的应力跳跃现象，说明隧道的存在阻隔了应力的传递；隧道周围的应力集中区均产生在隧道共轭 45°方向上，在两种方式激振下均为左拱脚和右拱肩。中夹岩的应力集中区产生在左隧道右拱肩和右隧道左拱脚的连线处。在坡脚和右隧道拱顶的连线处也产生了较大的应力集中区。双向耦合地震作用下隧道周围的应力集中区较水平向地震作用下范围更大。

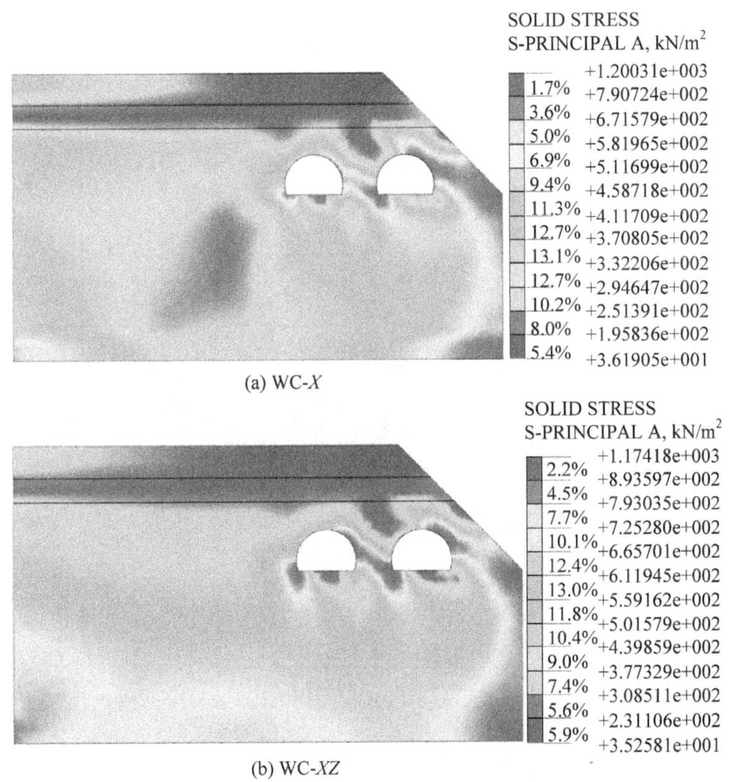

(a) WC-*X*

(b) WC-*XZ*

图 8-11　WC-*X* 和 WC-*XZ* 激振下的边坡最大主应力云图

图 8-12 为 WC-*X* 和 WC-*XZ* 激振下的边坡最大剪应力云图。从图 8-12 中可看出，两种激振方式下，在小净距隧道周围均产生了较大的剪应力集中区，且在中夹岩处及右隧道和坡脚处均形成了贯通的剪应力区，此处极易发生剪切破坏。双向耦合地震作用下剪应力最大值为 0.71MPa，水平向地震作用下剪应力为 0.64MPa。这说明双向耦合地震对边坡内部的动力响应影响更大，在边坡抗震设计时应考虑竖向地震的作用，对特殊部位进行加固。

图 8-13 为静力状态下边坡的最大主应力和最大剪应力云图。从图 8-13(a) 可以看出，边坡应力表现出明显的分层特性，在坡面和坡顶表层受到的压力较小，

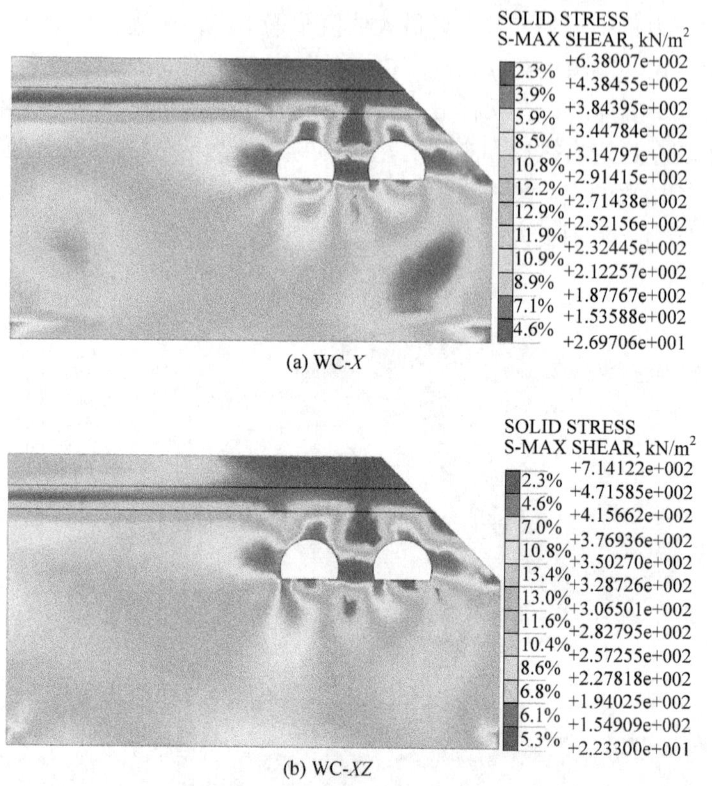

(a) WC-*X*

(b) WC-*XZ*

图 8-12　WC-*X* 和 WC-*XZ* 激振下的边坡最大剪应力云图

主要表现为拉应力。边坡内部由上而下由拉应力逐渐变为压应力且数值逐渐增加，在小净距隧道的拱顶和拱底处出现较大的拉应力。从图 8-13(b) 可以看出，在左隧道的左右两侧拱腰和拱脚处及右隧道的左拱腰和拱脚处出现较大的剪应力，最大值为 0.29MPa。

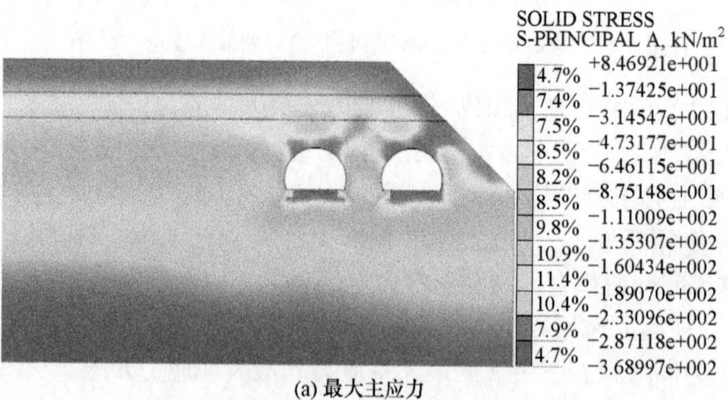

(a) 最大主应力

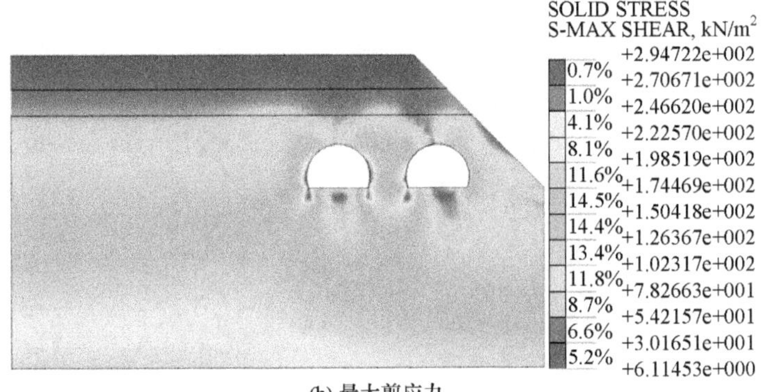

(b) 最大剪应力

图 8-13　静力状态下边坡应力云图

比较静力状态下和地震作用下的边坡应力云图可以发现，隧道和地震波的双向耦合作用极大地改变了边坡内部的应力分布。根据弹性波散射理论，地震波在传播过程中遇到异质界面时，为了保持状态平衡将发生波场分裂现象，在自由表面，岩层分界面和隧道衬砌内壁会发生反射和折射叠加现象，所以在坡体内部形成不同的复合振动波场，改变边坡内部的应力场分布。综上所述，小净距隧道围岩共轭 45°方向，中夹岩和坡脚处极易发生拉伸破坏和剪切破坏，导致隧道坍塌，坡面下陷变形。

8.3.4　塑性区及安全系数

图 8-14 给出双向耦合地震作用下边坡 4s、10.6s 和 15s 的塑性应变云图。塑性应变分布结果表明，在 4s 第一次达到地震动峰值时，在软质岩层及中夹岩处形成塑性区，随着动力时程软质岩层塑性区逐渐加大并往深部扩展，中夹岩处塑性区贯通，隧道围岩共轭 45°方向形成明显的塑性区；在 10.6s 第二次达到地震动峰值时，塑性区达到最大；在 15s 时，随着地震的持续，塑性区逐步减小。这说明地震惯性力导致了边坡内部的应力积聚效应，边坡会在剪应力和拉应力的积聚与扩展过程中发生拉伸破坏和剪切破坏。

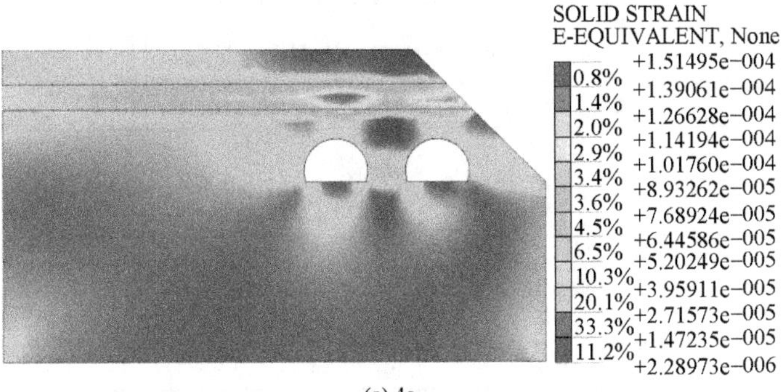

(a) 4s

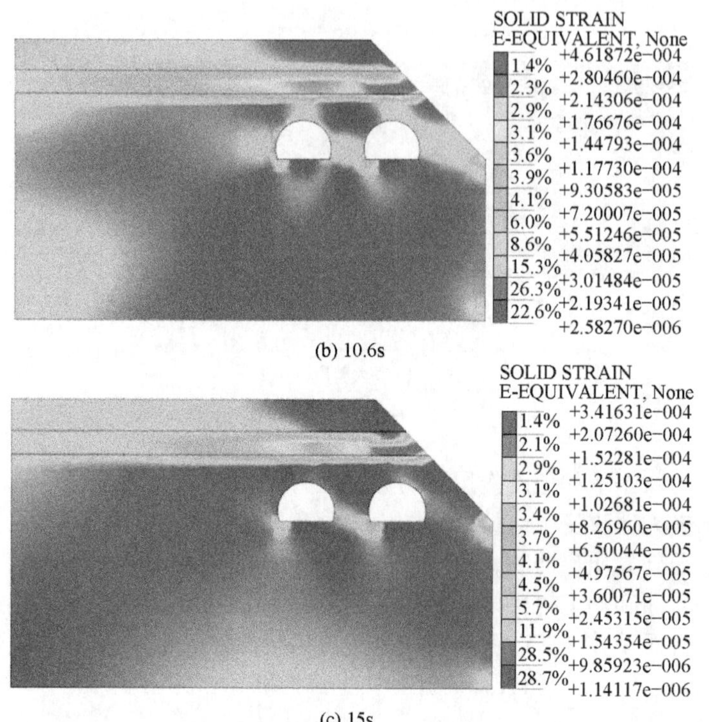

(b) 10.6s

(c) 15s

图 8-14　地震过程中不同时刻的边坡塑性区塑性应变云图

采用 MIDAS 软件的“非线性时程+强度折减法”动力平衡边坡稳定分析方法，在动力计算结果的基础上，叠加静力场，利用强度折减法，求出工况 M1-4 和工况 M5 下不同时刻的边坡安全系数。不同工况下的边坡安全系数见表 8-5。两种方式激振下，安全系数均随着地震作用时间的增加而减小，但水平向地震作用下在 2 次地震加速度峰值及地震结束时刻的安全系数均小于双向耦合地震作用时的安全系数。地震作用时各时刻的安全系数均小于静力作用下的安全系数。在地震动激振下岩体的应力状态是地震形成的动应力和自重形成的静应力的叠加，随着地震的持续动应力的大小和方向在不断变化。

表 8-5　不同工况下的边坡安全系数

工况编号	地震波加载方式	地震作用时间/s	安全系数
M1-4	WC-*X*	4	2.63
		10.6	1.67
		15	1.40
M1-4	WC-*XZ*	4	2.15
		10.6	1.14
		15	1.09
M5	静力	—	4.72

图 8-15 给出动应力的大小和方向处于最不利于稳定时刻的岩体应力状态影响图。可以看出，水平向地震力和竖向地震力使得岩体的应力状态更接近破坏强度线，所以双向耦合地震作用下更容易发生破坏，水平向地震作用下次之。

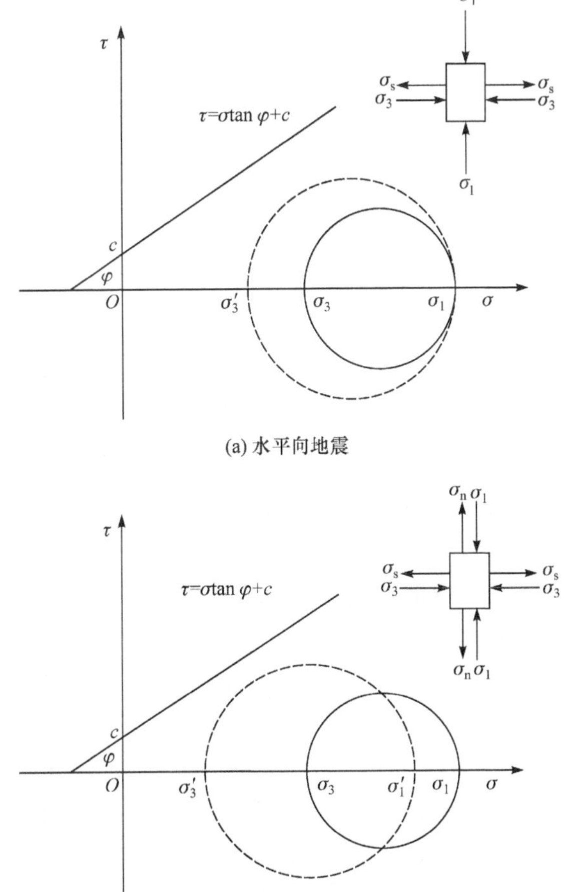

(a) 水平向地震

(b) 双向耦合地震

σ_1为水平向地应力；σ_3为竖向地应力；

σ_s为地震作用下水平向动应力；σ_n为地震作用下竖向动应力

图 8-15　地震对岩体应力状态影响图

8.3.5　有无隧道的岩石边坡地震响应比较

利用 MIDAS GTS/NX 软件建立无隧道边坡动力分析数值模型，对表 8-3 所列 M1 地震波加载工况进行模拟分析，并将计算结果与含小净距隧道岩石边坡模拟结果进行比较，发现动力响应具有相似的规律。表 8-6 列出不同激振强度下含小净距隧道边坡与无隧道边坡坡面各测点加速度响应峰值的数值模拟结果。

表 8-6　不同激振强度下有无隧道边坡坡面测点加速度响应峰值的数值模拟结果

激振强度		测点加速度响应峰值/g									
		JX-E	JZ-E	JX-D	JZ-D	JX-C	JZ-C	JX-B	JZ-B	JX-A	JZ-A
1	有隧道	0.1103	0.1996	0.0921	0.1902	0.1428	0.0812	0.1342	0.0823	0.1546	0.1392
	无隧道	0.1115	0.0736	0.1240	0.1132	0.1337	0.1072	0.1422	0.1171	0.1679	0.1473
2	有隧道	0.1963	0.3924	0.1752	0.3782	0.2859	0.1408	0.2710	0.1556	0.3163	0.2701
	无隧道	0.2052	0.1954	0.2302	0.2504	0.2696	0.2384	0.2868	0.2702	0.3325	0.3428
4	有隧道	0.3859	0.6599	0.3454	0.5683	0.5448	0.5889	0.4299	0.3171	0.4999	0.5841
	无隧道	0.3414	0.3426	0.3491	0.4029	0.4679	0.3437	0.4754	0.3981	0.5332	0.4942
6	有隧道	0.6043	0.1124	0.5231	0.8793	0.6943	0.4329	0.7213	0.4987	0.7998	0.1003
	无隧道	0.5420	0.5115	0.6090	0.7013	0.7270	0.6083	0.7653	0.6977	0.8313	0.8760

现以工况 M1-3(WC-*XZ* 波，激振强度为 0.4g，持续时间 20s)为例，对比分析隧道的存在对边坡动力响应规律的影响。图 8-16 给出含小净距隧道边坡和无隧道边坡的水平向和竖向加速度放大系数沿坡面分布规律的对比图。图 8-17 为含小净距隧道边坡和无隧道边坡在不同激振强度作用下的坡体最大位移。

从图 8-16 可以看出，含小净距隧道边坡和无隧道边坡的水平向和竖向加速度响应既存在相同的特性也存在不同的特性。两种类型边坡坡面的水平向和竖向加速度放大系数均随着高程的增加呈现非线性变化的特征。在软质岩层处水平向加速度放大系数均急剧增大，竖向加速度放大系数均有一定程度的减小，说明围岩级别对加速度放大效应有一定影响，对于围岩级别越高、整体性越强的岩体，破坏作用较小；对于围岩级别越低，类似于半弹性散粒体的岩体，破坏作用较大。两种类型边坡在坡顶附近，水平向和竖向加速度放大系数均急剧增大，这是由在坡顶附近入射波和反射波的叠加效应及在传播方向上的约束减小所致。无隧道边坡水平向和竖向加速度放大系数均随高程的增加而增大，在坡顶处急剧增大，其加速度响应规律说明了坡体对输入地震波存在垂直放大作用和临空面放大作用，这与杨国香等[6]的岩质边坡振动台模型试验结果吻合；而含小净距隧道边坡因隧道和输入地震波的双向耦合作用，使竖向波和水平向波及地质界面的反射波在隧道内发生干涉，改变了地震波的传播方向，从而使地震波以不同的入射角在坡体内传播，在坡面中下部加速度放大系数表现出减小的趋势。含小净距隧道边坡较无

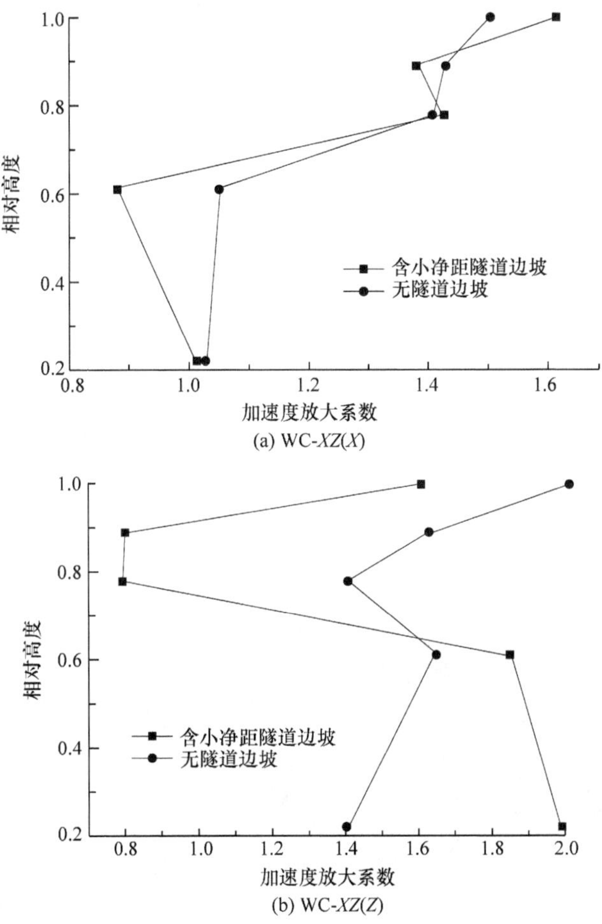

(a) WC-$XZ(X)$

(b) WC-$XZ(Z)$

图 8-16　边坡水平向和竖向加速度放大系数沿坡面分布规律

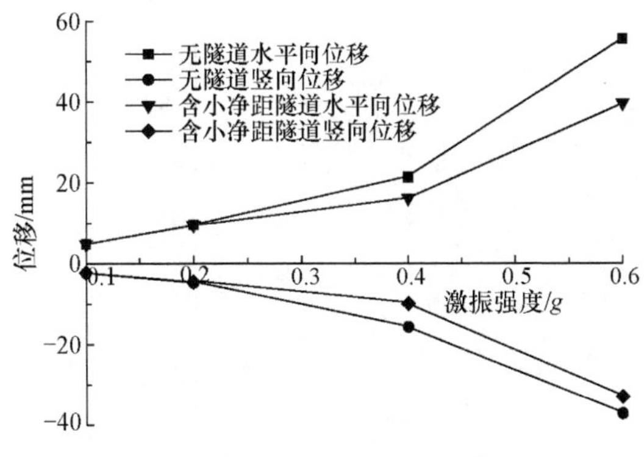

图 8-17　不同激振强度作用下的坡体最大位移

隧道边坡表现出更强的非线性变化特征，这是因为含小净距隧道边坡内存在大量的结构面和临空面，地震波在结构面和隧道内传播时产生大量的折射、反射等现象，从而形成复杂的地震波场，其受力特性也更加复杂。

从图 8-17 可以看出，两种类型边坡的坡体最大水平向和竖向位移均随着激振强度的增加呈现增大趋势。当激振强度小于等于 0.4g 时，坡体的水平向和竖向位移缓慢增大，但当激振强度为 0.6g 时，坡体位移被迅速放大，说明随着输入地震波能量的增大，边坡位移响应逐渐变大，在坡顶附近易发生岩体滑塌等破坏现象。无隧道边坡的水平向和竖向位移总体上大于含小净距隧道边坡，这是因为小净距隧道和地震波的双向耦合作用，各类型的地震波在坡体内发生干涉现象，使得竖向波和水平向波振幅均减小。

图 8-18 和图 8-19 分别给出含小净距隧道边坡和无隧道边坡在地震荷载作用下的最大主应力和最大剪应力云图。

(a) 含小净距隧道边坡最大主应力

(b) 无隧道边坡最大主应力

图 8-18　动力状态下含小净距隧道边坡和无隧道边坡的最大主应力云图

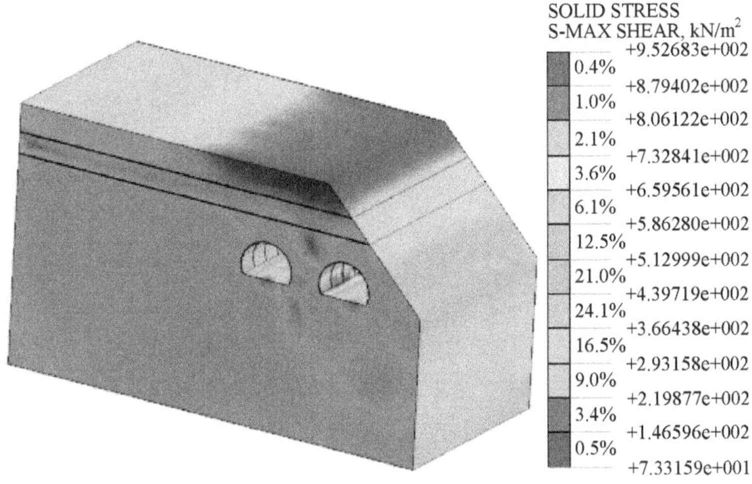

(a) 含小净距隧道边坡最大剪应力

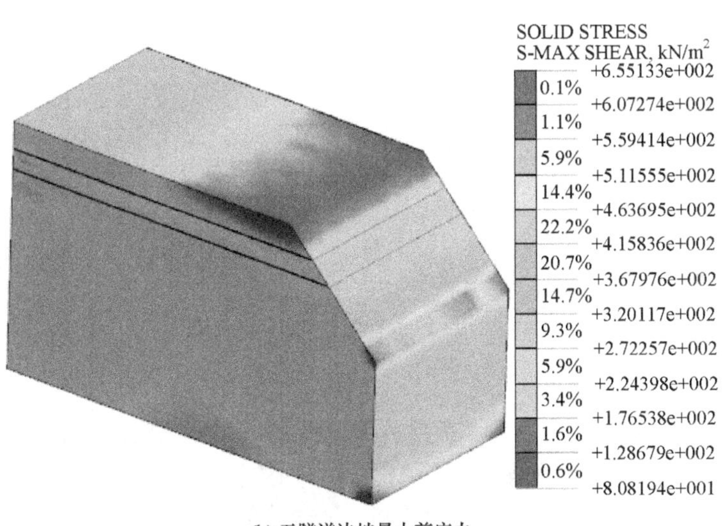

(b) 无隧道边坡最大剪应力

图 8-19　动力状态下含小净距隧道边坡和无隧道边坡的最大剪应力云图

从图 8-18 可以看出，在地震荷载作用下，无隧道边坡岩体最大拉应力出现在靠近坡脚部位岩体处，达 1.17MPa；而含小净距隧道边坡最大拉应力出现在坡脚、偏压侧隧道右侧拱肩处，以及两个隧道的非偏压侧拱脚处及两隧道中夹岩处，达 1.16MPa。含小净距隧道边坡岩体的受力性质比无隧道边坡岩体的受力性质复杂，在地震作用下，两隧道中夹岩处更容易发生拉裂破坏，在隧道拉应力较大的部分应加强观测。从图 8-19 可以看出，在地震荷载作用下，无隧道边坡在岩层分界面处的剪应力分布呈不规律变化，在坡脚处剪应力最大，达到 0.66MPa；含小净距隧道边坡在两个隧道非偏压侧拱脚处及中夹岩处剪应力较大，在偏压侧隧道左侧拱脚处剪应力最大，达到 0.95MPa。由于边坡内隧道的存在，会在边坡内部形成复杂的应力增量区，严重时将导致坡面下陷变形，从而影响边坡的整体稳定性。

8.4　地震动参数对含小净距隧道边坡动力响应的影响

8.4.1　地震波类型的影响

为了探明地震波类型对边坡动力响应的影响，模拟工况 M4 分别在坡体输入汶川波、大瑞波和 Kobe 波，激振强度均为 0.4g。图 8-20 为不同类型地震波激振下的坡面加速度放大系数变化规律。

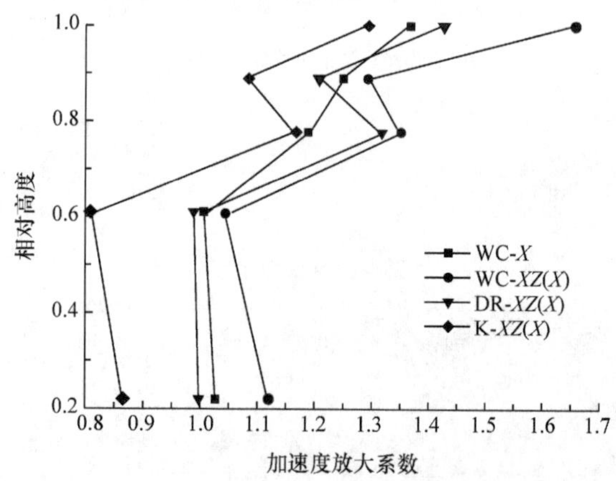

图 8-20　不同类型地震波激振下的坡面加速度放大系数变化规律

由图 8-20 可以看出，WC-XZ 激振下坡面水平向加速度放大系数整体上最大，WC-X 和 DR-XZ 激振下较为接近，整体上次之，K-XZ 激振下水平向加速度放大系数最小。振幅相同、持续时间相同、地震波类型不同，边坡的加速度响应也就不同，其根本原因在于地震动参数的差异性。下面从地震动三要素，即振幅、频谱和持续时间三个方面讨论其对边坡动力响应的影响。

8.4.2　振幅的影响

模拟工况 M1 采用汶川波，激励强度分别为 0.1g、0.2g、0.4g、0.6g，持续时间均为 20s，来分析振幅大小对边坡动力响应的影响。图 8-21 为不同振幅 WC-X 单向激振和 WC-XZ 双向激振下的坡面水平向加速度放大系数变化规律。

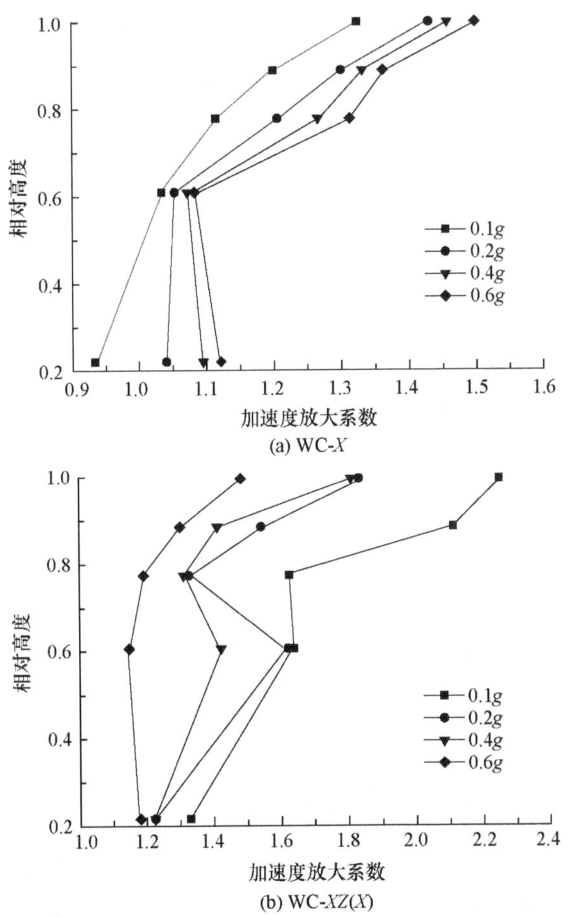

图 8-21　不同振幅地震波激振下的坡面加速度放大系数变化规律

分析图 8-21 可知，在 WC-XZ 双向激振下，加速度放大系数随着地震波振幅的增加，总体上表现为递减趋势。在 WC-X 单向激振下，加速度放大系数随着地震波振幅的增加，总体上表现为递增趋势。这种现象与边坡材料的非线性及阻尼特性、隧道和地震波耦合作用及地震波激振方向有关。当地震波振幅增加时，坡体的应变增大，剪切模量降低，坡体的自振频率会下降，阻尼比增大，岩体会表现出非线性特征，且结构面和隧道内临空面对地震波的反射和折射作用使得各种波相互叠加，从而在坡面形成复杂的振动波场，导致边坡对双向激振地震波的滤波作用明显强于单向激振地震波。

8.4.3　频谱的影响

为了探讨输入地震波频谱对边坡动力响应的影响，模拟工况 M2 采用汶川波进行压缩，时间压缩比分别为 1、1.78、3.16、5.62，对应卓越频率分别为 1～7Hz、

3～12Hz、4～19Hz、5～35Hz，激振强度均为 0.1g。图 8-22 为不同频率 WC-X 单向激振和 WC-XZ 双向激振下的坡面水平向加速度放大系数变化规律。

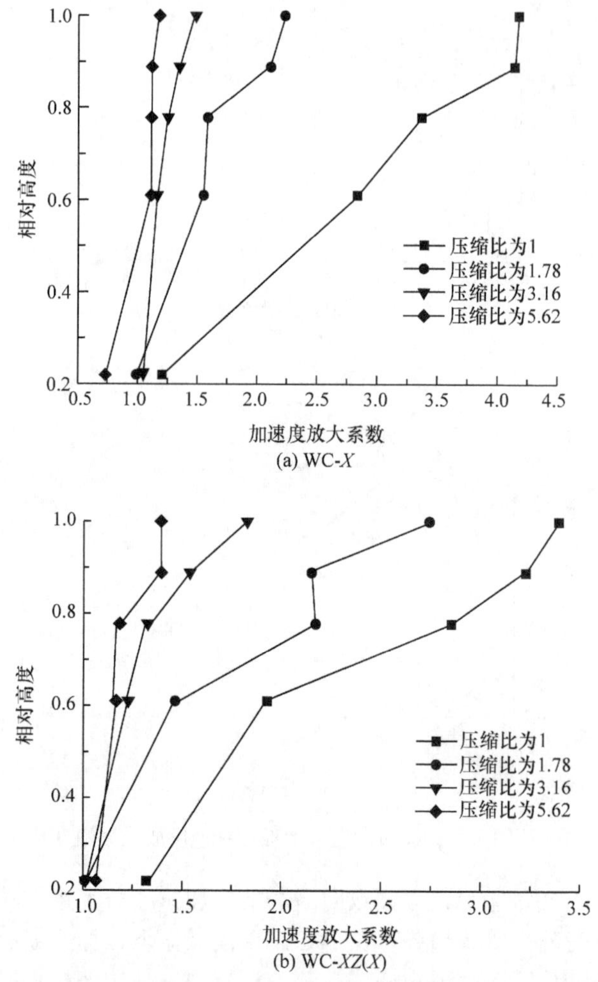

图 8-22　不同频率地震波激振下的坡面加速度放大系数变化规律

由图 8-22 可以看出，输入地震波频率对坡面的加速度响应有显著的影响，坡面加速度放大系数随着地震波频率的增加呈现出明显的递减趋势，在强度较低的软质岩层内更明显，压缩比为 1 的地震波坡面加速度放大系数最大，压缩比为 5.62 的地震波最小。一方面是因为频率较高的地震波在高频段分布的能量较多，边坡对高频地震波的滤波作用增强，频率较低的地震波在低频段分布的能量较多，边坡对低频地震波的放大作用增强；另一方面是因为地震波压缩后持续时间相对缩短，边坡的动力响应变小。

8.4.4　持续时间的影响

持续时间是导致边坡结构破坏的重要因素，工况 M3 通过改变同一目标响应谱上升段、平稳段和衰减段的持续时间，以相同的初相位合成 3 条大瑞波，持续时间分别为 10s、20s、30s，激振强度均为 0.4g。图 8-23 为不同持续时间 DR-XZ 双向激振下的坡面水平向加速度放大系数变化规律和坡体最大位移。

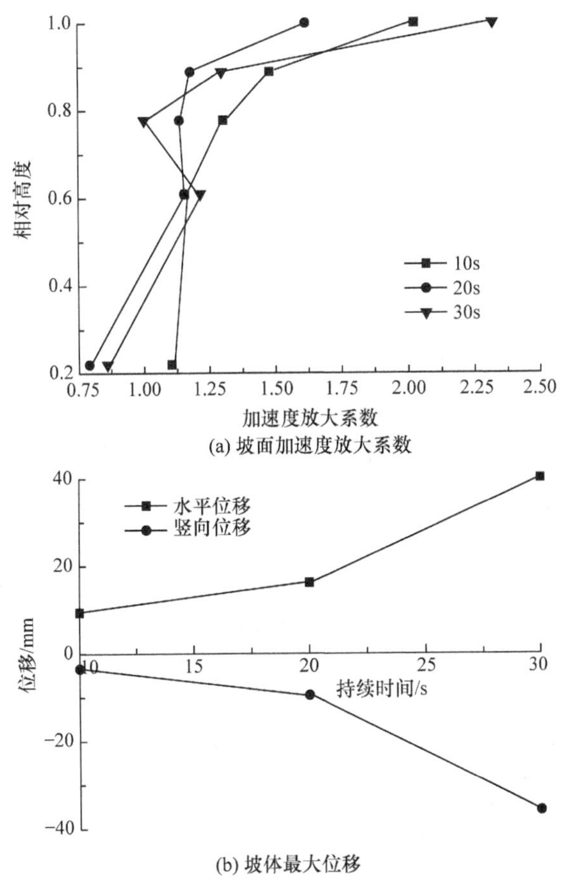

(a) 坡面加速度放大系数

(b) 坡体最大位移

图 8-23　不同持续时间地震波激振下的坡面加速度放大系数和坡体最大位移

从图 8-23 可以发现，不同持续时间地震波激振下坡面加速度放大系数呈无规律变化，但坡面最大位移随持续时间的增加显著增大。这说明持续时间对加速度响应峰值的影响不明显，随持续时间的增加，地震波能量持续输入到边坡，边坡的损伤和位移在不断地累积。

8.5 本章小结

本章采用有限元软件 MIDAS GTS/NX 对含小净距隧道岩石边坡的加速度响应进行数值模拟，与振动台模型试验结果进行对比分析。在此基础上，对模型边坡的位移场、应力场、有无隧道对边坡动力响应的影响进行分析。通过改变输入地震波的地震动参数，探明了边坡在不同地震波作用下的加速度响应规律，主要结论如下。

(1) 振动台模型试验和数值模拟的地震加速度响应规律得到了较好的相互验证，说明含小净距隧道边坡的模型试验是可靠的，数值模拟是合理的。

(2) 含小净距隧道边坡对输入地震波存在临空面放大作用。沿坡体水平向，加速度放大系数从坡体远端到坡面呈递增趋势；沿坡面向上，加速度放大系数呈现出先减小后增大的非线性变化特征。其变化规律主要受小净距隧道和输入地震波的双向耦合作用、围岩级别、结构面组合和激振方向等因素的影响。坡底输入的地震波经边坡岩体和隧道耦合作用后，其频谱成分会发生明显的改变。坡面的加速度放大系数呈现出较强的线性规律，而两隧道中间和坡体后方的加速度放大系数呈现出节律性变化的特征，并未表现出一定的增大或减小趋势，坡面上质点加速度放大系数的变化规律实际上是坡体内质点动力响应沿高程方向和水平向变化规律共同作用的结果。

(3) 含小净距隧道边坡坡体内存在大量的临空面和结构面，地震波在坡体内的传播过程更复杂，使得其坡面加速度分布较无隧道边坡具有更加显著的非线性高程特性，因此其坡体的最大水平向和竖向位移总体上小于无隧道边坡。含小净距隧道边坡岩体的受力性质比无隧道边坡岩体的受力性质复杂，小净距隧道和地震波的耦合作用极大地改变了隧道周边围岩与边坡的应力分布，在地震作用下中夹岩、隧道围岩共轭 45°方向和坡脚处更容易发生拉伸破坏和剪切破坏。岩石边坡在坡顶处的水平向位移最大，不同结构面附近的位移场明显不同，说明结构面对边坡的动力响应起控制作用。

(4) 边坡塑性区随着地震的持续逐步扩展产生积聚效应。水平向地震和双向耦合地震作用下，边坡安全系数均随着地震作用时间的增加而减小。地震波压缩倍数增加，卓越频率提高。坡面加速度放大系数随着卓越频率的增加呈现明显的递减趋势。在 WC-*X* 单向激振下加速度放大系数随着振幅的增大而增大，在 WC-*XZ* 双向激振下加速度放大系数随着振幅的增大而减小。这种放大效应与激振方向、隧道和边坡双向耦合作用、坡体岩性有关。持续时间对加速度放大系数影响不大，而对坡体位移影响显著，随着持续时间的增加，位移不断增大。

参 考 文 献

[1] 向安田, 朱合华, 丁文其, 等. 偏压连拱隧道洞口仰坡失稳机制的数值分析[J]. 地下空间与工程学报, 2006, 4(1):73-79.

[2] 夏祥, 李俊如, 李海波, 等. 爆破荷载作用下岩体振动特征的数值模拟[J]. 岩土力学, 2005, 26(1):50-56.

[3] 招商局重庆交通科研设计院有限公司. JTG D70—2004 公路隧道设计规范[S]. 北京: 人民交通出版社, 2004.

[4] Lin M L, Wang K L. Seismic slope behavior in a large-scale shaking table model test[J]. Engineering Geology, 2006, 82(2/3):118-133.

[5] Nouri H, Fakher A, Jones C J E P. Evaluating the effects of the magnitude and amplification of pseudo-static acceleration on reinforced soil slopes and walls using the limit equilibrium horizontal slices method[J]. Geotextiles and Geomembranes, 2008, 26(3):263-278.

[6] 杨国香, 伍法权, 董金玉, 等. 地震作用下岩质边坡动力响应特性及变形破坏机制研究[J]. 岩石力学与工程学报, 2012, 31(4):696-702.

第9章　含地下洞室(群)岩石边坡的极限分析法

9.1　塑性极限分析上限定理及拟静力法

塑性极限分析法是一种利用理想弹塑性体或刚塑性体的上限定理和下限定理求解极限荷载的分析方法。目前，该方法已广泛应用于边坡的稳定性分析中，在不含地下洞室边坡的静力、动力稳定性分析方面取得了丰硕的研究成果[1-3]，而在含有地下洞室边坡的稳定性方面的讨论相对较少。

岩土材料的应力应变关系复杂，具有硬化、软化、剪胀、剪缩等性质，有时还需要考虑静水压力对岩土体屈服特性的影响，其所能承受的极限荷载受应力水平、应力路径和应力历史的影响，很难求得一个确切的数值。塑性极限分析法是以塑性力学为基础的极限分析法，假定岩土体为理想弹塑性体或刚塑性体，求其在临界平衡状态下的极限荷载和破坏模式，不需要知道应力和应变随外荷载的变化关系，只需要求出其最后达到塑性极限状态时所对应的荷载，即塑性极限荷载。塑性极限分析法避开了弹塑性变形过程，直接求解极限状态下的极限荷载及其分布，使得问题的求解较为容易。极限分析法的基本假设为理想弹塑性假设、小变形假设、德鲁克公设和完全塑性区假定。屈服准则包括特雷斯卡屈服准则、广义米泽斯屈服准则、莫尔-库仑屈服准则和德鲁克-普拉格屈服准则等。基本理论除了屈服准则还包括关联流动法则、虚功原理与虚功率原理、极限分析的上下限定理。其中，上限定理可以表述为在所有与运动许可的塑性变形位移速度场相对应的荷载中，极限荷载最小；下限定理可以表述为在所有与静力许可应力场对应的极限荷载中，真实极限荷载最大。极限分析上限法也称能量法，是常用的稳定性极限分析法，在实际工程中应用广泛，尤其对于边坡稳定性问题，其特点是需要构造合适的破坏模式和速度场。

拟静力方法也称为等效荷载法，即通过反应谱理论将地震对岩土工程结构的作用以等效荷载的方法来表示，将等效的水平向和竖向地震力作用于滑动体上，用静力平衡的方法建立方程，计算安全系数。

为了对含小净距隧道边坡进行极限分析，首先要简化研究对象，对含单洞隧道边坡进行分析讨论，推导其极限分析的计算公式。由于含隧道边坡稳定性与隧道的埋深、位置、边坡的坡度、结构形式及地震荷载等多种因素有关，传统的极限平衡法计算时要考虑以上因素，精度较低。采用塑性极限分析上限法对地震作用下含隧道边坡的稳定性进行分析，对影响边坡稳定性的一些参数进行探讨，可为含小净距隧道边坡的极限分析提供理论基础，并为含隧道边坡的抗震设计理论与设计方法提供参考。

9.2　含单洞隧道边坡模型的建立

构建合理的破坏模式是塑性极限分析上限法的前提和关键。运用 MIDAS GTS/NX 软件的强度折减法分析模块模拟含单洞隧道边坡的破坏模式，得到的含单洞隧道边坡等效应变云图如图 9-1 所示。由图可知，滑移面由坡脚穿过隧道的左边墙和右拱肩，向上延伸至接近坡顶处。这与文献[4]所给出的空区在边坡内的最不利位置相同，当空区几何中心在滑动带外部而空区仍在滑动带上时，边坡的稳定性相比于空区完全处于滑动带内和空区完全处于滑动带外时最弱。由文献[5]和文献[6]可知，对数螺旋线破坏面与实际破坏面相一致，其满足运动许可速度场的破坏模式与实际破坏模式较为接近，所以在此采用对数螺旋线破坏机构。

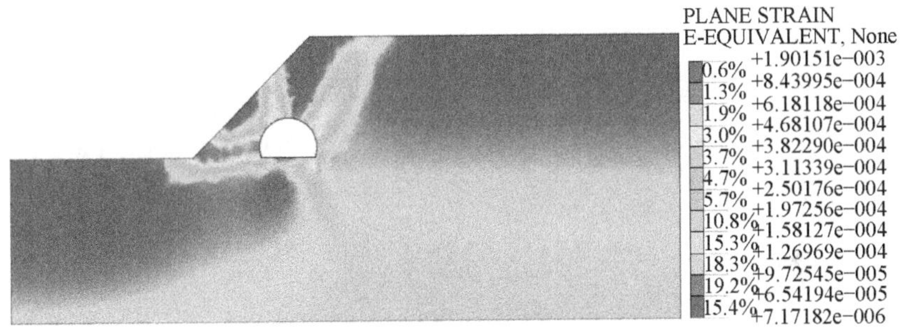

图 9-1　含单洞隧道边坡等效应变云图

在构造破坏模式时，以有限元数值分析结果为基础，为便于分析进行如下假设：①该岩质边坡为各向同性的均匀软质岩边坡；②隧道围岩看作是理想弹塑性体且服从莫尔-库仑屈服准则的 c-φ 材料；③破坏面为对数螺旋线破坏面，通过坡脚并穿过隧道；④将含单洞隧道边坡稳定性分析简化为平面应变问题；⑤将隧道简化成圆形截面进行计算，作用在隧道拱顶的竖向围岩压力简化为线性均匀分布荷载 q，作用在边墙处的水平围岩压力简化为线性均匀分布荷载 e；⑥岩体材料的抗剪强度参数不随地震波作用而产生变化，并用拟静力法分析地震效应。

采用如图 9-2 所示的对数螺旋线破坏机构，其破坏面穿过隧道的左边墙 C 点和右拱肩 B 点，隧道半径为 R，O' 点至坡脚 D 点的水平和竖直距离分别为 d_1 和 d_2。将 $ABCDA'A$ 区域视为刚塑性体，以角速度 Ω 绕旋转中心 O(尚未确定)相对对数螺旋面 AD 以下的静止材料做刚体旋转，因此 AD 面为本节分析的破坏机制的速度间断面。基准线 OA、OD 的长度和倾角分别为 r_0、θ_0 和 r_h、θ_h，直线 OB、OC

的长度和倾角分别为 r_B、θ_B 和 r_C、θ_C。整体破坏机构的高度为 H，坡顶至隧道右拱肩 B 点的垂直高度为 $\alpha_3 H$，B 点和 C 点的垂直高度为 $\alpha_2 H$，隧道左边墙 C 点至坡脚 D 点的垂直高度为 $\alpha_1 H$，$A'A$ 长度为 L。破坏机构由 θ_0、θ_h 和 β 确定。

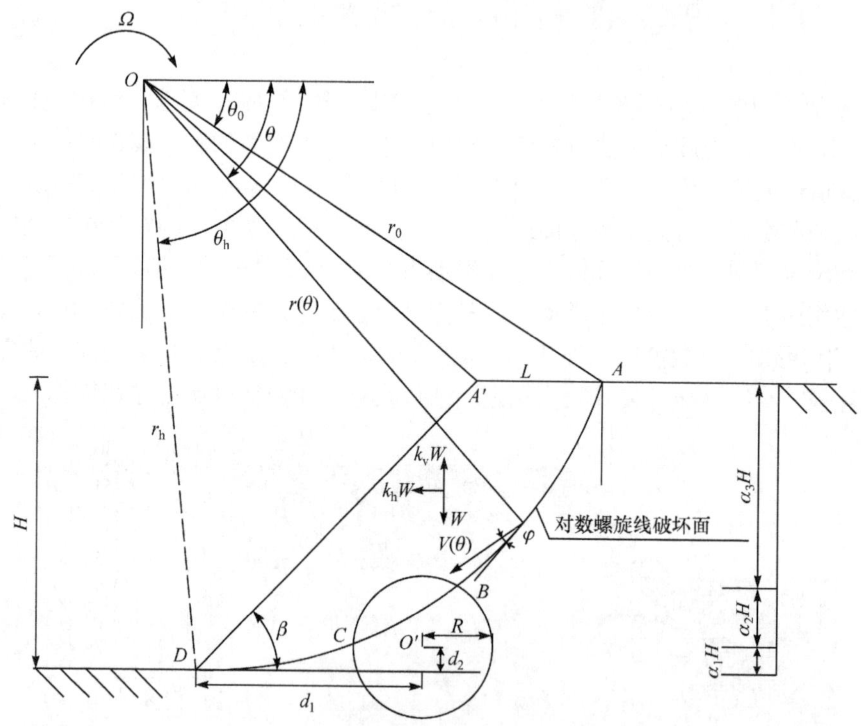

图 9-2　含单洞隧道边坡对数螺旋线破坏机构

对数螺旋曲线方程可表示为[7]

$$r(\theta)=r_0 \cdot \exp\left[\left(\theta-\theta_0\right)\tan\varphi\right] \tag{9-1}$$

式中，φ 为滑动面上任一点处的应变速度矢量与该点处的滑动线所成的夹角，即围岩的内摩擦角(°)。

那么，基准线 OD 的长度为 $r_h = r_0 \cdot \exp\left[\left(\theta_h-\theta_0\right)\tan\varphi\right]$。

根据图 9-2 中的几何关系可得

$$H = r_h \sin\theta_h - r_0 \sin\theta_0 \tag{9-2}$$

$$\frac{H}{r_0} = \sin\theta_h \exp\left[\left(\theta_h-\theta_0\right)\tan\varphi\right] - \sin\theta_0 \tag{9-3}$$

又因为

$$L = r_0 \cos\theta_0 - r_h \cos\theta_h - H\cot\beta \tag{9-4}$$

所以有

$$\frac{L}{r_0}=\cos\theta_0-\cos\theta_h\exp\left[\left(\theta_h-\theta_0\right)\tan\varphi\right]-\cot\beta\frac{H}{r_0} \tag{9-5}$$

9.3　塑性极限分析能耗计算

在图 9-2 所示的含单洞隧道边坡对数螺旋破坏机构中，外力包括土体重力(简称为土重)和地震荷载，内力包括衬砌平衡围岩压力所需的抗力，以及滑动面上的黏附力。根据塑性极限分析上限法，应变速度场上的外力做功功率 $\dot{W}=\dot{W}_s+\dot{W}_{k_h}+\dot{W}_{k_v}$，其中，$\dot{W}_s$ 为土重做功功率，$\dot{W}_{k_h}$ 和 $\dot{W}_{k_v}$ 分别为水平向和竖向地震惯性力做功功率，k_h 和 k_v 分别为水平向和竖向地震惯性力系数。内能耗散功率 $\dot{W}_{int}=\dot{W}_T+\dot{W}_c$，其中，$\dot{W}_T$ 为衬砌抗力做功功率，$\dot{W}_c$ 为速度间断面上的能量耗散功率。

9.3.1　外力功率

1. 土体重力做功功率

直接从 *ABCDA'A* 区域积分求出土重做功功率十分麻烦，可利用间接方法先分别求出 *OAD*、*OAA'*、*OA'D* 和 *BCC'* 区域土重做功功率 $\dot{W}_1$、$\dot{W}_2$、$\dot{W}_3$ 和 $\dot{W}_4$，再通过简单代数和求出 *ABCDA'A* 区域土重做功功率 $\dot{W}_s=\dot{W}_1-\dot{W}_2-\dot{W}_3-\dot{W}_4$，由式(9-6)计算：

$$\dot{W}_s=\gamma r_0^3\Omega\cdot\left(f_1-f_2-f_3-f_4\right) \tag{9-6}$$

式中，γ 为土的重度(kN/m^3)；Ω 为角速度；f_1、f_2、f_3、f_4 为关于 θ_h、θ_0 的函数。

首先考虑对数螺旋线 *OAD* 区域，其中一个微元如图 9-3(a) 所示，微元面积 $\mathrm{d}A$ 为 $\frac{1}{2}r^2\mathrm{d}\theta$，土重为 $\frac{1}{2}r^2\mathrm{d}\theta\cdot\gamma$，重心至过 *O* 点的垂线的水平距离为 $\frac{2}{3}r\cos\theta$，微元重心速度的垂直分量为 $\frac{2}{3}r\cos\theta\cdot\Omega$，该微元土重做功功率为

$$\mathrm{d}\dot{W}_1=\left(\Omega\cdot\frac{2}{3}r\cos\theta\right)\left(\gamma\cdot\frac{1}{2}r^2\mathrm{d}\theta\right) \tag{9-7}$$

沿整个面积进行积分得到

$$\dot{W}_1=\frac{1}{3}\gamma\Omega\int_{\theta_0}^{\theta_h}r^3\cos\theta\mathrm{d}\theta=\gamma r_0^3\Omega\int_{\theta_0}^{\theta_h}\frac{1}{3}\exp\left[3\left(\theta-\theta_0\right)\tan\varphi\right]\cos\theta\mathrm{d}\theta \tag{9-8}$$

或

$$\dot{W}_1=\gamma r_0^3\Omega f_1 \tag{9-9}$$

式中，

$$f_1=\frac{(3\tan\varphi\cos\theta_{\rm h}+\sin\theta_{\rm h})\exp\left[3(\theta_{\rm h}-\theta_0)\tan\varphi\right]-3\tan\varphi\cos\theta_0-\sin\theta_0}{3\left(1+9\tan^2\varphi\right)} \tag{9-10}$$

考虑如图 9-3(b) 所示的 OAA' 三角形区域，该区域土重为 $\frac{1}{2}Lr_0\sin\theta_0\cdot\gamma$，重心速度的垂直分量为 $\frac{1}{3}(2r_0\cos\theta_0-L)\cdot\varOmega$，该区域土重做功功率为

$$\dot{W}_2=\left(\frac{1}{2}Lr_0\sin\theta_0\cdot\gamma\right)\left[\frac{1}{3}(2r_0\cos\theta_0-L)\right]\varOmega \tag{9-11}$$

整理得

$$\dot{W}_2=\gamma r_0^3\varOmega f_2 \tag{9-12}$$

式中，

$$f_2=\frac{L}{6r_0}\left(2\cos\theta_0-\frac{L}{r_0}\right)\sin\theta_0 \tag{9-13}$$

考虑如图 9-3(c) 所示的 $OA'D$ 三角形区域,该区域土重为 $\frac{1}{2}r_{\rm h}\frac{H}{\sin\beta}\sin(\theta_{\rm h}+\beta)\cdot\gamma$，重心速度的垂直分量为 $\left[\frac{1}{3}(H\cot\beta-r_{\rm h}\cos\theta_{\rm h})+r_{\rm h}\cos\theta_{\rm h}\right]\cdot\varOmega$，该区域土重做功功率为

$$\dot{W}_3=\frac{1}{2}r_{\rm h}\cdot\frac{H}{\sin\beta}\sin(\theta_{\rm h}+\beta)\cdot\gamma\cdot\left[\frac{1}{3}(H\cot\beta-r_{\rm h}\cos\theta_{\rm h})+r_{\rm h}\cos\theta_{\rm h}\right]\cdot\varOmega \tag{9-14}$$

整理得

$$\dot{W}_3=\gamma r_0^3\varOmega f_3 \tag{9-15}$$

式中，

$$\begin{aligned}f_3=&\exp\left[(\theta_{\rm h}-\theta_0)\tan\varphi\right]\cdot\frac{H}{2r_0}\cdot\frac{\sin(\theta_{\rm h}+\beta)}{\sin\beta}\\&\cdot\left\{\frac{H}{3r_0}\cot\beta+\frac{2}{3}\exp\left[(\theta_{\rm h}-\theta_0)\tan\varphi\right]\cos\theta_{\rm h}\right\}\end{aligned} \tag{9-16}$$

考虑如图 9-3(d) 所示的 $BCC'B'$ 区域，因为其土体区域相对于整体旋转区域较小，故将 BCC' 区域简化为梯形来求解该区域土体的重力做功功率。根据图 9-2 中的几何关系可知

$$\theta_B=\arctan\left[\frac{r_{\rm h}\sin\theta_{\rm h}-(\alpha_1+\alpha_2)H}{\sqrt{R^2-(\alpha_1H+\alpha_2H-d_2)^2}+d_1+r_{\rm h}\cos\theta_{\rm h}}\right] \tag{9-17}$$

$$\theta_C = \arctan\left[\frac{r_h \sin\theta_h - \alpha_1 H}{d_1 + r_h \cos\theta_h - \sqrt{R^2 - (d_2 - \alpha_1 H)^2}}\right] \tag{9-18}$$

$$r_B = r_0 \cdot \exp\left[(\theta_B - \theta_0)\tan\varphi\right] \tag{9-19}$$

$$r_C = r_0 \cdot \exp\left[(\theta_C - \theta_0)\tan\varphi\right] \tag{9-20}$$

该区域土重为

$$\frac{1}{2}(2R + 2d_2 - 2\alpha_1 H - \alpha_2 H)\left[\sqrt{R^2 - (\alpha_1 H + \alpha_2 H - d_2)^2} + \sqrt{R^2 - (d_2 - \alpha_1 H)^2}\right]\gamma$$

重心速度的垂直分量为

$$\left\{\frac{1}{3}\frac{\left[\sqrt{R^2 - (\alpha_1 H + \alpha_2 H - d_2)^2} + \sqrt{R^2 - (d_2 - \alpha_1 H)^2}\right](3R + 3d_2 - 3\alpha_1 H - 2\alpha_2 H)}{2R + 2d_2 - 2\alpha_1 H - \alpha_2 H}\right.$$

$$\left. + d_1 + r_h \cos\theta_h - \sqrt{R^2 - (d_2 - \alpha_1 H)^2}\right\}\Omega$$

该区域土重做功功率为

$$\dot{W}_4 = \gamma r_0^3 \Omega f_4$$

式中，

$$\begin{aligned} f_4 = &\frac{1}{2}\left(\frac{H}{r_0}\right)^3 \cdot \left[\frac{2(R + d_2)}{H} - 2\alpha_1 - \alpha_2\right] \\ &\cdot \frac{\sqrt{R^2 - (\alpha_1 H + \alpha_2 H - d_2)^2} + \sqrt{R^2 - (d_2 - \alpha_1 H)^2}}{H} \\ &\cdot \left\{\frac{1}{3}\frac{\sqrt{R^2 - (\alpha_1 H + \alpha_2 H - d_2)^2} + \sqrt{R^2 - (d_2 - \alpha_1 H)^2}}{(2R + 2d_2 - 2\alpha_1 H - \alpha_2 H) \cdot H}\right. \\ &\cdot \frac{3R + 3d_2 - 3\alpha_1 H - 2\alpha_2 H}{(2R + 2d_2 - 2\alpha_1 H - \alpha_2 H) \cdot H} \\ &\left. + \frac{d_1}{H} + \exp\left[(\theta_h - \theta_0)\tan\varphi\right]\cos\theta_h - \frac{\sqrt{R^2 - (d_2 - \alpha_1 H)^2}}{H}\right\} \end{aligned} \tag{9-21}$$

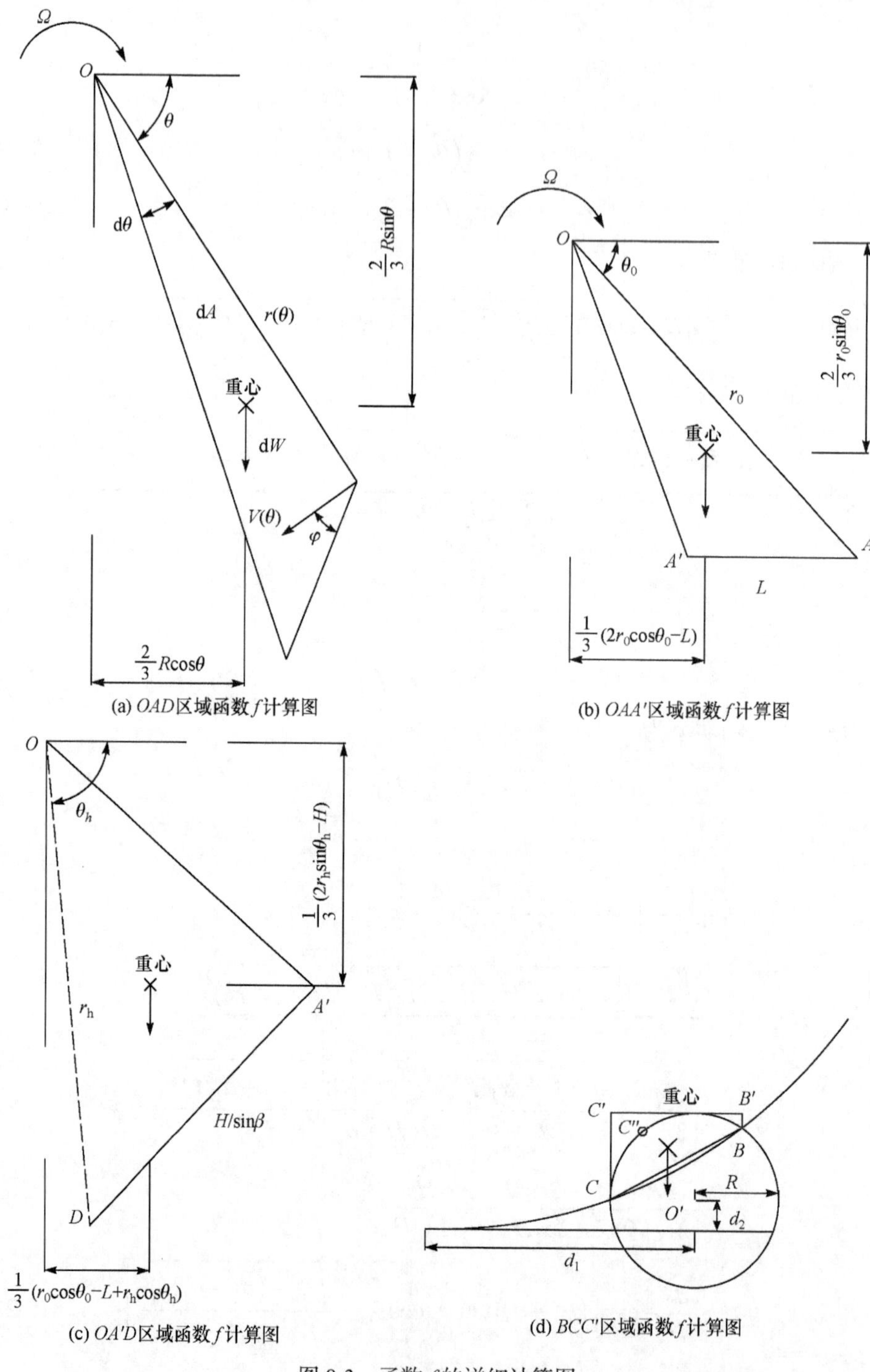

图 9-3　函数 f 的详细计算图

2. 地震惯性力做功功率

地震惯性力做功功率包括水平向地震惯性力做功功率 $\dot{W}_{k_h}$ 和竖向地震惯性力做功功率 $\dot{W}_{k_v}$，利用上述的间接方法，先分别求出 OAD、OAA'、$OA'D$ 和 $BCC'B'$ 区域由地震惯性力做功的功率，再进行叠加计算。$\dot{W}_{k_h}$ 和 $\dot{W}_{k_v}$ 分别由式(9-22)和式(9-23)计算：

$$\dot{W}_{k_h}=k_h\cdot\gamma r_0^3\Omega\cdot\left(f_5-f_6-f_7-f_8\right) \tag{9-22}$$

$$\dot{W}_{k_v}=k_v\cdot\gamma r_0^3\Omega\cdot\left(f_1-f_2-f_3-f_4\right) \tag{9-23}$$

式中，参数 f_1、f_2、f_3 及 f_4 同上；f_5、f_6、f_7、f_8 为关于 θ_h、θ_0 的函数。

首先考虑对数螺旋线 OAD 区域，其中一个微元如图 9-3(a) 所示，微元面积和土重均与前面相同，重心至过 O 点的水平线的垂直距离为 $\frac{2}{3}r\sin\theta$，微元重心速度的水平分量为 $\frac{2}{3}r\sin\theta\cdot\Omega$，该微元由水平向地震惯性力做功的功率为

$$\mathrm{d}\dot{W}_5=\left(\Omega\cdot\frac{2}{3}r\sin\theta\right)\left(k_h\cdot\gamma\cdot\frac{1}{2}r^2\mathrm{d}\theta\right) \tag{9-24}$$

沿整个面积积分得到

$$\dot{W}_5=k_h\cdot\frac{1}{3}\gamma\cdot\Omega\int_{\theta_0}^{\theta_h}r^3\sin\theta\mathrm{d}\theta=k_h\cdot\gamma r_0^3\Omega\int_{\theta_0}^{\theta_h}\frac{1}{3}\exp\left[3\left(\theta-\theta_0\right)\tan\varphi\right]\sin\theta\mathrm{d}\theta \tag{9-25}$$

或

$$\dot{W}_5=k_h\cdot\gamma r_0^3\Omega f_5 \tag{9-26}$$

式中，

$$f_5=\frac{\left(3\tan\varphi\sin\theta_h-\cos\theta_h\right)\exp\left[3\left(\theta_h-\theta_0\right)\tan\varphi\right]-3\tan\varphi\sin\theta_0+\cos\theta_0}{3\left(1+9\tan^2\varphi\right)} \tag{9-27}$$

考虑如图 9-3(b) 所示的 OAA' 三角形区域，该区域土重为 $\frac{1}{2}Lr_0\sin\theta_0\cdot\gamma$，重心速度的水平分量为 $\frac{2}{3}r_0\sin\theta_0\cdot\Omega$，该区域由水平向地震惯性力做功的功率为

$$\dot{W}_6 = k_h \cdot \frac{1}{2} L r_0 \sin\theta_0 \cdot \gamma \cdot \frac{2}{3} r_0 \sin\theta_0 \cdot \Omega \tag{9-28}$$

整理得

$$\dot{W}_6 = k_h \cdot \gamma r_0^3 \Omega f_6 \tag{9-29}$$

式中，

$$f_6 = \frac{L}{3r_0} \sin^2\theta_0 \tag{9-30}$$

考虑如图 9-3(c) 所示的 $OA'D$ 三角形区域，该区域土重为 $\frac{1}{2} r_h \frac{H}{\sin\beta} \sin(\theta_h + \beta) \cdot \gamma$，重心速度的水平分量为 $\frac{1}{3}(2r_h \sin\theta_h - H) \cdot \Omega$，该区域由水平向地震惯性力做功的功率为

$$\dot{W}_7 = k_h \cdot \frac{1}{2} r_h \cdot \frac{H}{\sin\beta} \sin(\theta_h + \beta) \cdot \gamma \cdot \frac{1}{3}(2r_h \sin\theta_h - H) \cdot \Omega \tag{9-31}$$

整理得

$$\dot{W}_7 = k_h \cdot \gamma r_0^3 \Omega f_7 \tag{9-32}$$

式中，

$$f_7 = \exp\left[(\theta_h - \theta_0)\tan\varphi\right] \frac{H}{6r_0} \cdot \frac{\sin(\theta_h + \beta)}{\sin\beta} \left\{ 2\exp\left[(\theta_h - \theta_0)\tan\varphi\right] \sin\theta_h - \frac{H}{r_0} \right\} \tag{9-33}$$

考虑如图 9-3(d) 所示的 $BCC'B'$ 区域，将该区域简化为梯形求解水平向地震惯性力做功功率。该区域土重同上，重心速度的水平分量为

$$\left[\frac{1}{3} \frac{(R + d_2 - \alpha_1 H - \alpha_2 H)^2 + (R + d_2 - \alpha_1 H)^2 + (R + d_2 - \alpha_1 H - \alpha_2 H) \cdot (R + d_2 - \alpha_1 H)}{2R + 2d_2 - 2\alpha_1 H - \alpha_2 H} \right.$$

$$\left. + r_h \sin\theta_h - d_2 - R \right] \cdot \Omega$$

该区域由水平向地震惯性力做功的功率为

$$\dot{W}_8 = k_h \cdot \gamma r_0^3 \Omega f_8 \tag{9-34}$$

式中，

$$f_8=\frac{1}{2}\left(\frac{H}{r_0}\right)^3\cdot\left(\frac{2(R+d_2)}{H}-2\alpha_1-\alpha_2\right)$$
$$\cdot\frac{\sqrt{R^2-(\alpha_1H+\alpha_2H-d_2)^2}+\sqrt{R^2-(d_2-\alpha_1H)^2}}{H}$$
$$\cdot\left\{\frac{(R+d_2-\alpha_1H-\alpha_2H)^2+(R+d_2-\alpha_1H)^2}{3(2R+2d_2-2\alpha_1H-\alpha_2H)\cdot H}\right.$$
$$+\frac{(R+d_2-\alpha_1H-\alpha_2H)\cdot(R+d_2-\alpha_1H)}{3(2R+2d_2-2\alpha_1H-\alpha_2H)\cdot H}$$
$$\left.+\exp\left[(\theta_h-\theta_0)\tan\varphi\right]\sin\theta_h-\frac{d_2+R}{H}\right\} \tag{9-35}$$

所以外力做功的总功率为

$$\dot{W}=\dot{W}_s+\dot{W}_{k_h}+\dot{W}_{k_v}=\gamma r_0^3\Omega\cdot(1-k_v)\cdot(f_1-f_2-f_3-f_4)+\gamma r_0^3\Omega\cdot k_h\cdot(f_5-f_6-f_7-f_8) \tag{9-36}$$

令 $F_1=f_1-f_2-f_3-f_4$， $F_2=f_5-f_6-f_7-f_8$， 则式(9-36)变为

$$\dot{W}=\dot{W}_s+\dot{W}_{k_h}+\dot{W}_{k_v}=\gamma r_0^3\Omega\cdot\left[(1-k_v)\cdot F_1+k_h\cdot F_2\right] \tag{9-37}$$

9.3.2 内能耗散功率

1. 速度间断面上的能量耗散

速度间断面可以理解为速度从一个速度区通过一个厚度趋于零的薄层，急剧过渡到另一个速度区的极限情况。假设间断面两侧的刚塑体服从莫尔-库仑屈服准则及相关联流动法则，且刚塑性区 *ABCDA'A* 内部不发生功率耗散。内部能量耗散发生在间断面 *AD* 上，可由该面微元的能量耗散沿整个速度间断面进行积分得到，即

$$\dot{W}_c=\int_{\theta_0}^{\theta_h}c\cdot V\cos\varphi\cdot\frac{r\mathrm{d}\theta}{\cos\varphi}=\frac{cr_0^2\Omega}{2\tan\varphi}\cdot\left\{\exp\left[2(\theta_h-\theta_0)\tan\varphi\right]-1\right\} \tag{9-38}$$

整理得

$$\dot{W}_c=cr_0^2\Omega\cdot f_9 \tag{9-39}$$

式中，c 为土体黏聚力(MPa)；$V\cos\varphi$ 为跨间断面的切向间断速度，其他参数同上：

$$f_9=\frac{1}{2\tan\varphi}\cdot\left\{\exp\left[2(\theta_h-\theta_0)\tan\varphi\right]-1\right\} \tag{9-40}$$

2. 衬砌抗力功率

因对数螺旋破坏面穿过隧道，故仅考虑对数螺旋面上方岩土体的垂直和水平围岩压力。隧道拱顶的垂直围岩压力为

$$F_{\mathrm{q}} = q \cdot \left[\sqrt{R^2 - (\alpha_1 H + \alpha_2 H - d_2)^2} + \sqrt{R^2 - (d_2 - \alpha_1 H)^2} \right] \tag{9-41}$$

式中，$q = \gamma \cdot H_{\mathrm{m}}$，$H_{\mathrm{m}} = d_1 \tan\beta - d_2 - R$，$H_{\mathrm{m}}$为隧道埋深(m)。

隧道左右两侧的水平围岩压力为

$$e = \gamma \left(H_{\mathrm{m}} + \frac{1}{2H_{\mathrm{t}}} \right) \tan^2 \left(45 - \frac{\varphi_{\mathrm{c}}}{2} \right) \tag{9-42}$$

隧道右侧围岩压力的合力：

$$F_{\mathrm{er}} = \gamma \cdot \left(H_{\mathrm{m}} + \frac{1}{2H_t} \right) \tan^2 \left(45 - \frac{\varphi_{\mathrm{c}}}{2} \right) \cdot (R - \alpha_1 H - \alpha_2 H + d_2) \tag{9-43}$$

隧道左侧围岩压力的合力：

$$F_{\mathrm{el}} = \gamma \cdot \left(H_{\mathrm{m}} + \frac{1}{2H_{\mathrm{t}}} \right) \tan^2 \left(45 - \frac{\varphi_{\mathrm{c}}}{2} \right) \cdot (R - \alpha_1 H + d_2) \tag{9-44}$$

式中，H_{t}为隧道高度(m)；φ_{c}为围岩计算摩擦角(°)。

衬砌结构上所承受的力可以看作围岩压力，由于衬砌结构阻止围岩发生破坏，衬砌抗力做功功率与围岩压力做功功率大小相等，符号相反，如图 9-4 所示。

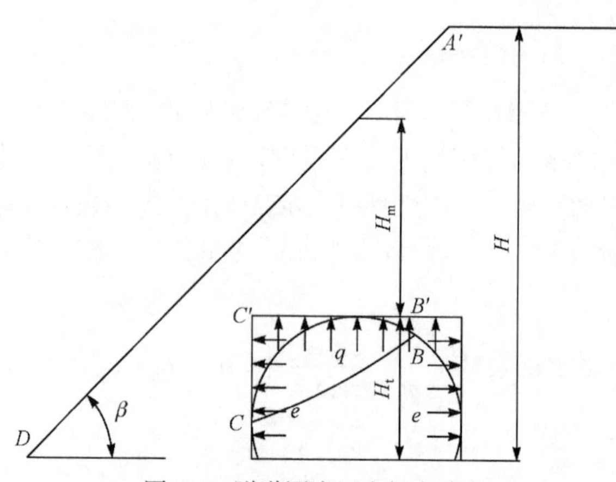

图 9-4　隧道围岩压力假定分布

假定垂直围岩压力合力作用点为 B'、C' 点连线的中点，该作用点至过点 O 的垂线的水平距离为

$$\frac{1}{2}\sqrt{R^2 - (\alpha_1 H + \alpha_2 H - d_2)^2} + d_1 + r_{\mathrm{h}} \cos\theta_{\mathrm{h}} - \frac{1}{2}\sqrt{R^2 - (d_2 - \alpha_1 H)^2}$$

其重心速度的垂直分量为

$$\left[\frac{1}{2}\sqrt{R^2-(\alpha_1 H+\alpha_2 H-d_2)^2}+d_1+r_h\cos\theta_h-\frac{1}{2}\sqrt{R^2-(d_2-\alpha_1 H)^2}\right]\cdot\Omega$$

可得衬砌竖向抗力做功功率为

$$\begin{aligned}\dot{W}_q&=-F_q\cdot\left[\frac{1}{2}\sqrt{R^2-(\alpha_1 H+\alpha_2 H-d_2)^2}+d_1+r_h\cos\theta_h-\frac{1}{2}\sqrt{R^2-(d_2-\alpha_1 H)^2}\right]\cdot\Omega\\&=F_q\cdot r_0\Omega f_{10}\end{aligned}\tag{9-45}$$

式中，

$$\begin{aligned}f_{10}=-\frac{H}{r_0}\cdot\Bigg\{&\frac{\sqrt{R^2-(\alpha_1 H+\alpha_2 H-d_2)^2}}{2H}+\frac{d_1}{H}+\exp\left[(\theta_h-\theta_0)\tan\varphi\right]\\&-\frac{\sqrt{R^2-(d_2-\alpha_1 H)^2}}{2H}\Bigg\}\end{aligned}\tag{9-46}$$

水平围岩压力合力作用点分别在 B、B'连线的中点和 C、C'连线的中点，该作用点至过点 O 的水平线的垂直距离分别为

右侧：$r_h\cos\theta_h-\frac{1}{2}\alpha_1 H-\frac{1}{2}\alpha_2 H-\frac{1}{2}R-\frac{1}{2}d_2$。

左侧：$r_h\cos\theta_h-\frac{1}{2}\alpha_1 H-\frac{1}{2}R-\frac{1}{2}d_2$。

其重心速度的水平分量分别为

右侧：$\left(r_h\cos\theta_h-\frac{1}{2}\alpha_1 H-\frac{1}{2}\alpha_2 H-\frac{1}{2}R-\frac{1}{2}d_2\right)\cdot\Omega$。

左侧：$\left(r_h\cos\theta_h-\frac{1}{2}\alpha_1 H-\frac{1}{2}R-\frac{1}{2}d_2\right)\cdot\Omega$。

可得水平抗力做功功率 $\dot{W}_e$ 为

$$\begin{aligned}\dot{W}_e&=F_{el}\cdot\left(r_h\cos\theta_h-\frac{1}{2}\alpha_1 H-\frac{1}{2}R-\frac{1}{2}d_2\right)\cdot\Omega\\&\quad-F_{er}\cdot\left(r_h\cos\theta_h-\frac{1}{2}\alpha_1 H-\frac{1}{2}\alpha_2 H-\frac{1}{2}R-\frac{1}{2}d_2\right)\cdot\Omega\\&=F_{el}r_0\Omega\cdot f_{11}-F_{er}r_0\Omega\cdot f_{12}\end{aligned}\tag{9-47}$$

式中，

$$f_{11}=\frac{H}{r_0}\cdot\left\{\exp\left[(\theta_h-\theta_0)\tan\varphi\right]-\frac{\alpha_1}{2}-\frac{R}{2H}-\frac{d_2}{2H}\right\}\tag{9-48}$$

$$f_{12}=\frac{H}{r_0}\cdot\left\{\exp\left[\left(\theta_{\mathrm{h}}-\theta_0\right)\tan\varphi\right]-\frac{\alpha_1}{2}-\frac{\alpha_2}{2}-\frac{R}{2H}-\frac{d_2}{2H}\right\} \tag{9-49}$$

总衬砌抗力做功功率为

$$\dot{W}_{\mathrm{T}}=\dot{W}_{\mathrm{q}}+\dot{W}_{\mathrm{e}}=r_0\Omega\cdot\left(F_{\mathrm{q}}f_{10}+F_{\mathrm{el}}f_{11}-F_{\mathrm{er}}f_{12}\right) \tag{9-50}$$

因此，总的内能耗散功率为

$$\dot{W}_{\mathrm{int}}=\dot{W}_{\mathrm{c}}+\dot{W}_{\mathrm{T}}=cr_0^2\Omega\cdot f_9+r_0\Omega\cdot\left(F_{\mathrm{q}}f_{10}+F_{\mathrm{el}}f_{11}-F_{\mathrm{er}}f_{12}\right) \tag{9-51}$$

由极限分析上限定理可知，当外力功率等于内能耗散功率时，即

$$\dot{W}=\dot{W}_{\mathrm{int}} \tag{9-52}$$

可进行边坡地震作用下的稳定性分析，式(9-52)的约束条件为

$$\begin{cases}0<\theta_0<\theta_{\mathrm{h}}<\pi\\ \dfrac{H}{r_0}>0,\quad \dfrac{L}{r_0}>0\\ \dfrac{R^2\tan\beta\cos\beta}{R+d_2\cos\beta}<d_1<H\cot\beta+R\\ 0<d_2<R+\alpha_1 H\end{cases} \tag{9-53}$$

9.4 地震稳定性影响因素的敏感性分析

9.4.1 计算结果对比

本节将计算得到的边坡稳定性系数与极限平衡法中的Bishop法[8]计算结果进行对比，验证本章方法的正确性。根据极限分析上限定理，边坡的稳定性安全系数可表示为

$$F_{\mathrm{s}}=\frac{\dot{W}_{\mathrm{int}}}{\dot{W}} \tag{9-54}$$

将式(9-37)、式(9-51)代入式(9-54)，整理可得

$$F_{\mathrm{s}}=\frac{c'H\cdot\left(\dfrac{H}{r_0}\right)^{-1}\cdot f_9+F_{\mathrm{q}}f_{10}+F_{\mathrm{el}}f_{11}-F_{\mathrm{er}}f_{12}}{\gamma H^2\left[\left(1-k_{\mathrm{v}}\right)\cdot F_1+k_{\mathrm{h}}\cdot F_2\right]\cdot\left(\dfrac{H}{r_0}\right)^{-2}} \tag{9-55}$$

由于 F_{s} 是 θ_0、θ_{h} 和 β 的函数，且其右式中隐含了折减系数 F_{s}，当 θ_0、θ_{h} 和 β 满足以下条件时：

$$\frac{\partial F_s}{\partial \theta_0}=0,\quad \frac{\partial F_s}{\partial \theta_h}=0,\quad \frac{\partial F_s}{\partial \beta}=0 \tag{9-56}$$

函数 $F_s = F_s(\theta_0, \theta_h, \beta)$ 有一个最小上界，该最小值的上界为边坡的稳定性安全系数。为了避免冗长的计算，采用半图解法[7-9]对式(9-56)求解，将所得到的 θ_0 和 θ_h 及相关参数代入式(9-55)，可得到边坡稳定性安全系数，采用序列二次优化迭代法[10]进行核对。

表 9-1 列出了极限分析法与 Bishop 法计算得到的边坡稳定性安全系数。由计算结果可知，本章极限分析法的计算结果与 Bishop 法所得结果较为接近，整体上略小于 Bishop 法计算的稳定性系数，说明本章的极限分析法是可信的。

表 9-1　极限分析法与 Bishop 法计算得到的边坡稳定性安全系数

工况	k_h/g	k_v/g	γ/(kN/m³)	c/kPa	φ/(°)	H/m	β/(°)	F_s	
								极限分析法	Bishop 法
1	0.1	0.03	20	50	20	15.5	45	2.63	2.71
2	0.2	0.13	25	55	25	15.5	45	2.07	2.14
3	0.4	0.4	20	60	30	16	50	1.40	1.49
4	0.6	0.4	25	65	35	16	50	1.01	1.12

9.4.2　影响因素敏感性分析

含隧道边坡水平屈服加速度的影响因素主要有边坡设计参数、边坡岩土体物理力学参数、浅埋偏压隧道设计参数和地震荷载参数。为了简化分析，选取 7 个因素进行正交分析：边坡高度 H、坡角 β、岩土体的黏聚力 c、内摩擦角 φ、隧道距坡脚的距离 d_1、隧道半径 R、水平地震力系数 k_h。根据实际工程设计经验，每个因素取 3 个水平，每个水平对应 9 组试验，不考虑各因素之间的交互作用，布置在 $L_{27}(3^7)$ 正交试验表中用于正交试验分析[9]。其他因素在计算时取 γ=20kN/m³、α_1=0.1、α_2=0.2、α_3=0.7、d_2=4m。正交试验方案表和正交试验表如表 9-2 和表 9-3 所示。

以每个因素的每个水平所对应的 F_s 平均值作为该因素的稳定性系数临界值，进行各因素的极差分析。正交试验极差分析表如表 9-4 所示。

表 9-2　稳定性系数正交试验方案表

影响因素	H/m	β/(°)	c/kPa	φ/(°)	d_1/m	R/m	k_h/g
水平 1	14	40	50	20	9	5	0.1
水平 2	15	45	60	25	12	6	0.2
水平 3	16	50	70	30	15	7	0.4

表 9-3 稳定性系数正交试验表

试验号	H/m	β/(°)	c/kPa	φ/(°)	d_1/m	R/m	k_h/g	F_s
1	14	40	50	20	9	5	0.1	4.52
2	14	40	50	20	12	6	0.2	6.45
3	14	40	50	20	15	7	0.4	9.99
4	14	45	60	25	9	5	0.2	9.92
5	14	45	60	25	12	6	0.4	8.62
6	14	45	60	25	15	7	0.1	1.73
7	14	50	70	30	9	5	0.4	5.79
8	14	50	70	30	12	6	0.1	2.76
9	14	50	70	30	15	7	0.2	1.99
10	15	40	60	30	9	6	0.1	3.65
11	15	40	60	30	12	7	0.2	4.14
12	15	40	60	30	15	5	0.4	3.43
13	15	45	70	20	9	6	0.2	2.31
14	15	45	70	20	12	7	0.4	2.22
15	15	45	70	20	15	5	0.1	4.03
16	15	50	50	25	9	6	0.4	8.07
17	15	50	50	25	12	7	0.1	1.19
18	15	50	50	25	15	5	0.2	9.31
19	16	40	70	25	9	7	0.1	1.14
20	16	40	70	25	12	5	0.2	5.48
21	16	40	70	25	15	6	0.4	2.74
22	16	45	50	30	9	7	0.2	1.82
23	16	45	50	30	12	5	0.4	7.08
24	16	45	50	30	15	6	0.1	3.10
25	16	50	60	20	9	7	0.4	1.10
26	16	50	60	20	12	5	0.1	2.55
27	16	50	60	20	15	6	0.2	2.46

表 9-4 稳定性系数正交试验极差分析表

影响因素	H/m	β/(°)	c/kPa	φ/(°)	d_1/m	R/m	k_h/g
水平 1	5.75	4.62	3.26	3.74	3.16	3.96	5.79
水平 2	4.26	4.54	4.50	4.88	4.18	5.36	4.46
水平 3	3.05	2.92	4.91	5.45	4.73	3.75	2.81
极差	2.70	1.70	1.65	1.71	1.57	1.61	2.98

极差越大表示试验结果对该因素的敏感性越大。由表 9-4 可知，7 个影响因素的敏感性大小依次为 $k_h > H > \varphi > \beta > c > R > d_1$。其中，稳定性系数对水平地震力系数 k_h、边坡高度 H 和内摩擦角 φ 的敏感性较大，对黏聚力 c、隧道半径 R 和隧道距坡脚的距离 d_1 的敏感性则较小。

为了分析以上 7 个影响因素对稳定性系数的影响程度，采用控制变量法对单个影响因素进行探究。计算的基本参数为 H=15m、β=45°、γ=20kN/m^3、c=70kPa、φ=20°、α_1=0.1、α_2=0.2、α_3=0.7、k_h=0.4g、k_v=0.267g、d_1=9m、d_2=4m、R=6m。图 9-5 给出地震稳定性系数随各影响因素的变化规律。

从图 9-5 中可以看出，随着边坡高度、坡角和水平地震力系数的增大，边坡地震稳定性系数均呈现出非线性减小的趋势。边坡高度的地震稳定性系数减小幅度最大，水平地震力系数和坡角次之，说明边坡高度对地震稳定性系数的影响程度最大，水平地震力系数和坡角对地震稳定性系数的影响程度相较于边坡高度要小。

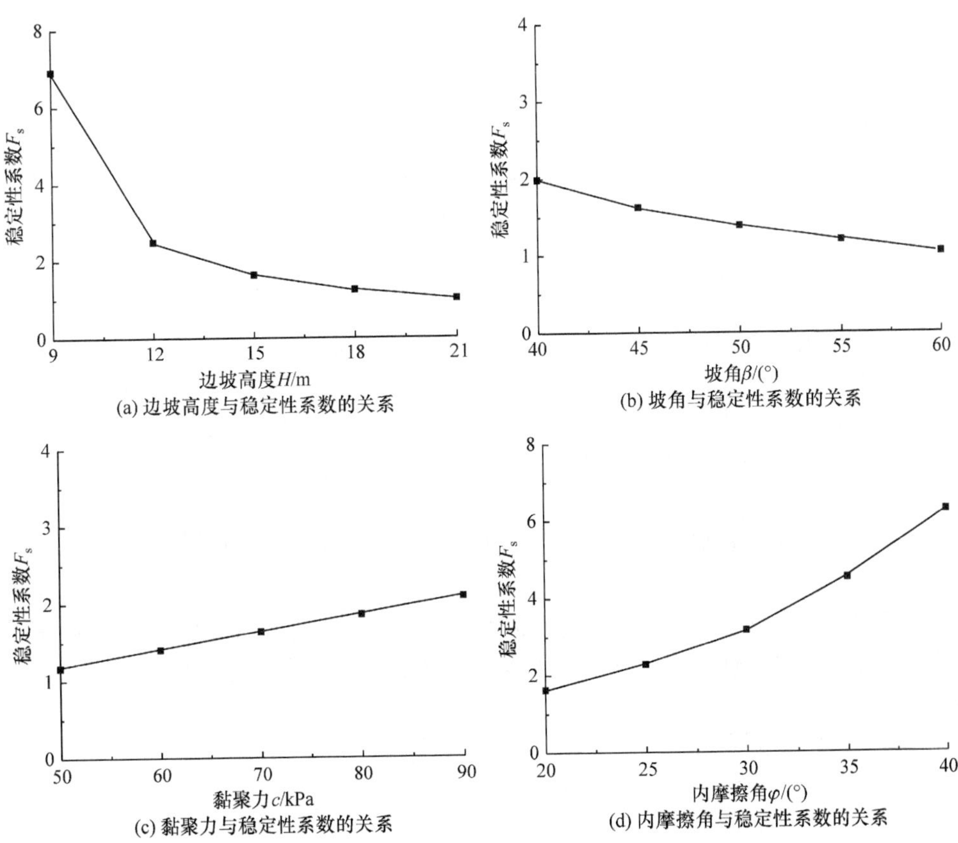

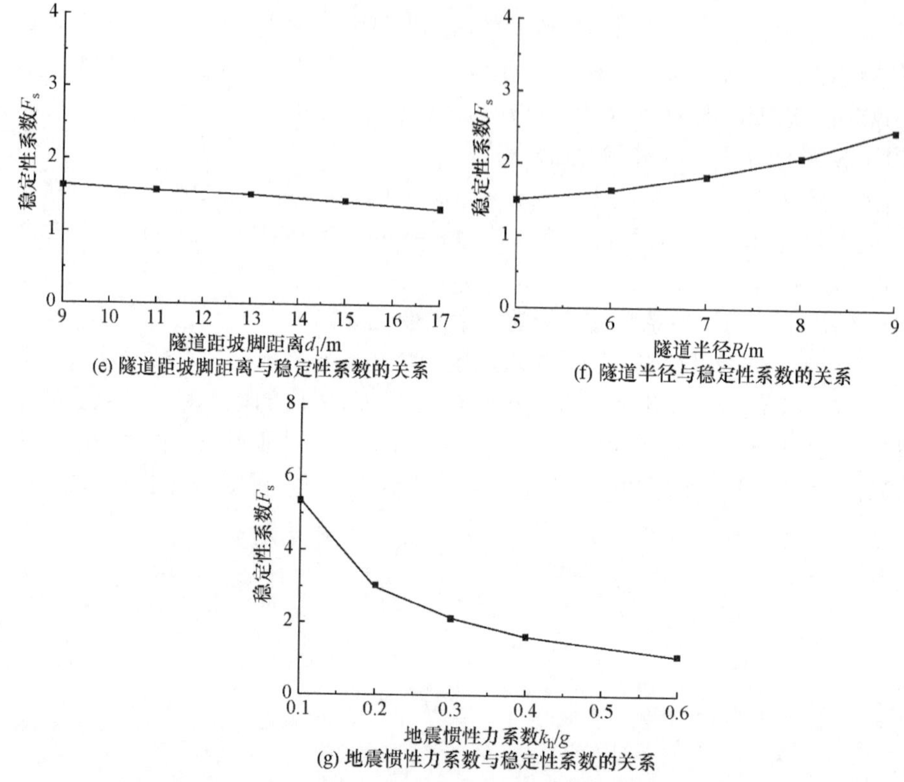

图 9-5　地震稳定性系数随各影响因素的变化规律

地震稳定性系数随着内摩擦角和隧道半径的增大呈现出非线性增大的特征，随着黏聚力的增大呈现出线性增大的特征，其中内摩擦角对地震稳定性系数的影响程度较大，隧道半径和黏聚力的影响程度较小。地震稳定性系数随着隧道距坡脚距离的增大呈现出近似线性减小的特征，且减小幅度较小。

9.5　水平屈服加速度系数影响因素的敏感性分析

将式(9-37)、式(9-51)，以及 $k_v=ak_h$ 代入式(9-52)，可求解 k_h。将边坡处于临界运动状态时的水平地震力系数定义为水平屈服加速度系数，记为 k_y：

$$k_y=\frac{1}{\gamma\left(\dfrac{H}{r_0}\right)^{-2}\cdot H^2\cdot(F_2-aF_1)}\cdot\left[c'H\cdot\left(\frac{H}{r_0}\right)^{-1}\cdot f_9+F_q\cdot f_{10}+F_{el}\cdot f_{11}\right.$$
$$\left.-F_{er}\cdot f_{12}-\gamma\left(\frac{H}{r_0}\right)^{-2}\cdot H^2\cdot F_1\right] \tag{9-57}$$

式中，各参数计算式中的 c、φ 值用 c'、φ' 代替，$c'=\dfrac{c}{F_s'}$、$\varphi'=\arctan\left(\dfrac{\tan\varphi}{F_s'}\right)$ 分别为根据强度折减法折减后的黏聚力和内摩擦角，F_s' 为强度折减系数。

对 k_y 分别就 θ_0 和 θ_h 求导，并令其等于零，即

$$\frac{\partial k_y}{\partial \theta_0}=0\,,\quad \frac{\partial k_y}{\partial \theta_h}=0 \tag{9-58}$$

采用半图解法[7]对式(9-58)求解，把所得 θ_0 和 θ_h 代入式(9-57)，即可得到 k_y 的最小上界，采用序列二次优化迭代法[9,10]进行核对。

为了简化分析，选取以下 7 个因素进行正交分析：边坡高度 H、坡角 β、岩土体的强度折减系数 F_s'、黏聚力 c、隧道距坡脚的距离 d_1、隧道半径 R、水平向和竖向地震力比例系数 a。根据实际工程设计经验，每个因素取 3 个水平，每个水平对应 9 组试验，不考虑各因素之间的交互作用，布置在 $L_{27}(3^7)$ 正交试验表中用于正交试验分析。其他因素在计算时取 γ=20kN/m^3、φ_c=50°、α_1=0.1、α_2=0.2、α_3=0.7、d_2=4m。水平屈服加速度系数正交试验方案表和正交试验表如表 9-5 和表 9-6 所示。

表 9-5　水平屈服加速度系数正交试验方案表

影响因素	H/m	β/(°)	F_s'	c/MPa	d_1/m	R/m	a
水平 1	12	40	1.20	20	9	5	1/3
水平 2	15	45	1.35	30	12	5.5	2/3
水平 3	18	50	1.50	40	15	6	1

表 9-6　水平屈服加速度系数正交试验表

试验号	H/m	β/(°)	F_s'	c/MPa	d_1/m	R/m	a	k_y
1	12	40	1.20	20	9	5	1/3	0.339
2	12	40	1.20	20	12	5.5	2/3	0.323
3	12	40	1.20	20	15	6	1	0.287
4	12	45	1.35	30	9	5	2/3	0.266
5	12	45	1.35	30	12	5.5	1	0.245
6	12	45	1.35	30	15	6	1/3	0.241
7	12	50	1.50	40	9	5	1	0.236
8	12	50	1.50	40	12	5.5	1/3	0.230
9	12	50	1.50	40	15	6	2/3	0.196
10	15	40	1.35	40	9	5.5	1/3	0.310

续表

试验号	H/m	β/(°)	F_s'	c/MPa	d_1/m	R/m	a	k_y
11	15	40	1.35	40	12	6	2/3	0.302
12	15	40	1.35	40	15	5	1	0.249
13	15	45	1.50	20	9	5.5	2/3	0.132
14	15	45	1.50	20	12	6	1	0.124
15	15	45	1.50	20	15	5	1/3	0.094
16	15	50	1.20	30	9	5.5	1	0.216
17	15	50	1.20	30	12	6	1/3	0.208
18	15	50	1.20	30	15	5	2/3	0.143
19	18	40	1.50	30	9	6	1/3	0.164
20	18	40	1.50	30	12	5	2/3	0.141
21	18	40	1.50	30	15	5.5	1	0.135
22	18	45	1.20	40	9	6	2/3	0.268
23	18	45	1.20	40	12	5	1	0.226
24	18	45	1.20	40	15	5.5	1/3	0.219
25	18	50	1.35	20	9	6	1	0.112
26	18	50	1.35	20	12	5	1/3	0.088
27	18	50	1.35	20	15	5.5	2/3	0.073

以每个因素的每一个水平所对应的k_y平均值作为该因素的水平屈服加速度系数临界值，进行各因素的极差分析。正交试验极差分析表如表 9-7 所示。

表 9-7　水平屈服加速度系数正交试验极差分析表

影响因素	H/m	β/(°)	F_s'	c/MPa	d_1/m	R/m	a
水平 1	0.263	0.250	0.248	0.175	0.227	0.198	0.210
水平 2	0.198	0.202	0.210	0.195	0.210	0.209	0.205
水平 3	0.158	0.167	0.161	0.248	0.182	0.211	0.203
极差	0.105	0.083	0.087	0.073	0.045	0.013	0.007

极差越大表示试验结果对该因素的敏感性越大。由表 9-7 可知，7 个影响因素的敏感性大小依次为$H > F_s' > \beta > c > d_1 > R > a$。其中，水平屈服加速度系数对边坡高度$H$、岩土体的强度折减系数$F_s'$和坡角$\beta$的敏感性较大，对隧道距坡脚的距离$d_1$、隧道半径$R$、水平向和竖向地震力比例系数$a$的敏感性则较小。

为了分析以上 7 个影响因素对水平屈服加速度系数的影响程度，采用控制变量法对单个影响因素进行讨论。计算的基本参数为 H=15m、β=45°、φ=30°、c=30kPa、γ=20kN/m^3、φ_c=50°、α_1=0.1、α_2=0.2、α_3=0.7、d_1=12m、d_2=4m、R=5m、F_s'=1.2、a=1/3。

图 9-6 给出水平屈服加速度系数随各影响因素的变化规律。

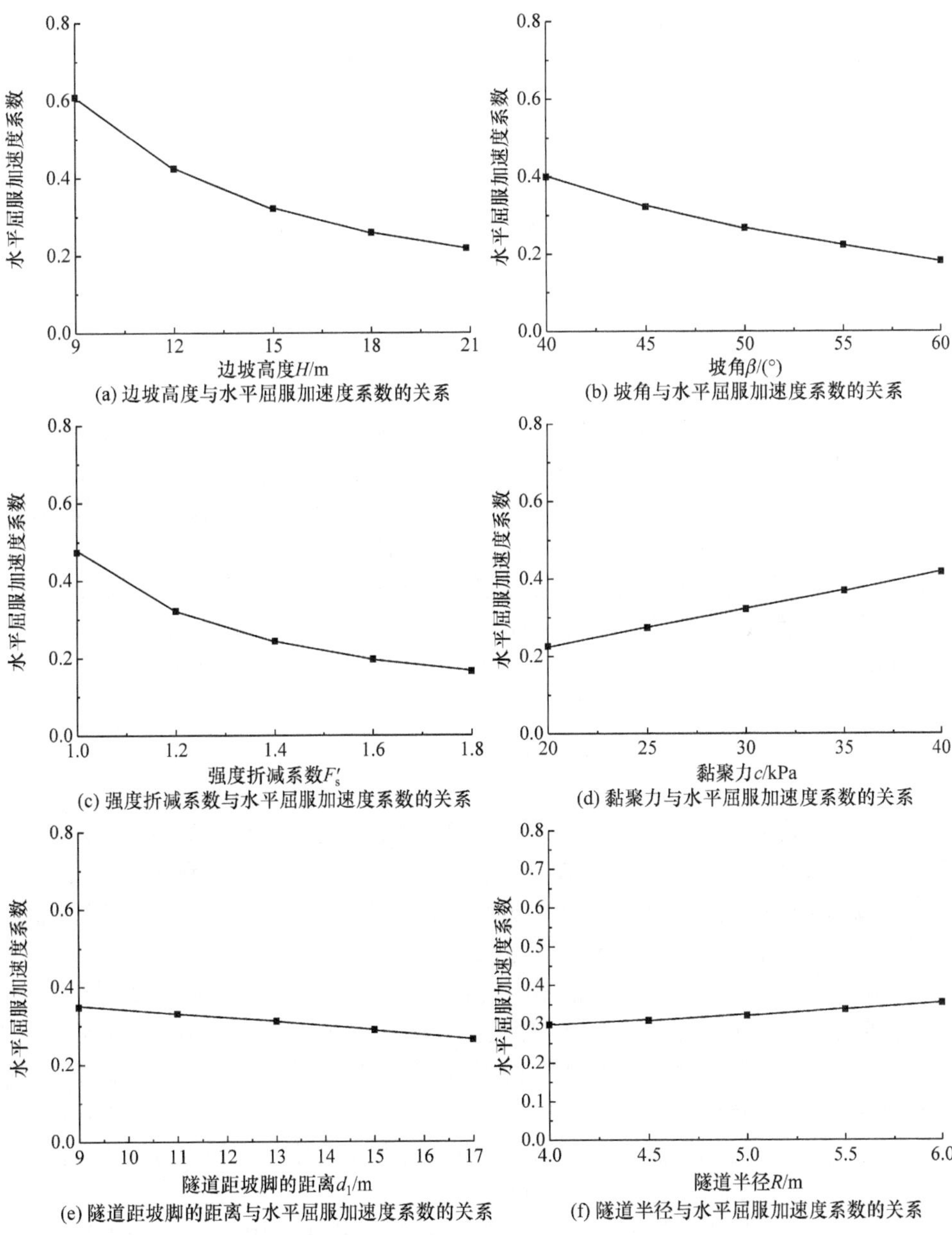

(a) 边坡高度与水平屈服加速度系数的关系

(b) 坡角与水平屈服加速度系数的关系

(c) 强度折减系数与水平屈服加速度系数的关系

(d) 黏聚力与水平屈服加速度系数的关系

(e) 隧道距坡脚的距离与水平屈服加速度系数的关系

(f) 隧道半径与水平屈服加速度系数的关系

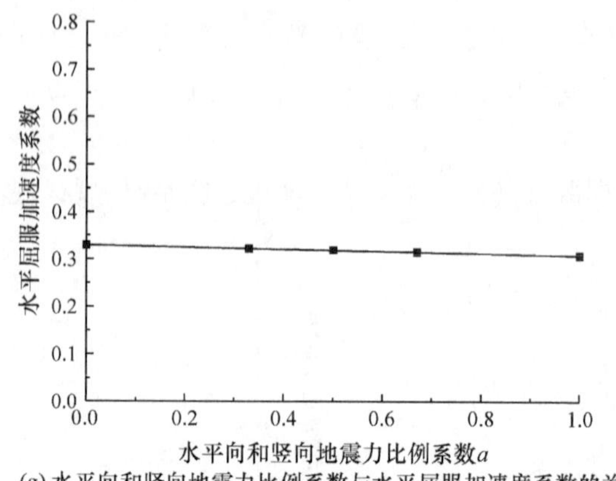

(g) 水平向和竖向地震力比例系数与水平屈服加速度系数的关系

图 9-6　水平屈服加速度系数随各影响因素的变化规律

从图 9-6 中可以看出，随着边坡高度、坡角和强度折减系数的增大，水平屈服加速度系数均呈现出非线性减小的趋势。边坡高度的水平屈服加速度系数变化幅度最大，坡角和强度折减系数次之，说明边坡高度对水平屈服加速度系数的影响程度最大，坡角和强度折减系数的影响程度相较于边坡高度要小。随着黏聚力和隧道半径的增大，水平屈服加速度系数均呈现近似线性增大的趋势。黏聚力的屈服加速度系数增大幅度较隧道半径更明显，说明黏聚力对水平屈服加速度系数的影响程度较隧道半径更显著。随着隧道距坡脚的距离和地震力比例系数的增大，水平屈服加速度系数均呈现近似线性减小的趋势，且二者的减小幅度较小，说明隧道距坡脚的距离和地震力比例系数对边坡屈服加速度系数的影响程度较小。

9.6　本 章 小 结

本章基于塑性极限分析上限定理和拟静力法，推导了含单洞隧道边坡的地震稳定性系数和水平屈服加速度系数的上限解，并对地震稳定性系数和水平屈服加速度系数的影响因素进行了敏感性分析和影响程度分析，为含小净距隧道边坡的极限分析提供了新的思路，得到以下主要结论。

(1) 建立了含隧道边坡的对数螺旋线破坏机构，通过对外力做功功率和内部能量耗散功率的计算，得到了含单洞隧道边坡在地震作用下的稳定性系数和水平屈服加速度系数的上限解。该上限解考虑了隧道位置、隧道埋深、支护结构抗力、地震惯性力系数、岩体的黏聚力和强度折减系数等因素。根据本章提供的极限分析法，可进一步建立临界高度上限解和支护最小抗力上限解，综合分析边坡的稳定性。

(2) 含隧道边坡水平屈服加速度系数影响因素的敏感性由大到小依次为边坡高度 H、岩土体的强度折减系数 F_s'、坡角 β、黏聚力 c、隧道距坡脚的距离 d_1、

隧道半径 R、水平向和竖向地震力比例系数 a。地震稳定性系数影响因素的敏感性由大到小依次为水平地震力系数 k_h、边坡高度 H、内摩擦角 φ、坡角 β、黏聚力 c、隧道半径 R、隧道距坡脚的距离 d_1。

(3) 含隧道边坡的水平屈服加速度系数随着边坡高度 H、坡角 β、岩土体的强度折减系数 F_s'、隧道距坡脚的距离 d_1、水平向和竖向地震力比例系数 a 的增大而减小，随着黏聚力 c 和隧道半径 R 的增大而增大。其中，边坡高度 H、坡角 β、岩土体的强度折减系数 F_s' 对水平屈服加速度系数的影响较大，而黏聚力 c、隧道距坡脚的距离 d_1、隧道半径 R、水平向和竖向地震力比例系数 a 的影响较小。

(4) 含隧道边坡的稳定性系数随着水平地震力系数 k_h、边坡高度 H、坡角 β 和隧道距坡脚的距离 d_1 的增大而减小，随着内摩擦角 φ、隧道半径 R 和黏聚力 c 的增大而增大。其中，边坡高度 H、水平地震力系数 k_h 和内摩擦角 φ 对稳定性系数的影响较大，坡角 β、隧道距坡脚的距离 d_1、隧道半径 R 和黏聚力 c 对稳定性系数的影响较小。

(5) 本章含隧道边坡极限分析方法的思想可行，结果准确，但仍存在一些不足。该方法假设对数螺旋破坏面通过坡脚，并穿过隧道，但当坡脚很小或对数螺旋面不穿过隧道时，此类假设并不合适。另外，在计算隧道围岩压力时未考虑偏压的影响，这在一定程度上影响了计算结果。因此，要得到一种完善且简便的计算方法，还需要进行深入的分析论证。

参考文献

[1] 王路路, 潘秋景, 杨小礼. 三级台阶边坡稳定性分析的上限解研究[J]. 铁道科学与工程学报, 2013, 10(3):43-46.

[2] 王路路, 潘秋景, 杨小礼. 纯黏土坡三维动态上限分析[J]. 铁道科学与工程学报, 2013, 10(2): 87-89.

[3] 张子新, 徐营, 黄昕. 块裂层状岩质边坡稳定性极限分析上限解[J]. 同济大学学报(自然科学版), 2010, 38(5):656-663.

[4] 柴红保, 曹平, 柴国武, 等. 采空区对边坡稳定性的影响[J]. 中南大学学报(自然科学版), 2010, 41(4):1528-1534.

[5] Soubra A H, Macuh B. Active and passive earth pressure coefficients by a kinematical approach[J]. Geotechnical Engineering, 2002, 155(2):119-131.

[6] Yang X L, Yin J H. Estimation of seismic passive earth pressure with nonlinear failure criterion[J]. Engineering Structures, 2006, 28(3):342-348.

[7] 陈惠发. 极限分析与土体塑性[M]. 詹世斌, 译. 北京: 人民交通出版社, 1995.

[8] Bishop A W. The use of the slip circle in the stability analysis of slopes[J]. Géotechnique, 1955, 5(1): 7-17.

[9] 赵炼恒, 李亮, 杨峰, 等. 加筋土坡动态稳定性拟静力分析[J]. 岩石力学与工程学报, 2009, 28(9):1904-1917.

[10] 郑少华, 姜奉华. 试验设计与数据处理[M]. 北京: 中国建材工业出版社, 2004.